U0185871

产品管理与运营系列丛书

SMART HARDWARE PRODUCT

Methods and Practices From 0 to 1

少宇 —— 著

智能硬件产品

从0到1的方法与实践

图书在版编目（CIP）数据

智能硬件产品：从0到1的方法与实践 / 少宇著. -- 北京：机械工业出版社，2021.4（2023.4重印）
（产品管理与运营系列丛书）
ISBN 978-7-111-67924-0

I. ①智… II. ①少… III. ①智能技术 - 硬件 - 产品 IV. ①TP18

中国版本图书馆CIP数据核字（2021）第060132号

智能硬件产品：从0到1的方法与实践

出版发行：机械工业出版社（北京市西城区百万庄大街22号 邮政编码：100037）
责任编辑：董惠芝　　责任校对：殷 虹
印　刷：北京建宏印刷有限公司　　版　次：2023年4月第1版第2次印刷
开　本：170mm×230mm 1/16　　印　张：26.75
书　号：ISBN 978-7-111-67924-0　　定　价：109.00元

客服电话：（010）88361066 68326294

前言

为何写作本书

这是一本关于智能硬件产品设计的流程与方法论的著作，揭示了智能硬件产品从创意落地到实际可用的产品背后的设计和研发过程，描绘了智能硬件产品从 0 到 1 的完整路线图，以及在整个过程中各个环节会用到的方法论。

对于互联网产品，设计与研发的工作流程与方法论在很大程度上已经标准化，市面上有大量讲述互联网产品经理的工作流程与方法的书，有很多产品大咖、知乎大 V、创业导师等通过网络和线下沙龙分享自己的产品设计心得，也不乏互联网产品孵化器和投资机构。总而言之，近年来，互联网产品从 0 到 1 变得越来越简单，入行的门槛也越来越低。

当下，硬件的制造成本变得越来越低，人工智能、5G、大数据、云计算等高新技术逐步成熟，结合了硬件和高新技术的 IoT、AIoT 等领域逐渐得到更多投资者和创业者的关注，智能硬件产品越来越多地为普通消费者所青睐，智能硬件产业也需要更多的硬件人才。本书旨在带领新入行的智能硬件产品经理快速了解相关领域知识。

为什么要读这本书

本书具有以下特点：

- 提供了完整的产品设计和研发流程，能帮助读者快速建立完整的知识体系框架；
- 涉及的领域较为全面，除了产品设计和研发，还涉及用户研究、市场营销、产品定位、用户体验等其他方面；
- 针对产品从0到1的各个环节，提供了系统化的方法论；
- 对于比较复杂的原理和方法，辅以案例进行说明，帮助读者更好地理解；
- 涵盖产品经理的思维方式、能力模型、沟通方法、高效工作方法等。

谁需要读这本书

本书主要面向以下几类读者：

- 智能硬件行业的硬件产品经理、软件产品经理、创业者、项目经理；
- 有一定经验并期望转行的互联网产品经理、工程师、设计师及其他从业者；
- 没有任何经验但想要入行成为智能硬件行业的产品经理的高等院校学生。

如何阅读本书

本书共分为18章，每章介绍智能硬件产品设计与研发流程中的一个环节。

值得注意的是，我们在实际应用时并不一定会严格遵循特定的智能硬件产品设计和研发流程顺序，因为每个企业的资源、能力以及面临的风险等各不相同，不同的问题无法用相同的方法完美解决。书中系统化的研发流程和方法能够有效地帮助你解决那些可以控制的问题，从而降低产品失败的风险。因此，读者必须充分理解每个研发环节的价值和意义，然后根据实际情况进行评估，采用最适合企业当前情况的产品设计方法和研发流程。

第1章　智能硬件：产品、技术与盈利模式

本章首先介绍了智能硬件的基本概念和组成，接着介绍了物联网的概念和基础框架，并说明了智能硬件与5G、人工智能、云计算等高新技术之间的关系。除此之外，本章还介绍了智能硬件的产品分类以及智能硬件产品的常见盈利模式。

第2章　识别机会：发现和分析创新的想法

本章首先讲述了市场机会的概念以及市场机会的分类，然后介绍了识别市场机会的具体步骤和方法，包括如何发掘市场机会、如何筛选市场机会以及如何验证市场机会。

第3章　市场细分：找出消费群体间的差异

本章依次介绍了市场细分的概念、市场细分的方式与市场细分的具体步骤。企业的资源是有限的，无法通过一款产品满足所有消费者，因此从多个维度细分市场，了解不同细分市场中用户群体的需求差异，将有利于为产品找到合适的利基市场。

第4章　市场分析：选择最合适的目标市场

本章涵盖了市场规模分析、市场趋势分析、市场增长率分析、市场竞争分析以及企业内部环境分析等内容，旨在帮助产品经理或创业者更好地分析各个细分市场的状况，并选择最合适的目标市场开启产品之旅。

第5章　产品定位：占据用户的心智模型

本章介绍了产品定位的方法，包括产品定位的基本原理、产品定位的策略、产品定位的步骤、产品定位的基本原则等。产品定位的目的是在用户心中塑造一个形象，让用户在有对应的需求时就能够想到该产品。定位是所有产品成功的关键。

第6章　用户研究：洞察用户的需求和动机

本章主要帮助产品经理或创业者掌握用户研究的一般流程和实操步骤，其中涉及用户反馈研究、观察法、用户访谈、问卷调查、焦点小组等。掌握用户研究的理论与方法，将有助于产品经理或创业者深入洞察用户行为背后的动机。

第7章　用户画像：创建典型用户的虚拟形象

本章讲述了如何基于用户研究的成果建立用户画像，以便深入了解用户。优质的用户画像能够带来以下好处：有助于加深对用户的理解，减少或避免研发中的争论，为决策提供依据，以用户为中心进行设计，帮助预测用户的行为和反应，等等。

第 8 章　需求解析：定义产品的功能和规格

本章首先围绕需求这一概念展开讨论，介绍了需求的 3 种概念和常见分类，然后讲述了解析需求和定义产品功能与规格的方法，最后介绍了高质量需求的特征以及产品状态转换图的绘制方法。

第 9 章　优先级：排列产品需求的实现顺序

本章是排列产品需求优先级的操作指南，讲述了排列产品需求优先级的意义和基本思路，并介绍了排列产品需求优先级的方法和步骤，包括马斯洛需求层次理论、设计需求层次理论、完整的 KANO 模型以及 MoSCoW 方法。

第 10 章　概念生成：构思满足产品需求的方案

本章主要介绍了生成产品概念的方法。对于智能硬件来说，生成产品概念是构思产品外形、结构以及软件和硬件功能的过程。

第 11 章　概念选择：评估并选出最佳的概念

本章系统地讲述了评估和筛选产品概念的方法。这将有助于产品经理或创业者在产品开发之前排除掉高风险的、不具备可行性的、实现成本高的产品概念，从多个维度比对各个产品概念，进行定量和定性分析，选出最佳的产品概念进行测试和研发，从而减少资源的浪费。

第 12 章　概念测试：获取用户对概念的反应

本章提供了一套开展产品概念测试的方法论。无论如何分析和筛选，产品概念仍是未经市场验证的。产品概念测试能够帮助产品经理或创业者了解市场中的目标用户对产品概念的看法，帮助改进和完善产品概念，从而降低产品失败的风险。

第 13 章　工业设计：构建产品的形式与功能

本章首先介绍了一些工业设计相关的基础知识，包括工业设计的流程、智能硬件常用的材料与工艺以及设计的经典原则等，然后讲述了工业设计中结构工程师和机械工程师如何开展深度的协作，以使产品的外形、功能和使用价值等方面达到最优。

第 14 章　产品原型：验证设计方案与产品概念

本章是产品原型设计的操作指南，内容涵盖各类软件原型和硬件原型的制作与设计流程，如纸质原型、高保真原型、概念验证原型、电子硬件原型、外观原型、试生产原型等。原型不仅能够帮助产品经理或创业者快速验证设计方案，还是一个高效沟通的工具。

第 15 章　可用性测试：让产品易于理解和使用

本章主要介绍了如何利用可用性测试来发现和修复产品的可用性问题，使产品易于被用户理解和使用，并提升用户满意度。本章还重点讲述了启发式评估的原则和步骤，以及用户测试的方法和步骤，从而帮助产品经理或创业者以较低的成本尽早开展可用性测试。

第 16 章　法律安规：产品的专利与安规认证

本章概述了智能硬件面临的知识产权和法律法规等方面的问题。智能硬件行业的产品经理和创业者从一开始就要考虑产品的知识产权、法律法规及安全认证等方面的问题。良好的知识产权布局能为产品建立竞争优势，避免法律风险。

第 17 章　定价决策：制定产品价格与定价策略

本章介绍了常见的产品定价策略，以及各类定价策略的适用条件、优势和劣势等。产品的定价对智能硬件产品的销量和市场吸引力有着决定性的影响。为智能硬件产品制定合适的定价策略并根据市场形势对价格进行动态调整，是获得成功的重要前提。

第 18 章　上市策划：产品发布前的准备工作

本章提供了智能硬件上市前的任务清单与实践指南，内容包括产品白皮书、FAQ、新闻稿、视频、着陆页、产品发布策略、售后策略等。智能硬件发布前期的准备工作至关重要。为保证产品能顺利发布，产品经理或创业者必须对这些工作有所了解和把控。

勘误

笔者仅希望通过此书把个人学到的知识和实践经验分享出来，为有需要的人提供一些帮助和启发，但鉴于学识和视野有限，经验和能力有所欠缺，书中的错误和偏颇之处在所难免，在此提前致歉。如果你对本书有好的建议和指正，或者有值得分享的智能硬件相关的知识、经验和资源，可搜索微信公众号或知乎“少宰”，或者发送邮件至作者邮箱 pmonster@163.com 进行交流。

致谢

首先，要感谢为本书提供素材的设计师与工程师：感谢为本书绘制插图的视觉设计师区美欣，感谢为机械结构相关内容提供指导意见的机械工程师刘春，感谢为硬件相关内容提供指导意见的硬件工程师黎家成，感谢为本书提供产品设计手绘稿的工业设计师王亮。

其次，要感谢在本书的出版过程中为我提供帮助的朋友：感谢王蕾老师、苏杰老师、侠少老师等推荐我出书，提供资源和建议；感谢机械工业出版社编辑杨福川、李艺、董惠芝的审稿、改稿并提供修改意见。

最后，要感谢在我职业发展之路上给予我恩惠的人：感谢家人和朋友一直以来对我的支持，鼓励我不断前进；感谢 ByteDance、Makeblock、360 等企业对我的培养和信任，给予我从 0 到 1 规划智能硬件产品的机会；感谢我所遇到的各个岗位的优秀同事们，使我接触并学习到多学科的大量知识和思维方式。

目录

第1章 CHAPTER

智能硬件：产品、技术与盈利模式

本章将向读者介绍智能硬件相关的一些概念。首先介绍什么是智能硬件以及智能硬件的基本结构，并描述如何将传统设备改造为智能硬件；然后介绍物联网概念；接着介绍智能硬件与5G、人工智能、云计算等高新技术之间的关系以及这些高新技术对智能硬件的影响，还介绍了智能硬件的发展现状；最后简要介绍智能硬件的产品分类和智能硬件企业的8种盈利模式。这些基本概念可以为后面内容的理解打下牢固的基础。

1.1 智能硬件概述

智能硬件产品越来越多地出现在人们的生活中，比如智能手表、智能水杯、智能门锁、智能音箱、智能汽车等。这些智能硬件产品通过提供不同的功能和服务使人们的生活变得更加便利。智能硬件产品有一些共性，即能够从外界环境采集信息，对信息进行处理并将处理结果反馈给用户。智能硬件是“互联网+”与“人工智能”技术的重要载体。那么，到底什么样的设备可以称为智能硬件？智能硬件具有哪些特征？智能硬件的基本组成是怎样的？为了回答这些问题，下面将对智能硬件的概念以及智能硬件的基本结构进行介绍。

1.1.1 什么是智能硬件

智能硬件，也称为智能终端设备，是指与软件相结合的、被先进的科学技术（比如信息技术、计算机技术、数据通信技术、传感器技术、自动控制技术、人工智能技术、大数据处理技术等）改造过从而具备智能的传统设备。其中的智能指连接能力（数据传输和通信）、感知外界环境的能力（数据采集）、对外界环境变化做出反应或与外界环境进行交互的能力（数据处理和反馈）等。改造的传统设备既可以是电子设备，比如空调、电视、冰箱等，也可以是非电子设备，比如门锁、水杯、椅子等。改造完成后，传统设备就变成了智能终端设备，具备了智能传感互联、人机交互、新型显示及大数据处理等新一代信息技术特征，并以新设计、新材料、新工艺硬件作为载体。比较典型的智能硬件有智能手表Apple Watch、智能手环Fitbit、智能汽车Tesla、智能音箱Echo等。

1.1.2 智能硬件的基本结构

智能硬件的种类多种多样——从能够检测人体健康的可穿戴设备到可以自动驾驶的交通工具。智能硬件基本具备以下组件：作为智能硬件“大脑”、负责控制设备的微控制器，用于检测设备及其周边环境的输入设备，用于提示信息或直接作用于周边环境的输出设备，用于连接服务端或控制端的网络接口。

1. 微控制器

微控制器（Micro Controller Unit，MCU）也可称为单片机，是把中央处理器的频率与规格做适当缩减，并将存储器、定时 / 计数器、各种输入 / 输出接口等集成在一块集成电路芯片上所形成的芯片级的微型计算机，用于协调和指挥设备工作。简单来说，微控制器就是一个计算机系统集成到一块芯片上，这块芯片就相当于一台计算机。它的体积小、质量轻、价格便宜、输入 / 输出接口简单。而且它修改一条机器指令只需重编所对应的程序，增加一条机器指令只需在控制存储器中增加一段程序。例如，空调能使室温达到某个特定温度，是因为微控制器中有一段程序，这段程序的用途就是检测连接在微控制器（输入端子）上的温度传感器的状态，并控制空调中的温度控制部件（蒸发器、压缩机、冷凝器等），以便使室温达到目标温度。

2. 输入设备

输入设备是指向计算机系统输入信息的设备。对于智能硬件来说，输入设备主要是指传感器，它能够获取智能硬件自身和周边环境信息以及用户的操作信息等。例如，有些智能音箱搭载了触控屏、物理按键、摄像头、麦克风阵列等传感器，这些传感器能够帮助智能音箱更全面地掌控周边环境信息：触控屏和物理按键可以获取用户的操作信息，摄像头能够获取周边环境的图像信息，麦克风阵列能够获取周边环境的声音信息。值得注意的是，传感器的类型和精度在一定程度上决定了智能硬件的性能，所以在智能硬件的研发过程中，选择合适的传感器非常重要。

3. 输出设备

输出设备是指将计算机系统的信息返给外界环境的设备，这些设备能够将智能硬件返回的信息通过图像、声音、行为等形式表现出来。举个例子，智能机器人可以通过显示屏显示其工作状态给用户，通过声音来提醒用户，通过做出特定动作来服务用户。由此可见，智能硬件的输出设备能够通过不同的方式传递信息给用户，并对外界环境进行一定程度的干预。因此，在智能硬件的研发过程中，考虑如何搭配不同的输出设备以使智能硬件更高效和舒适地传达信息给用户是十分必要的。

4. 网络接口

网络接口是指计算机系统与网络进行连接的接口。智能硬件需要通过网络与服务器、用户端软件或网络中的其他智能设备进行通信，以便积累和分析检测到的数据，以及通过用户端软件对智能硬件进行控制。智能硬件可以通过有线和无线两种方式进行连接。对于摆放在固定位置的智能硬件，比如智能制动贩卖机或者用于监控特定位置的安防设备，可以使用有线连接方式。虽然有线连接方式要考虑线路排布问题，但网络通信更加稳定。对于放在室内的智能硬件，比如智能家居类产品，可以使用 Wi-Fi 这种无线方式进行连接。对于在移动中使用的智能硬件，比如智能穿戴类产品，可以使用蜂窝网络这种无线方式进行连接，比如在设备中插入网卡，或者与手机连接后通过手机联网。

1.1.3 智能硬件示例

举个简单的例子来说明如何将传统设备改造为智能硬件。假设要对一个普通的水杯进行改造，使其变成一个能监测水温、通过 App 提醒喝水的智能水杯。我们可以通过三步改造来实现。

- **实现水量监测功能。**为水杯增加一个压力传感器，通过计算水杯底部受到的压力来判断水量，在每次压力较小时，则判定水被喝掉了。
- **实现饮水量 App 提醒功能。**为水杯增加一个 Wi-Fi 模块，通过 Wi-Fi 与手机 App 进行通信，在一定时间内喝掉的水未到达手机 App 设定的目标值时，则发出提醒信号给手机 App 进行提示。此外，在实现了水杯与手机 App 的通信功能后，我们还可以利用水杯获取的饮水量、饮水时间等数据创造附加价值，比如生成用户饮水量和饮水时间的日报、月报、周报等，并根据科学的数据分析结果，为用户提供合理的健康饮水建议等服务。

- **实现监测水温的功能。**给水杯增加一个温度传感器，以检测水杯中的水温，并将水温数据传送到手机 App，以便用户查看。

通过以上三步，我们就完成了对传统设备的改造。值得注意的是，上述例子旨在帮助读者更好地理解传统设备智能化的大致思路。实际的改造过程远比上述例子复杂，而且实现每个功能的方式也不唯一。

改造后的智能水杯的工作示意图如图 1-1 所示。智能水杯通过传感器来检测外界数据，并将数据上传至云端（互联网），云端再与用户的手机 App 进行通信，下发这些数据。这样，用户就能够查看智能水杯所获取的数据了。除了查看智能水杯的数据，用户还能够通过手机 App 实现对智能水杯的控制，这就是典型的物联网设备的工作方式。

图 1–1　智能水杯的工作示意图

1.2　智能硬件与物联网

1.2.1　什么是物联网

物联网（Internet of Things，IoT）是新一代信息技术的重要组成部分，从字面意思理解就是万物相连的互联网。物联网有两层意思：第一，物联网的核心和基础仍然是互联网，是在互联网基础上进行延伸和拓展的网络；第二，物联网将互联网的终端设备（个人电脑和手机）延伸和扩展到了物品与物品之间的信息交换和通信。如图 1-2 所示，**物联网是对互联网的延伸和拓展，物联网中的设备数量将远远超越传统的互联网中的设备数量。**据 IDC 预测，到 2025 年，物联网中的智能硬件设备将超过 400 亿台。

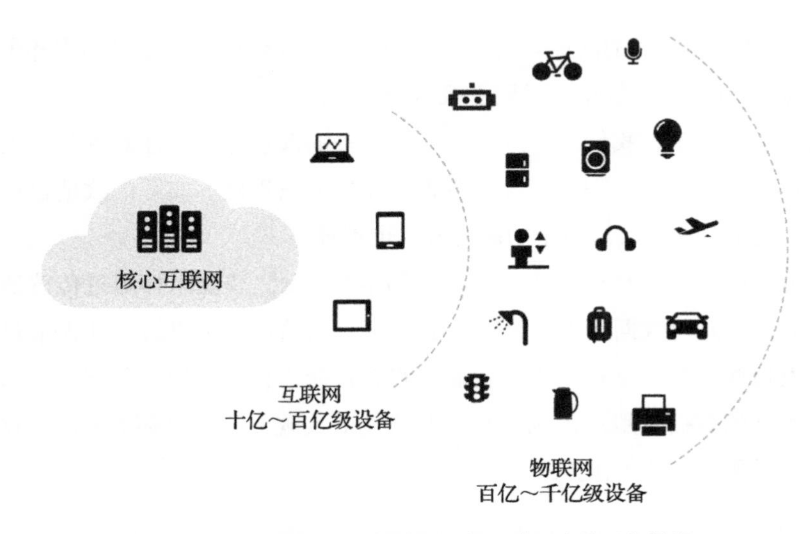

图 1-2　物联网中的设备数量远超互联网中的设备数量

物联网通过传感器、射频识别技术、红外感应器、全球定位系统、激光扫描器等传感设备与技术，采集物品周围或内部的声、光、热、电、力、位置、生物、化学等信息，并按约定的协议将物品与互联网相连接，进行信息交换和通信，以实现对物品（及其周围环境）的智能化识别、监控、操控、定位、跟踪和管理。物联网的工作示意图如图 1-3 所示。不难发现，物联网中的各种终端设备其实都是智能硬件，即物联网终端设备是具备接入互联网能力且具备与其他设备共享和处理数据能力的智能硬件。而且，**智能硬件是物联网的关键组成要素，与物联网相辅相成，互为支撑。**如果没有智能硬件的承载，就没有物与物之间的信息传输，这样物联网就无法延伸和拓展。反之，如果没有物联网，智能硬件就只能收集与处理本地数据，无法实现更智能化的功能。

得益于嵌入式芯片的制造成本越来越低以及互联网的不断普及，世界上的万事万物——小到一块手表、一把钥匙甚至一片药，大到一部汽车、飞机、建筑甚至一座城市，通过添加传感器，都可以被互联网连接起来并赋予一定的智能化能力，从而使这些物品在没有人为干涉的情况下进行实时的数据通信并对外界环境做出反应。通过这样的方式，物联网使数字世界和物理世界融合在一起，构建出所有物品具有类人化知识学习、分析处理、自动决策和行为控制能力的环境，使我们周围世界的结构更加智能，响应能力更强。因此，物联网被称为继计算机、互联网之后世界信息产业发展的第三次浪潮。

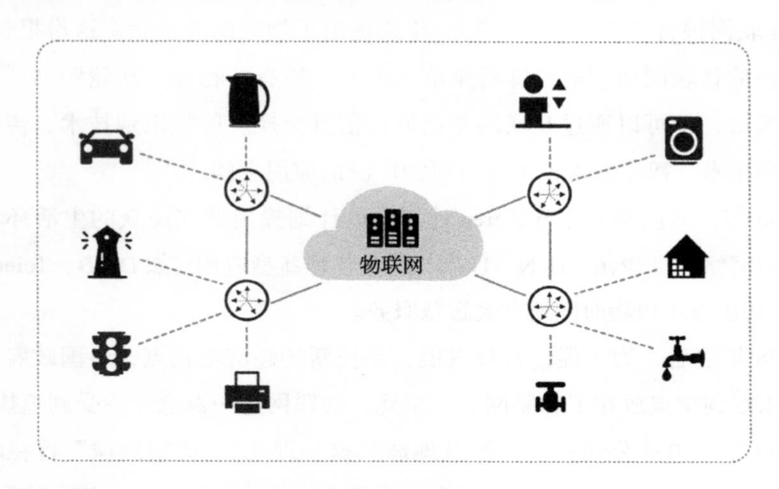

图 1–3　物联网的工作示意图

1.2.2　物联网的近代发展

最早的物联网设备实践可以追溯到 1982 年，卡内基 · 梅隆大学的计算机科学研究生将可口可乐自动售货机连接到互联网。这台售货机被认为是第一个联机的非计算机对象。

1995 年，比尔 · 盖茨在其著作《未来之路》中提到了物联网。不过，受限于当时无线网络、硬件及传感设备的发展，这个概念并未引起世人的重视。

1999 年，美国麻省理工学院的 Kevin Ashton 教授首次提出物联网的概念。同年，在美国召开的移动计算和网络国际会议上提出“传感网是下个世纪人类面临的又一个发展机遇”。

2003 年，美国《技术评论》杂志提出传感网络技术将是未来改变人们生活的十大技术之首。

2004 年，日本总务省提出 u-Japan 计划。该计划力求实现人与人、物与物、人与物之间的连接，将日本建设成一个随时随地、任何物体、任何人均可连接的泛在网络社会。

2005 年，在突尼斯举行的信息社会世界峰会上，国际电信联盟发布了《ITU 互联网报告 2005：物联网》，正式提出了物联网的概念。这份报告指出，无所不在的物联网通信时代即将来临，世界上所有的物体，从轮胎到牙刷、从房屋到纸巾，都可以通过互联网主动进行信息交换。射频识别技术、传感器技术、纳米技术、智能嵌入技术将有更加广泛的应用空间。

2006 年，韩国确立了 u-Korea 计划。该计划提出要在民众的生活环境里建设智能型网络（如 IPv6、BcN、USN）以及各种新型应用（如 DMB、Telematics、RFID），让民众可以随时随地享受智慧服务。

2008 年之后，为了促进科技发展，寻找新的经济增长点，各国政府将下一代的技术规划重点放在了物联网上。至此，物联网这一概念开始受到追捧。

2009 年，IBM 公司提出“智慧地球”这一理念。“智慧地球”旨在将新一代信息技术充分运用于各行各业之中，将智能硬件（或传感器）安装到系统（交通系统、电力系统、水力系统、医疗系统等）之中，然后通过人工智能与云计算等技术处理它们采集到的数据并进行反馈，以使人类的生活更加智能。

2009 年，美国将新能源和物联网列为振兴经济的两大重点。欧盟执委会发表了欧洲物联网行动计划，描绘了物联网技术的应用前景，提出欧盟政府要加强对物联网的管理，促进物联网的发展。

2015 年，国务院印发《中国制造 2025》，旨在整合移动互联网、云计算、大数据和物联网等技术，促进信息技术和智能技术在制造业的应用。

2020 年，中国“十四五”规划启航，物联网将成为带动经济发展的引擎式新增长点。

1.2.3 物联网的基础框架

物联网的基础框架可以分为三层，即感知层、网络层、应用层，如图 1-4 所示。

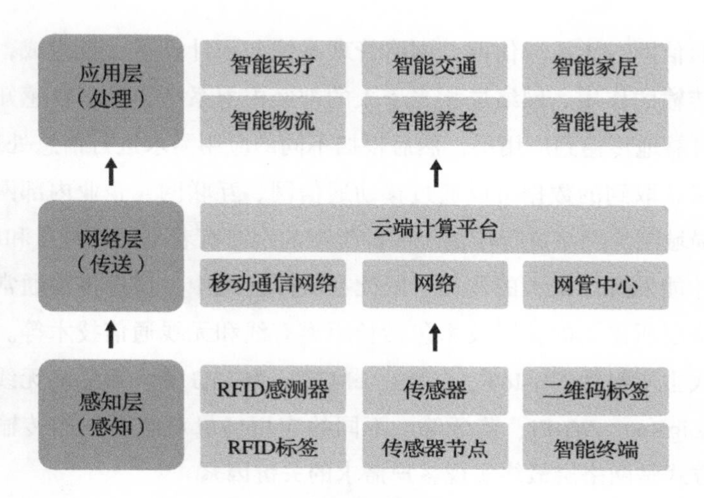

图 1-4　物联网的基础框架

1. 感知层

感知层位于物联网三层结构中的底层，其功能为“感知”，是实现物联网全面感知能力的核心，能通过传感网络获取环境信息。对于人类而言，感知层是使用五官和皮肤，通过视觉、味觉、嗅觉、听觉和触觉感知外部世界。对于物联网而言，感知层是运用射频识别器、全球定位系统、红外感应器、摄像头等传感设备识别外界事物并采集数据。这些传感设备让物体也具备了“感受和知觉”，从而实现对物体的智能化控制。数据采集完成后，感知层通过 RFID、条码、工业现场总线、蓝牙、红外等短距离传输技术传送数据。

感知层由基本的感应器件（例如 RFID 标签和读写器、各类传感器、摄像头、GPS、二维码标签和识读器等）以及感应器组成的网络（例如 RFID 网络、传感器网络等）两大部分组成。该层的核心技术包括射频技术、新兴传感技术、无线网络组网技术、现场总线控制技术等，涉及的核心产品包括传感器、电子标签、传感器节点、无线路由器、无线网关等。

2. 网络层

网络层位于物联网三层结构中的第二层，其功能为“传送”，是连接感知层与应用层的纽带，能够通过网络进行信息传输。网络层由各种私有网络、互联网、有线通信网、无线通信网、网络管理系统和云计算平台等组成，在物联网中起信息传输的作用。网络层相当于人的神经中枢系统，负责将感知层获取的信息安全可靠地传输到应用层，然后根据不同的应用需求进行信息处理。

感知层获取到的数据可以通过移动通信网、互联网、企业内部网、各类专网、小型局域网等网络进行传输。各种类型的网络有着不同的特点和应用场景，互相组合才能发挥出最大的作用。因此在实际应用中，信息传输通常经由多种网络。网络层所需要的关键技术包括长距离有线和无线通信技术等。长距离无线传输方式主要包括 NB-IoT、LoRa、eMTC、4G/5G 等，短距离无线传输方式主要包括 ZigBee、Wi-Fi、蓝牙等。不同的应用场景对应不同的传输方式。选择合适的方式是网络层最终实现客户需求的关键因素。

3. 应用层

应用层位于物联网三层结构中的顶层，其功能为“处理”，是物联网和用户（包括人、组织和其他系统）的接口，能够通过云计算平台进行信息处理并提供丰富的基于物联网的应用。应用层将物联网与各行业相结合，实现对物理世界的实时控制、精确管理和科学决策。例如智能安防中的智能摄像头能够采集用户家中的图像和声音等信息，并将这些信息上传到特定的服务器，然后由服务器对这些信息进行存储和分析。当检测出用户家中有吵闹声或有其他人出现时，自动采取相关措施，比如通过手机 App 通知用户或报警等。其中，服务器对数据的处理和自动采取相关措施都属于应用层的工作。

从结构上划分，物联网应用层包括三部分：物联网中间件，是指一种独立的系统软件或服务程序，可以将各种公用的功能进行统一封装，提供给物联网应用层使用；物联网应用，是指用户直接使用的各种应用，如智能操控、远程医疗、智能安防、智能出行等；云计算，用于助力物联网海量数据的存储和分析，感知层收集到大量的、多样化的数据，需要进行相应的处理才能作为科学决策的依据。

1.3　智能硬件与高新技术

随着人工智能、5G、云计算以及大数据等新一代信息技术的不断突破和发展，智能硬件已被广泛应用于各行各业，用于打造智慧、智能行业新概念，比如智能家居、智能城市、智能医疗、智能交通、智能工业、智能物业、智能农业、智能服务、智能教育、智能建筑、智能穿戴等。其中，智能穿戴、智能家居领域的智能硬件主要服务于C端用户，普及程度较高；智能交通、智能医疗、智能教育领域的智能硬件主要服务于C端用户和B端机构；智能城市、智能物业、智能服务领域的智能硬件主要服务于B端机构，比如物业、政府、银行、医院等。

下面就来介绍一下5G、云计算、人工智能这些高新技术以及它们对智能硬件产品产生的影响。

1.3.1　智能硬件与5G技术

1. 什么是5G技术

5G技术，全称为第五代移动通信技术，是最新一代蜂窝移动通信技术，也是对2G（GSM）、3G（UMTS、LTE）和4G（LTE-A、WiMax）技术的延伸。与早期的2G、3G和4G移动网络一样，5G网络是数字蜂窝网络。在这种网络中，供应商所覆盖的服务区域被划分为许多小的地理区域（称为蜂窝）。蜂窝中的所有5G无线设备通过无线电波与本地天线阵和低功率自动收发器（发射机和接收机）进行通信。收发器从公共频率池分配频道，这些频道在蜂窝中可以被重复使用。本地天线通过高带宽光纤或无线回程连接与电话网络和互联网连接。与手机一样，当用户从一个蜂窝移动到另一个蜂窝时，其智能终端设备将自动切换到新蜂窝中的频道。5G的性能目标是提高数据传输速率、减少时延、节省能源、降低成本、提高系统容量和连接大规模设备。

2. 5G技术对智能硬件的影响

5G技术能够为智能硬件带来以下改变。

第一，5G技术使智能硬件能够为用户带来极速体验。5G网络的最明显优势在于，数据传输速率远远高于先前的移动网络，理论上的最高峰值可达20Gbit/s。这将提升智能硬件通信、共享数据以及与用户交互的速度，进而提升用户体验。此外，5G促进了一些需要大量传输数据的智能硬件的应用和普及，比如AR/VR设备对带宽和时延要求较高，想要获得良好的用户体验，就要保证高分辨率和低时延。4G时代还不能满足这一网络要求，而5G技术的出现给AR/VR的用户带来了极致体验。

第二，5G技术提高了智能硬件的产品性能。智能硬件在与人或其他智能硬件交互时，有时会出现停顿几秒的情况，这样的延时往往会给用户体验造成不好的影响。而5G网络下的延时仅为1ms，意味着智能硬件能更加可靠地运行，从而使智能硬件之间以及智能硬件与人之间的连接更加稳定。比如，数据传输出现的任何延迟都会影响自动驾驶中的车辆信息的实时传递，有可能严重地影响交通安全。所以，5G技术的低时延对依赖于实时更新的智能硬件产品（比如智能门锁、智能安防设备等）至关重要。

第三，5G技术的特性使物联网具备连接更多设备的能力。5G技术提升的不只是通信速度，还促使整个无线通信协议升级。相对于4G，5G技术在低时延、超低功耗、多终端兼容性等层面进行了跨越提升。而这些功能恰好解决的是物联网对“快”以外的升级需求。目前，大多数智能硬件是独立存在的。人与智能硬件的交互需要使用移动终端（比如手机）进行控制。对于某些场景如智能家居来说，最重要的就是各个智能硬件之间的通信和相互配合。5G技术的大带宽、低时延、高可靠特性以及每平方公里上百万的连接数量，使连接周围所有的智能家居产品变得轻而易举。它还为智能交通、智能制造、智能医疗等场景中的智能硬件的即时海量连接提供了有效的支持。

1.3.2 智能硬件与云计算

1. 什么是云计算

智能硬件通常将收集到的数据上传到互联网，与服务器进行通信和交换信息。在过去，为了支持智能硬件功能的实现，智能硬件厂商需要去购买硬件设备（服务器、带宽、存储等）以及软件服务（数据库、分析工具等），还需要专门的工作人员（运维工程师等）来维护服务器的正常运行。智能硬件厂商的规模越大，需要购置的服务器就越多。众多的服务器可能会变成一个数据中心，服务器的数量将直接影响数据中心的数据处理能力。而其中的设备、人力、建设、维护等各方面成本是中小型智能硬件厂商难以承担的。于是，云计算应运而生。

云计算是分布式计算技术的一种，基本思想是通过网络“云”将庞大的计算处理程序划分成无数个较小的子程序，然后通过多个服务器所组成的巨大系统分析和处理这些子程序，最后将得到的结果返给用户。早期的云计算基本上是简单的分布式计算，负责任务分发，并进行计算结果的合并。利用这项技术，可以在数秒内完成对数以千万计甚至亿计的信息的处理，从而达到与超级计算机同样强大效能的网络服务能力。现阶段的云计算已不只是一种分布式计算，而是分布式计算、效用计算、网络存储、虚拟化、负载均衡、内容分发网络等计算机和网络技术发展融合的结果。

广义上讲，云计算是一种计算服务（计算服务包括服务器、存储、数据库、网络、软件、分析等方面，主要用于分析和处理数据），而提供计算资源的网络被称为“云”。云计算把许多计算资源集合起来，通过软件实现自动化管理，只需要很少的人参与，就能让资源快速运行起来。基于云计算，智能硬件厂商可通过互联网获得计算能力，而无须耗费巨额资金去购买数据库、软件和设备。服务器等 IT 基础设施或软件都由云服务供应商升级、维护。我们可以将计算资源视为一种可以在互联网上流通的商品，就像水、电、煤气这类资源一样，可以方便地按需购买和使用。

值得注意的是，云计算不是一种全新的网络技术，而是一种全新的网络应用概念。云计算的核心概念就是以互联网为中心，提供快速且安全的云计算服务与数据存储，让每个使用互联网的用户都可以使用网络上的庞大计算资源与数据中心。

2. 云计算对智能硬件的影响

云计算能够为智能硬件带来以下改变。

第一，云计算使智能硬件产品更智能。物联网时代下，智能硬件将产生海量的数据，而传统的硬件架构的服务器很难满足数据管理和处理要求。云计算利用其规模较大的计算集群和较高的传输能力，能有效地促进物联网数据的传输和计算。此外，云计算集成了大量大数据和AI应用，可以满足智能硬件产品在不同场景下的数据采集、数据存储、数据分析等需求。比如一款智能体脂秤不仅能测量用户的体重和体脂等信息，还能够把用户的体测信息上传至云端，建立用户的体测数据档案，并能够结合历史体测数据评估用户的健康情况和预测用户体测信息的变化趋势，提供合理的生活、饮食、运动等方面的建议。这些使智能硬件更智能的功能和服务，都是基于云计算（结合人工智能和大数据）实现的。

第二，云计算使减小智能硬件产品的体积和降低成本成为可能。以增强现实（AR）设备为例，AR的本质是在现实世界中有机地融合虚拟信息，增强人们对真实环境的感知体验。为了给终端用户带来良好的体验，AR设备需要能准确地识别和跟踪目标，并具备高质量的图像渲染能力，这就要求其具备一定的计算能力和一些其他特性，需要算力更强的芯片以及其他电子元器件。这无疑会让AR设备的成本和重量增加、尺寸和功耗增大，从一定程度上降低了用户的购买欲望以及操作体验。如果利用云计算的数据存储和高速计算能力来完成图像的高质量渲染以及虚拟对象位置的准确识别，则会降低AR设备因本地渲染和计算而引起的额外的设备功耗，减少对AR设备本地存储的限制，使AR设备不必安装昂贵的芯片以及其他电子元器件。通过云计算，AR设备性能得到了明显的改善，为用户带来了更好的操作体验。

1.3.3 智能硬件与人工智能

1. 什么是人工智能

人工智能是研究与开发用于模拟、延伸和扩展人的智能的理论、方法、技术及应用系统的一门新科学。人工智能是计算机科学的一个分支，它试图了解智能的实质，并对人的意识、思维过程进行模拟，生产出以与人类相似的方式做出反应的智能机器或系统。该领域的研究包括机器人、语音识别、图像识别、自然语言处理、专家系统、自动推理和搜索方法、机器学习和知识获取、知识处理系统、计算机视觉、自动程序设计等方面。简单来理解，人工智能就是能够模仿人类智能执行任务的系统或机器，它可以根据收集到的大量信息不断地进行迭代，并能够根据历史数据和实时数据做出预测。

当人工智能（AI）与物联网（IoT）相结合，AIoT 的概念就诞生了，即物联网将智能硬件产生、收集的海量数据存储于云端，通过大数据分析以及人工智能系统，实现万物数据化、万物智联化。AIoT 不是新技术，而是人工智能技术与物联网在实际应用中的融合，是一种新的 IoT 应用形态。物联网通过其网络终端的智能硬件以及各种传感器，使人工智能系统能够感知到外界并与之进行交互。比如人工智能系统可以通过摄像头去看，可以通过麦克风去听，可以通过喇叭去说，还可以通过各种传感器去感受外界的声、光、热、电、力等。如果说人工智能系统是大脑，那么物联网就是让人工智能系统具备感知能力和行动能力的身体。人工智能系统分析并处理数据后，再通过智能硬件（比如机械臂、无人机等）与外部世界进行交互。这样的协同模式将使物联网中的智能硬件表现得更加智能，从而更好地满足用户需求。

2. 人工智能对智能硬件的影响

人工智能能够为智能硬件带来以下改变。

第一，人工智能能够使智能硬件根据外界环境自主行动，从而减少人的参与。人工智能系统常常被集成在云端，而物联网将智能硬件收集到的海量数据不断地上传到云端。这些数据被人工智能系统处理和分析后，转化为具体的操作指令，再通过物联网传递给终端的智能硬件来实施。比如，亚马逊的智能仓储机器人通过云端线路管控系统（类似于铁路的调度中心）自动规划路线，并将货物投到对应的 300 多辆货车当中。在此过程中，人工智能系统通过大数据分析和实时采集数据来指挥智能分拣机器人工作，不需要人为控制和干预。

第二，人工智能使智能硬件能够根据历史和实时数据，对未来的情况进行一定的预测和分析。基于分析历史数据和实时数据对用户行为进行预测，并主动为用户提供服务和建议这样的功能，基本上是无法通过智能硬件本身来实现的，所以单凭智能硬件还远远不能满足用户对智能化服务的需求，而人工智能可以。人工智能系统所处理的数据越多，它的积累和学习就越多，进而不断地提升预测的准确率，变得越来越智能。比如谷歌旗下的自动驾驶公司 Waymo 通过雷达、声呐、GPS 和摄像头等传感器，持续收集路况信息、行驶区域的地图信息、场景信息（交通灯、车道等）等，并通过人工智能系统进行分析，以此来预测道路中的行人、其他车辆的运动轨迹和位置。基于预测结果，Waymo 可以合理规划车速、车辆行动轨迹等，从而保证自动驾驶车辆能够安全和正确地应对各种环境。

1.4 智能硬件的发展现状

智能硬件作为高科技产品，恰逢消费升级，加上技术落地加快，其应用场景更趋多样化，市场规模也在逐步扩大。早在 2015 年，智能硬件产品的销量就已经突破千万级别。从宏观角度来看，智能硬件行业正处于快速发展阶段，政策、经济、社会、技术是智能硬件行业发展的 4 大关键驱动因素。

1. 智能硬件的政策驱动因素

随着物联网上升为国家发展战略，智能硬件作为重点应用频繁出现在中央和地方的政策之中。《物联网发展专项行动计划 2013—2015 年》《智能硬件产业创新发展专项行动（2016—2018 年）》《关于促进智慧城市健康发展的指导意见》等政策陆续出台，支持智能硬件行业的发展。其中，《促进新一代人工智能产业发展三年行动计划（2018—2020 年）》明确表示，将支持智能传感、物联网、机器学习等技术在智能家居产品中的应用，提升家电、智能网络设备、水电气仪表等产品的智能水平、实用性和安全性，发展智能安防、智能家具、智能照明、智能洁具等产品，建设一批智能家居测试评价、示范应用项目并推广。

2. 智能硬件的经济驱动因素

从经济角度看，中国的经济结构与增长方式发生了变化，投资与出口对于经济的贡献逐年下降，消费成为推动经济增长的重要动力。居民可支配收入以及居民人均消费水平都在持续上升，居民的生活水平在不断提高，对智能硬件产品的消费支出也随之提高。此外，智能硬件产业逐渐成熟。传统硬件企业、互联网企业以及其他科技企业等纷纷开展符合自身发展战略的智能硬件业务，使智能硬件产品更加专业化和多样化，推动着智能硬件产业的发展。

3. 智能硬件的社会驱动因素

从社会角度看，社会的消费群体正发生变化，人们的生活追求趋于智能化。人们的生活场景正变得越来越丰富，在家居、办公、出行、医疗、娱乐等生活场景，人们更倾向于使用智能化的产品。性价比已经不再是人们选择智能硬件的唯一标准，对产品品质和新科技功能的追求背后是消费理念的升级。此外，随着中国老龄化人口比例的不断上升，人们对于健康、服务相关的智能化产品需求将越来越多。

4. 智能硬件的技术驱动因素

从技术角度看，各种前沿技术的高速发展，为智能硬件的发展提供了条件。人工智能、物联网、5G、大数据、云计算、芯片升级等技术的不断发展，一方面能够为传统硬件产品的智能化提供良好的技术环境，另一方面能够为智能硬件行业赋能，使智能硬件的产业链和产品变得更加丰富，促使智能硬件行业再次升级。

1.5 智能硬件的产品分类

根据智能硬件产品的应用场景和领域，我们可以将智能硬件产品分为多种类别，比如智能穿戴、智能家居、智能交通、智能医疗、智能教育、智能制造等。因为以上几类智能硬件产品相对其他类别的智能硬件产品更常见且渗透率更高，所以下面主要对它们进行介绍。

1. 智能穿戴产品

智能穿戴产品是指将日常穿戴产品与智能化设计相结合，开发出的可以穿戴的产品的总称，比如智能手表、智能耳机、智能头盔等。智能穿戴产品内置了多种传感器，一般都能够接入互联网与手机 App 进行通信，功能包括健康管理、运动监测、定位导航、社交通信等。通过智能穿戴产品，人们得以更好地感知外部环境信息与监测自身的信息。智能穿戴产品通常可以分为以下几种类型。

- 手戴类设备：指戴在手上的智能硬件产品，比如智能手表、智能手环、智能戒指等。
- 头戴类设备：指戴在头上的智能硬件产品，比如智能耳机、AR 设备、智能头盔等。
- 穿着类设备：指穿在身上的智能硬件产品，比如智能跑鞋、智能鞋垫、智能服饰等。

2. 智能家居产品

智能家居可能是目前普及程度最高的智能硬件产品。它是指以住宅为载体，利用网络通信、物联网、安全防范、自动控制等多种技术将家居生活有关的设施进行集成，打造高效的家居日程事物管理系统，使家居生活变得更加便捷、安全、舒适和环保。智能家居不是一款智能硬件设备，而是多个家居类的智能硬件组成的一个智能化家居环境。智能家居通过物联网技术将居家环境中的多种设备（比如照明设备、温控设备、安防设备等）连接到一起，实现家电控制、环境监测、远程控制等多种功能，为人们提供智能卫浴、智能睡眠、智能安防等多种服务。智能家居产品通常可以分为以下几种类型。

- 家用电器类：指具备智能化系统的家用电器，比如智能电视、智能投影仪、智能洗衣机、智能扫地机器人等。
- 安全监测类：指具备智能化的外部环境监测设备，比如智能摄像头、智能恒温器、智能门锁、智能门禁等。
- 生活用品类：指具备智能化系统的生活用品，比如智能马桶盖、智能水杯、智能窗帘、智能床垫等。

3. 智能交通产品

智能交通产品是智能交通系统中最外围的智能硬件设备。智能交通系统是指将计算机、传感器、自动控制等多种技术综合应用于整个交通运输管理体系，从而形成一种安全、高效、节能的综合运输系统，比如智慧停车、智慧出行、智慧公路等。智能交通终端是智能交通系统面向厂商或用户的智能硬件设备。其中，面向用户的智能交通终端通常可以分为以下两种类型。

- 交通工具类：指结合了智能技术的交通工具，比如智能电动车、智能滑板、智能平衡车、智能自行车等。
- 车载工具类：指结合了智能技术的车载设备，比如智能车载导航仪、智能行车记录仪、智能车载净化器等。

4. 智能医疗产品

智能医疗系统是指将计算机、传感器、自动控制等多种技术综合应用于整个医疗管理体系，使医疗信息能够被智能化采集、转换、传输、处理，从而实现患者与医护人员、医疗机构、智能医疗设备之间的互动。与智能交通类似，智能医疗系统也是一套智能化的管理体系，以智能医疗产品作为系统的外围设备。智能医疗产品通常能够检测人体的生理数据，并可以将这些数据上传至云端，在云端经过一系列分析和处理后，向用户展示数据并提供建议，实现智能医疗产品的健康医疗价值。智能医疗产品通常可以分为以下两种类型。

- 健康类：指具备智能化系统，但达不到医疗级别的具备人体数据监测相关功能的智能设备，比如智能人体秤、智能床垫、智能手环、智能头带等。
- 医疗类：指具备智能化系统，且达到了医疗级别的具备人体数据监测相关功能的智能设备（医疗器械），比如智能手术机器人、智能胰岛泵、智能血糖仪等。

5. 智能教育产品

智能教育产品是指将教育和学习场景中的用品与智能化设计相结合，开发出的能够应用于教育和学习场景的教具类设备的统称，比如智能黑板、智能编程机器人、智能学习机等。智能教育产品通常结合大量第三方的学习资料来供终端用户教学或学习。比如，智能黑板中包含大量的课件，老师通过拖动、滑动等操作即可轻松地将课程内容展示给学生，从而达到良好的课堂学习效果。

智能教育产品通常可以分为以下两种类型。

- 教学类：指具备智能化系统的教学工具和教学设施等，比如智能黑板、VR 智能教室、智能答题器等。
- 自学类：指能够直接教授使用者某些特定内容的智能化设备，比如智能编程机器人、智能点读笔、智能学习机等。

6. 智能制造产品

智能制造产品是智能制造系统中最外围的智能硬件设备。智能制造系统是具有信息感知、自动决策、自动执行等功能的先进制造过程、系统和模式的总称。它是人机一体化系统，能够通过物联网、大数据、云计算、人工智能等技术模拟人的智力活动，以取代一部分生产制造中人的脑力和体力劳动。其涉及的内容主要包括智能生产、智能物流、智能工厂等。而智能制造设备则是智能制造系统中的智能硬件设备，主要应用于生产制造环境，比如智能物流机器人、智能机械臂、智能机床、智能分拣机器人等。

7. 其他智能产品

其他智能产品主要包括智能玩具、智能相机、智能无人机、智能建筑、智能迎宾机器人等。

1.6 智能硬件企业的 8 种盈利模式

绝大部分智能硬件企业的盈利模式比较单一，即单纯靠销售智能硬件来盈利，还有一部分智能硬件企业利用“智能硬件 + 内容”或“智能硬件 + 服务”的模式盈利，这样的模式发展前景更为乐观。其余的智能硬件企业中，有的将多种盈利模式组合起来使用，有的在特定的领域摸索出了新的盈利模式。下面介绍 8 种常见的智能硬件企业的盈利模式。

1. 通过硬件盈利

通过硬件盈利，是指凭借销售智能硬件产品赚取差价来盈利，是一种比较传统的盈利模式。这种模式下的利润一方面来自强大的品牌，保证产品具有一定的品牌溢价；一方面来自规模经济，通过降低单位产品的变动成本来谋求更多的利润。但在这种模式下，企业一旦陷入价格战，将使智能硬件产品的利润空间不断压缩。不过，很多企业已经意识到了这一点，不再满足于单凭硬件盈利，正逐步探索新的盈利模式。比如除了销售智能硬件产品，企业还通过租赁智能硬件产品获得利润。企业可以按照产品的租赁时长收费，也可以根据产品的特性，按产品的适用情况收费。比如共享单车企业通过将自行车租赁给用户，按时计费（也可以按行驶里程计费）。

2. 通过内容盈利

通过内容盈利，是指凭借以智能硬件为载体的数字化内容盈利。采用这种盈利模式的企业通常会将智能硬件低价出售来扩大销量，再通过出售利润较高的内容给智能硬件的用户来持续盈利。比如，亚马逊低价推出 Kindle 阅读器，用户购买后如果想阅读某些书籍，需要再次付费购买。用户不断阅读书籍，就需要不断消费，这样亚马逊就能够持续盈利。采用类似盈利模式的智能硬件产品还有：智能音箱，用户想听某些特定的节目就需要付费购买；智能点读笔，用户想学习画册中的内容就需要付费购买画册。这种盈利模式下的内容可能来自与智能硬件企业合作的第三方平台（比如智能音箱播放的音乐的平台），也可能需要智能硬件企业自己生产（比如点读笔配套的画册）。内容对用户的吸引力、必要性以及企业的内容生产能力是企业在这种模式下能否持续盈利的决定性因素。

3. 通过服务盈利

通过服务盈利，是指基于智能硬件上的服务（或功能）来盈利。采用这种盈利模式的企业，通常只提供智能硬件的基础功能，并以低价出售，以扩大市场，再提供额外的付费功能来盈利。比如，Tesla 将仅具备基础功能的 Model 3 电动车以较低的市场价格推出，然后提供更多付费功能供用户购买。如果用户想要 Tesla 的完全自动驾驶功能，需要购买名为 AutoPilot 的应用。在 2019 年 10 月，该应用的收益占 Tesla Model 3 电动车产品价格的 17%，相当可观。付费功能具备足够的吸引力和实用性，能够为产品增值，是这种模式持续盈利的决定性因素。通过服务盈利还有一层意思，即通过企业为用户提供的更多服务来盈利，比如智能硬件的维修和保养、智能硬件的产品延保服务等。这类服务在面向B端机构的智能化生产设备中更为常见。

4. 通过配件盈利

通过配件盈利，是指凭借智能硬件产品本身含有的配件（比如手表包含表带配件）或者配合智能硬件产品使用的配件（比如耳机是手机的配件）来盈利。比如，苹果公司在推出Apple Watch智能手表后，紧接着陆续推出了各种不同材质和颜色的70多款表带，价格从379元到3999元不等。配件的价格甚至超过了智能硬件产品本身的价格。又比如，配合iPhone使用的智能蓝牙耳机AirPods，配合iPad使用的Apple Pencil、iPad键盘以及智能保护盖，配合Mac使用的鼠标、键盘以及各种转换器等。注意，在该模式下，智能硬件产品本身包含的配件的价值在于提升产品的美感，展示用户的个性。智能硬件产品外部的配件通常起扩展智能硬件产品的功能、提升智能硬件产品的用户体验的作用，配合智能硬件为用户创造更多价值。

5. 通过耗材盈利

通过耗材盈利，是指企业通过出售智能硬件产品在使用过程中消耗的某种特定材料（耗材）进行盈利。这种盈利模式由吉列公司所创造。吉列公司在推出剃须刀时，通过免费送刀架来扩大市场份额，然后通过出售与刀架匹配的刀片来实现盈利。这里刀片属于配件，但由于刀片使用一段时间就需要更换，所以将其归类为耗材。这种盈利模式的重点在于产品和耗材往往是强绑定关系，即吉列的刀架上只能安装吉列的刀片，否则用户可能会选择其他更便宜的刀片（耗材），那么企业的盈利模式就无法实现。采用类似盈利模式的产品还有：智能打印机，其耗材是墨盒；智能3D打印机，其耗材是打印所用的材料PLA和ABS等。

6. 通过广告盈利

通过广告盈利，是指将智能硬件作为广告的投放渠道，通过向广告商收取费用来盈利。比如，智能电视产品在早期的主要收入来源就是开机广告，但因为不被用户所接受，且智能电视企业在销售时未告知消费者开机有广告或未能提供一键关闭功能等而涉嫌侵犯消费者知情权、选择权和公平交易权。后来，各大智能电视企业被约谈，要求开机广告不得超过30秒。此外，配合手机App使用的智能硬件产品，通常会在App启动页或者App的其他位置植入一些广告。这种盈利模式的重点在于平衡好广告的投放（投放方式、投放时间等）与用户体验，保证企业在为用户提供良好的用户体验的同时持续获得稳定的收入。

7. 通过数据盈利

通过数据盈利，是指凭借智能硬件采集到的用户相关的数据，向数据的需求方收费。比如，医疗健康类智能硬件产品能够采集到用户的血压、血糖、体重、体脂、心率等医疗健康数据，并利用大数据分析技术寻找各类症状与疾病之间的关系。制药企业、医疗器械企业、保险企业等可以通过这些数据，确定产品研发方向、降低研发成本、提供决策依据等，从而提升企业的运营和服务效率。此外，在用户授权的情况下，通过开放智能硬件的数据接口或大数据分析结果，可以引入运动健身、第三方健康数据分析、疾病预防以及健康饮食等服务供应方，为用户提供更有价值的服务，从而获益。通常只有具有庞大的用户数据的企业才能够通过这种模式盈利。数据量越大越有价值，数据类型越多也越有价值。采用这种盈利模式的企业，通常是行业的领先者或结合智能硬件开展智能业务的传统企业（比如传统的医疗机构开展智能医疗）。

8. 混合盈利模式

混合盈利模式，是指同时采用多种盈利模式，以使收入多样化。以智能摄像头产品为例，它可以通过销售硬件赚取价差，也可以通过广告盈利，比如在手机App的启动页以及App操作界面的其他位置进行广告展示，还可以通过增值服务盈利，比如提供摄像内容的云存储功能，或者开通摄像头连续7天滚动录制或者30天滚动录制功能等。混合盈利模式能够帮助智能硬件企业实现多点盈利。采用这种盈利模式的企业应充分考虑智能硬件企业的特性以及目标用户群体，选择合适的盈利模式进行探索和尝试，切忌生搬硬套其他产品的盈利模式。在未来，随着智能硬件产品的不断创新，越来越多的智能硬件企业将采用混合盈利模式，并探索出全新的盈利模式。

1.7 本章小结

本章讲解了智能硬件和物联网的概念，以及5G、云计算和人工智能等高新技术对智能硬件的积极影响，还阐述了智能硬件的发展现状、智能硬件的分类以及智能硬件的多种盈利模式。你现在应该已经对智能硬件相关的概念有了清晰的认识。

- 通过先进的科学技术对传统设备进行改造，可以使传统设备获得智能，比如连接能力（数据传输和通信）、感知外界环境的能力（数据采集）、对外界环境变化做出反应或与外界环境进行交互的能力（数据处理和反馈）等，这样传统设备就变成了智能终端设备。
- 智能硬件基本具有以下组件：作为智能硬件“大脑”来负责控制设备的微控制器，用于检测设备及周边环境的输入设备，用于提示信息或直接作用于周边环境的输出设备，以及用于连接网络中的服务端或控制端进行通信的网络接口。
- 物联网的核心和基础是互联网，是在互联网基础上进行延伸和拓展的网络。物联网将互联网的终端设备（个人电脑和手机）延伸和扩展到了任何物品与物品之间进行信息交换和通信。
- 物联网中的各种终端设备基本上是智能硬件。智能硬件是物联网的关键组成要素，与物联网相辅相成、互为需要和支撑。
- 物联网的基础框架可以分为三层：获取外界环境与设备信息的感知层，通过网络进行信息传输的网络层，通过云计算平台进行信息处理并提供物联网应用的应用层。
- 采用混合盈利模式的企业，通常会以一个较低的价格出售智能硬件。其主要目的是扩大市场规模和抢占市场位置，因为只有用户购买了智能硬件产品，企业才有可能通过其他方式盈利，所以对于采用这类盈利模式的企业来说，快速抢占市场位置并触达用户是实现盈利的关键因素。

第 2 章 CHAPTER

识别机会：发现和分析创新的想法

到目前为止，你已经对智能硬件产品有了一定的了解和认知。接下来的章节将开始依次阐述智能硬件产品从 0 到 1 的研发过程。本章将阐述智能硬件产品研发过程中的第一个环节——识别市场机会，即从市场中找到未被满足的用户需求，同时产生初步的关于产品概念的想法和创意，并筛选出有价值的想法和创意。在本章中，读者会发现市场机会和产品概念可以通过特定途径和方法来发现和生成。为了能够有效地识别和筛选市场机会，我们必须首先了解市场机会的概念以及识别与筛选市场机会的方法。

2.1 市场机会概述

2.1.1 什么是市场机会

市场机会，也称为商业机会，可简称为机会，是指存在于某种特定的经营环境下，企业可以通过一定的商业活动发现、分析、选择、利用并能够为企业创造利润和价值的市场需求。在产品研发的语境下，市场机会可以是关于新产品开发的任何想法，可以是一个产品概念的描述（比如一款全景运动相机）、一个新出现的技术（比如图像拼接技术）、一个新发现的需求（比如用视频记录运动过程），抑或是一个需求对应的初步解决方案（比如通过全景相机来记录运动过程）。对新产品的市场机会的描述通常只需包括一个概括性的标题和关于产品概念的描述，包括但不限于文字、图像以及线框稿等形式。图 2-1 是一份智能电视产品概念的手绘稿，它清晰且直观地描绘了智能电视的产品概念，包含产品的外观轮廓及其经过特殊设计的底座，并展现了该产品的多个实际应用场景，比如智能电视的底座可以伸缩并且安装了轮子，便于轻松地移动；智能电视的显示器可以旋转，使得用户在任意角度都可以观看到电视屏幕。

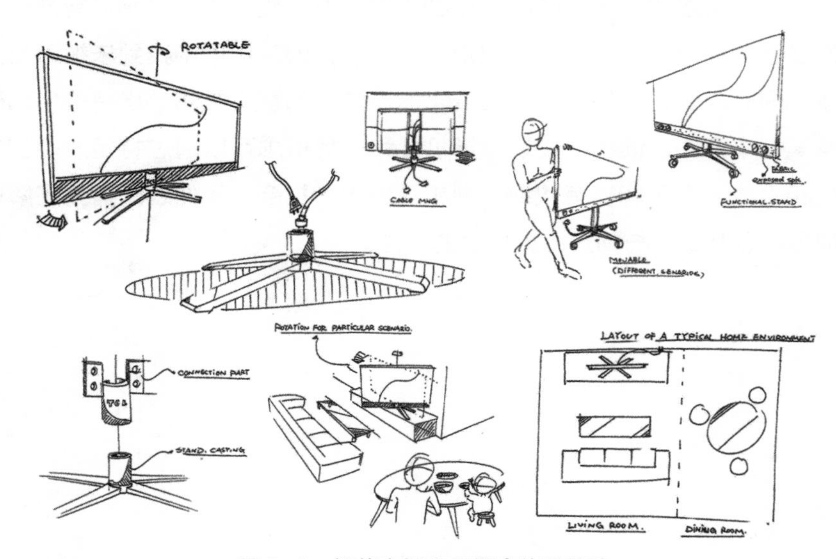

图 2–1　智能电视产品概念的手绘稿

市场机会识别是指对当前市场机会的挖掘与筛选的过程，是创业者或产品经理最重要的任务之一。无论对于企业还是个人，创造性的机会识别都是产品研发的起点。当企业内部与外部环境发生变化时，如政府颁布新的法规、经济环境发生变化、发现新的用户群体、挖掘出新的用户需求、研发出解决用户需求的新技术、供应商采用新型工艺，新的市场机会就会出现。

由于产品开发初期市场前景不确定，我们可以将市场机会看作是为企业和用户创造价值的机会。对于生产手机的企业（比如华为公司）来说，机会可能是一款针对商务人士需求的新款商务手机；对于制造玩具的企业（比如乐高公司）来说，机会可能是一种可自制编程的拼装玩具。好的市场机会最终可以演变成产品，不好的市场机会则可能会导致资源的浪费。

2.1.2　市场机会的分类

市场机会的分类方式有很多种，其中 *Innovation Tournaments: Creating and Selecting Exceptional Opportunities* 一书提出的二维法最为实用。它从企业对当前市场需求的明确程度和解决方案的成熟程度这两个维度来对市场机会进行分类。在这里，我们以企业对当前市场需求的明确程度作为纵坐标，以解决方案的成熟程度作为横坐标，建立需求与解决方案的二维坐标系，如图 2-2 所示。对于智能硬件产品来说，这两个维度可理解为技术维度与市场维度。

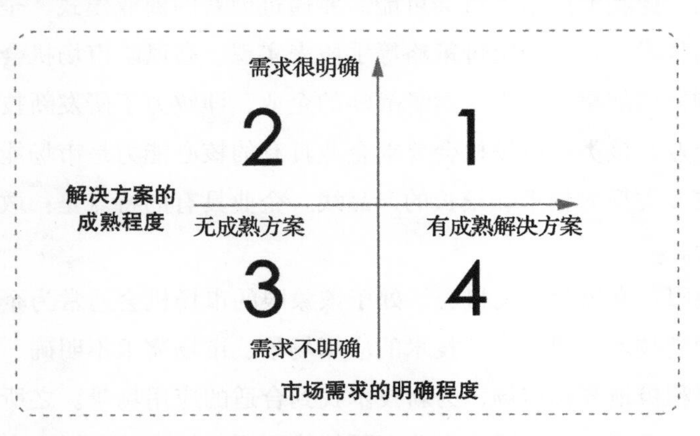

图 2-2　市场机会分类的二维坐标系

这个二维坐标系将市场机会分成4类，每个象限对应着一个类型的市场机会：第一象限为低风险市场机会，第二象限为中风险市场机会，第三象限和第四象限为高风险市场机会。下面对它们进行详细的说明。

第一象限：低风险市场机会。处于该象限的市场机会通常为企业采用市面上已有的解决方案来满足企业当前所服务的用户的需求。这类市场机会常见于成熟期产品。此类型的市场机会可能需要通过提升产品性能、改善产品品质、降低产品成本、扩展销售渠道等手段来实现。低风险市场机会适用于采用了迈尔斯和斯诺战略框架中防御者战略的企业，即成熟行业中的成熟企业。企业具有的特点是：新产品开发聚焦于产品改进，对竞争威胁反应迅速。

第二象限：中风险市场机会。处于该象限的市场机会通常为企业采用市面上未被使用过的解决方案来满足企业当前未服务过的用户的需求。这类市场机会常见于成长期产品。此类型的市场机会可能需要通过增加产品特性、进行差异化市场定位、进一步市场细分等手段来实现。中风险市场机会适用于采用了迈尔斯和斯诺战略框架中分析者战略的企业，即积极规避风险又倾向于提供创新产品和服务的企业。企业具有的特点是：具备较强的逆向工程能力和设计改进能力。

第三象限：高风险市场机会。处于该象限的市场机会通常为企业探索全新的解决方案去解决当前未被竞争者发现的全新市场需求。这类市场机会常见于引入期产品。此类型的市场机会可能需要通过创新的商业模式、全新的服务流程、领先的技术、合适的定价策略等手段来实现。高风险市场机会适用于采用了迈尔斯和斯诺战略框架中探索者战略的企业，即致力于研发新技术和挖掘市场机会的企业。该类型市场机会要求企业具有的核心能力是市场能力与研发能力，拥有较多类型的技术和较长的产品线。企业具有的特点是：敢于冒险，渴望新的机会。

第四象限：高风险市场机会。处于该象限的市场机会通常为企业当前已经研发出某种新技术，但是该新技术的应用场景、市场需求不明确，暂时无法商业化，需要积极地开拓市场，为新技术找到合适的应用场景。之所以将此类市场机会判定为高风险，是因为企业有可能找不到新技术的市场或者短期内市场不会接受新技术。所以，为了提高产品研发成功的可能性，企业应避免技术驱动的思想，即先研发技术，再为技术去寻找市场，而应该从市场出发，深入了解用户的需求，之后再去寻找或研发相关的技术。

值得注意的是，战略没有好坏之分。迈尔斯和斯诺认为决定企业成功的因素并不在于采取的某种特定的战略，只要所采取的战略与企业所处的环境、技术、结构相吻合，就有可能取得成功。所以，创业者或产品经理要善于根据企业现状合理采取相应战略，并发掘不同的市场机会，这样才有可能做出成功的产品。

2.2　识别市场机会的 5 个步骤

识别市场机会的过程通常分为 5 个步骤：确立产品创新章程、发掘大量的市场机会、市场机会的初步筛选、验证市场机会、选出最佳市场机会。

下面对各个步骤进行详细的介绍。

2.2.1　确立产品创新章程

1. 什么是产品创新章程

新产品开发和产品管理的基础是建立在企业清晰明确的战略方向之上的。在战略规划阶段，组织的能力、相关技术和市场机会等因素都应被考虑在内，以便为客户创造和交付价值。产品驱动的企业会通过研发新产品来实现企业战略，比如扩张产品线、开拓新的细分市场等，这时就需要制定新产品策略。制定新产品策略通常包括：设定新产品目标（销量、利润、市场份额等），明确新产品开发对企业战略目标的贡献，定义技术、市场和产品范围等。而产品创新章程（Product Innovation Charter，PIC）可用于指导此策略的完成。

产品创新章程是任何企业新产品商业化的核心，包含项目启动的原因、项目的目的和目标、聚焦点和边界。它回答了新产品开发项目中的“谁，什么，何地，何时，为什么”这 5 个问题。在探索阶段，产品创新章程可以包含有关市场偏好、客户需求以及销售和利润潜力的假设。在开发阶段，这些假设可以通过产品原型开发和市场测试进行验证。随着项目的持续开展，业务需求和市场环境可能会发生变化，因此企业必须反复核对项目方向与产品创新章程，以确保产品创新章程正确，项目未偏离原有方向。

产品创新章程是一份书面文件，是由企业的高层编制的策略性文件，用于绘制新产品路线图并指导各个事业部门在新产品开发中的工作，也可视为新产品的策略。全面而详细的产品创新章程为产品团队提供了方向和焦点，能够确保产品研发团队所开发的产品与企业战略具有一致性且符合市场机会。2007 年 PDMA（产品开发管理协会，成立于 1976 年）研究发现，29% 的企业拥有正式的产品创新章程，75% 的企业有新的产品政策（产品创新章程的一些推导）。一般情况下，产品创新章程的描述越详细，新产品的效果越佳。

2. 产品创新章程的内容

典型的产品创新章程通常会包含以下内容。

- 背景。包括 PEST（政治、经济、社会、技术）分析或企业内外部形势分析的关键点、项目目的以及与企业战略的关系。需要回答的问题可能包括：为什么要制定该策略？为什么要做这个项目？项目的范围和边界是怎样的？项目团队在实现目标的过程中起到什么作用？项目有哪些限制，比如资源、市场营销、技术、制造等方面？项目涉及的关键技术的现状和发展趋势是怎样的？企业内、外部环境是怎样的，包括竞争对手、法律法规、行业趋势、市场偏好等？
- 焦点 / 战场。企业的焦点应该放在有竞争优势的地方。该部分内容涉及企业的核心竞争力以及如何最大限度地利用企业的核心竞争力来创造价值。需要回答的问题可能包括：企业的核心竞争力是什么？目标市场是什么？关键技术和营销活动是怎样的？企业的竞争优势为目标市场带来的价值是什么？竞争对手在技术、营销、市场份额等方面有哪些优势和劣势？
- 短期 / 中长期目标。企业应明确新产品的短 / 中 / 长期目标以及衡量目标的方式。需要回答的问题可能包括：项目要为企业战略目标做出哪些贡献？去占领新的市场还是增加现有市场的份额？要实现怎样的运营目标，是提升利润、提升销量、增加产能还是削减成本？项目的相关目标有哪些，财务预算是多少，何时上市？

- 守则。守则实质上是产品经理绘制的产品路线图，包括产品进入市场的时间、成本、质量与利润等。需要回答的问题可能包括：项目团队的工作是怎样展开的，开会的形式是怎样的，什么时间开会？项目汇报的形式与频率是怎样的，相关干系人有哪些？具体的上市时间和产品品质的规定是怎样的？

以智能儿童手表为例，简要的产品创新章程可以是：研发出一款具备摄像头的智能儿童手表，便于佩戴者使用手表进行拍照，而且可以通过手机 App 查看佩戴者的位置和相关数据；通过企业目前的电商和零售渠道进行销售，一年内上市，两年内要占据市场 50% 以上的份额；其主要瓶颈为电池续航能力、摄像功能及 5G 通信的实现。

产品创新章程并不一定能保证产品成功，但对于确保产品进入市场非常重要。产品经理要尽早确立产品创新章程并将其分享给利益干系人，以便尽早获取他们对产品创新章程的反馈，进而进一步完善。它可以让产品研发团队产生强烈的目标感，避免在无法实现或者与企业战略不符的市场机会上浪费时间与精力。同时，确立好的产品创新章程应尽早获得 CEO 的明确认可（理想情况下，公开发布）。这样，在接下来的工作中，即便遇到企业资源紧张而不得不将资源转移到其他项目的情况，产品研发团队也可以优先获得支持。

2.2.2　发掘大量的市场机会

市场机会通常可以分为两类：内部机会和外部机会。内部机会，是指企业通过审视自身资源，尤其是独特资源（能创造用户价值、稀有、不易效仿和替代）而发现的市场机会。假设特有技术、产品设计、品牌影响力是独特资源，那么企业可以通过思考特有技术在哪些领域应用能够展现竞争优势、产品设计在哪些市场有竞争优势，或者品牌影响力在哪些用户群体中能带来竞争优势等问题来发现新的市场机会。外部机会，是指从企业外部环境发现的市场机会，比如通过对潜在用户或者目标市场的调研、对竞争对手的分析、对社会/经济/技术/人口趋势变化的洞察等发现的市场机会。内部/外部环境与市场机会的关系如图 2-3 所示。

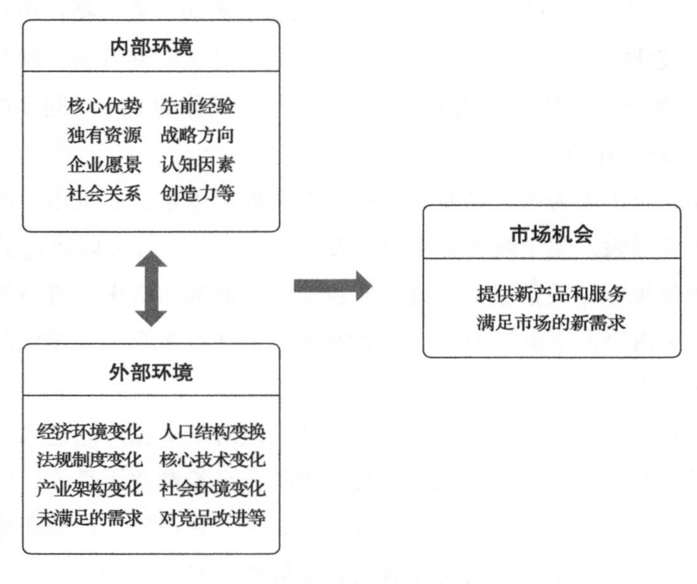

图 2-3 内部/外部环境与市场机会的关系

在技术导向的企业中，市场机会往往来自企业内部；而在市场导向的企业中，市场机会则常常来自企业外部。所以，我们要在挖掘机会的同时关注企业内部的资源和外部的环境。通常情况下，产品研发团队会在机会识别过程中发现数十甚至上百个市场机会。这是一个思维发散的过程，绝大多数人会觉得发现和思考新的市场机会的过程既困难又耗时，效率低下。其主要原因在于没有掌握结构化的思考方法，以及新想法生成的过程过于抽象和模糊，让人毫无头绪。为了避免低效的冥思苦想，我们可以从以下几个方面进行结构化的思考。

1. 分析竞争对手的策略

看看企业所在行业的资深竞争对手和初创竞争对手都在做什么，做一些分析。比如：他们采用了何种企业战略；采用了怎样的营销手段，效果如何；品牌影响力如何；有哪些关键的技术专利。分析竞争对手有助于企业发现关键市场机会、扩大市场规模并开发新的产品和服务。

一款竞品获得良好的市场反响，这意味着这款产品开拓了一个全新市场或者满足了一部分现有产品未曾满足的市场需求。这时，我们就可以思考该全新市场需求的其他解决方案或如何满足更多未被满足的潜在需求。我们还可以关注用户对竞品的反馈，了解用户对竞品的好恶。比如：用户喜欢竞品的哪些特点；用户不喜欢竞品的哪些特点；在使用过程中遇到的困难是什么；哪里可以改进；针对的目标人群、操作体验、设计、制造、成本等。没有什么产品或服务是无法改进的，任何产品都有改进空间。产品经理在日常工作中应多加了解用户对竞品的反馈，并思考如何使其变得更好，也可以到一些众筹网站（比如Kickstarter）上挖掘市场机会。

戴森真空吸尘器就是典型的通过改善竞品而获得市场的成功案例。1978 年，31 岁的戴森在使用真空吸尘器时发现它不工作了，于是拆开吸尘器研究，发现他遇到的是自吸尘器问世以来就未解决的堵塞问题：当集尘袋塞满杂质后，就会堵住进气孔，切断吸力。于是，戴森开始思考解决方案，在 5 年时间内制作了 5127 个模型，之后发明了双气旋真空吸尘器，彻底解决了市面上的竞品无法解决的问题，引发了真空吸尘器的革命。现在的戴森公司已经成为吸尘器市场的领军企业。

2. 观察用户遇到的问题

大多数市场机会都是伪装成问题出现的。看看日常生活中有什么让你或者他人感到烦恼的事情，会遇到什么阻碍，然后问自己“这种情况怎么才能得到改善”，并向他人询问他们期望的解决方案，接着专注于特定目标市场，集体讨论该群体感兴趣的服务理念。了解他人的烦恼与遇到的问题的一个有效的方法就是：将自己置身于使用相关产品或服务的人群中，设身处地为他人着想，有意识地去观察和收集那些最普遍的未被满足的需求，这对发现市场机会是至关重要的。获得新产品或服务的商业理念的关键是确定未满足的市场需求。作为产品经理，我们应该始终睁大眼睛，学会将问题视为市场机会，提出创造性的解决方案，并思考如何利用新技术来推动业务发展。市场机会可能来自进入市场的新技术或产品，因为其他人可能还不知道如何将这些技术商业化以及技术应用的场景，比如早期的 AI、机器人、区块链和 AR。正如埃隆·马斯克所说的那样："任何商机出现在我面前，我会关注问题的核心以及机会源自何处。我深入研究这些问题，弄清楚我是否可以提供适当的解决方案。可以的话，我会迅速采取行动，看看我能在哪里创造价值，并可能参与项目。"

吉列剃须刀就是通过观察和解决用户遇到的问题而被发明出来的产品。1895 年的一天，金·吉列走进了一家理发店，发现理发师在给人们刮胡须时，经常将人们的脸刮破，而且人们都觉得刮胡须是一件很容易受伤的事。金·吉列认为这是一个很好的市场机会，觉得如果能有一把安全的剃须刀，肯定会很有销路。在研究了多年之后，他终于研制出一种"T"字形的剃须刀。这种剃须刀在刀架上安装两个单刃刀片，在剃须时，刀架头部能够随面部变化而保持一个良好的角度，保证不会刮伤面部，而且剃须效果更好。之后金·吉列创办了全球首家制造这种剃须刀的公司。吉列公司在 2005 年被宝洁以 570 亿美元的价格收购。目前，吉列剃须刀的全球市场份额已超过 70%。

3. 深入分析企业自身优势

在寻找商业创意或市场机会时，我们首先要从企业自身进行思考。由于无知、懒惰和自我怀疑，大多数人错过了这个最大的发现商业创意或市场机会的渠道，即深入了解企业自身，分析企业自身的优势、技能和激情所在。如果你已经发现企业自身在某些领域有着过人之处，比如品牌知名度、市场营销手段、渠道能力、生产制造、成本控制、品质控制、研发技术等，那么现在是时候深入分析这些技能或经验了。要了解企业自身擅长什么或思考开始做什么业务，你可以先回答以下问题：企业自身拥有哪些技能或经验？企业擅长的领域与目标愿景是什么？人们是否愿意为企业的相关技能 / 技术付费？然后，考虑企业战略、新兴技术、市场趋势对企业会有哪些影响，企业自身优势在目标市场以外的哪些领域也有竞争优势，以及市场上有哪些未能满足的需求是与企业技能相关的。

比如，特斯拉分析出自身的优势之一是电池管理系统（BMS）。BMS 可以有效实现超过 7000 节 18650 号电池的一致性管理，达到高安全性和可靠性目标。之后特斯拉开始思考 BMS 可以应用到哪些领域或场景进而创造价值，最终发现了新的市场机会。所以，特斯拉在电池冷却、安全、电荷平衡等与 BMS 相关的领域，申请了超过 140 项的核心专利，由此也造就了其超强的核心竞争力和更广阔的潜在市场机会，比如利用该项技术为美国电力公司修建电力系统并给一些度假村供电。

4. 紧跟潮流，把握市场趋势

时下的热门事件、技术发展或社会环境的改变孕育着各式各样的市场机会。信息是产生创造性思想的源泉，所以我们平时应养成阅读商业类和科技类新闻、书籍的习惯，定期参加高科技产品相关的展会和交易会。这样不仅可以发现市场中新出现的产品和服务，还可以与销售代表、分销商、制造商以及供应商等进行面对面交流，开拓自己的眼界，增加自己的信息量，以便让自己的大脑产生新的创意。

了解当下时事可以帮助你识别市场趋势、新潮流、行业信息，偶尔还会产生具备商业可行性和潜力的新想法。例如，在 2015 年，北京雾霾变得越来越严重。恶劣的空气质量引发了人们呼吸洁净空气的需求，进而引爆了防霾口罩和空气净化器的市场。除了社会时事，宏观的社会发展趋势也能创造出各种各样的市场机会。比如，我国老龄化问题越来越严重，而目前对老年人的护理服务将无法满足未来的需求，由此引发了多种多样的市场机会，如智能化养老解决方案、健康监测类智能硬件产品、保健品、老年人陪护机构、养老服务培训机构等。

5. 与潜在 / 现有用户沟通

当你产生了一个创意，但不确定它的市场潜力时，应马上去研究目标市场，看看潜在用户需要什么。从潜在客户和企业现有客户出发，调查清楚他们目前有哪些需求还没被很好地满足。当与潜在客户沟通时，我们要仔细地倾听他们对产品的需求、期望、遇到的障碍以及挫败，如了解他们之前是否使用过类似的产品和服务；喜欢什么，哪些需求被很好地满足；不喜欢什么，哪些需求没有被很好地满足；对当前问题的解决方案有没有好的建议；对企业的产品或服务有何建议，然后挖掘答案背后的深层原因。这些宝贵的反馈信息将帮助企业找到更多研发产品和服务的机会。

全球最大的速递公司联邦快递（FedEx）是一个很好的例子，我们可以看看它是如何通过与客户的沟通和交流，从而发现市场机会的。FedEx的主要用户之一是医疗机构。医疗机构除了有医疗器械、药物等物品运输需求外，还有将活体组织和器官运输到患者所在地的需求。但活体器官的保存条件比较苛刻，如器官活性会受到温度、压力、湿度等条件的影响，稍有不慎可能就无法满足移植条件。而且在运输过程中医生也无法了解活体器官的情况，导致无法在器官到达后做好万全的准备。FedEx识别出这个需求后，与医疗机构、患者以及医疗器械供应商深度沟通，利用Senseaware（一种传感器）来追踪活体器官的关键数据，让医疗机构实时掌握活体器官的情况，以便医生在活体器官到达时做好充分准备。后来，Senseaware被用于跟踪包裹位置，专门用于贵重物品运送或企业物品运送，给FedEx带来了丰厚的收益。如果没有与用户进行深度的沟通，FedEx可能永远也无法识别出这样的市场机会，并制定出这样一个解决方案。

2.2.3 市场机会的初步筛选

有调查显示，在市场机会识别阶段，每3000个机会中只有14个能进入研发阶段，最终成功实现商业化的只有1个而已。如果选择了错误的市场机会进行深度探索与研发，将会是对企业资源的极大浪费。所以，对市场机会的筛选与评审的执行效果，实际上是产品开发成败的分水岭。

不同的市场机会价值差异巨大，且市场机会的价值受各方面不确定因素的影响而始终处于变化之中。因此，为了选出价值较高的市场机会、避免研发资源的浪费，我们应对发掘出的市场机会进行一系列评审。市场机会的评审是通过对发掘出的市场机会进行筛选，以确定具体的产品研发活动的方法。通过评审市场机会，我们可以分析出市场机会是否具有发展成为一个产品的潜力和价值，进而判断一个市场机会是否值得继续花几天或几周时间展开深入的调研。

如果说发掘市场机会是思维发散的过程，那么市场机会的筛选就是思维收敛的过程。在该过程中，我们通常需要采用一系列的规则进行评审，主要包括行业和市场环境、与企业战略的一致性、投入与回报、市场竞争优势、法律法规影响、风险等级、上市时间等方面。好的市场机会可能在大部分评审规则中表现出巨大的潜力，也可能会在一个或多个规则中拥有其他市场机会所不具备的显著优势。

我们可以先对现有的机会进行简要的定性初筛，一般会邀请各关键职能部门代表（研发、营销、制造、财务、法务等）参与筛选，因为来自不同职能部门的人有着不同的观点和专长；也可能会邀请具备专业知识的专家、合作伙伴和资深用户，因为他们具有不同领域的专业知识以及对行业和现有产品的深度认知。不过，他们在利益关注点上也会有分歧，会将各自的专长和私人利益带入评审过程。但这也无妨：只有当一个市场机会能够满足企业内部和外部的各种利益的时候，它才更有可能获得成功。下面将介绍 4 种常用的市场机会初筛的方法。

1. 市场机会价值评估矩阵

市场机会价值评估矩阵采用一个二维矩阵对市场机会进行分类筛选，横轴代表市场机会的技术可行性，纵轴代表市场机会的市场吸引力。我们可从这两个维度出发，对所有的市场机会进行评审。我们经常采用的评审形式是：报告人将市场机会以 PPT、文字或概念图的形式展现出来，并在 1 分钟之内讲清楚每个市场机会，然后由工程师评估技术可行性，市场营销人员和产品经理基于先前的调研信息评估其市场吸引力。评估完成后，每个市场机会将被划分在 4 个象限之中。市场机会价值评估矩阵如图 2-4 所示。

技术可行性评估通常从 4 个维度考虑：功能是否能实现、性能是否能达到、研发人员数量和技术水平能否满足、规定期限内能否开发完成。市场吸引力评估通常从3个维度考虑：市场规模是否足够大、市场成长是否足够快、市场需求持续时间是否足够长。

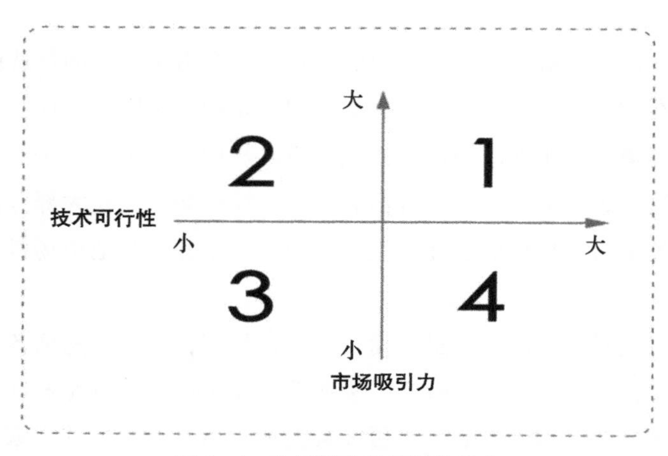

图 2-4　市场机会价值评估矩阵

第一象限为市场吸引力和技术可行性都最佳的机会，即该市场机会的商业价值最大。通常，此类市场机会比较稀缺且不稳定（受市场环境变化影响较大）。因此，我们要准确而及时地分析当前有哪些市场机会正处于、将进入、将退出该象限。

第二象限为市场吸引力大但技术可行性小的市场机会。通常来说，此类市场机会由于现有技术不成熟无法满足需求，且技术成本高，所以商业价值不会很大。但是，我们应对技术发展路线进行预判，时刻关注技术的发展和决定该技术可行性的内、外环境因素的变动情况，并做好利用该市场机会的准备。

第三象限为市场吸引力与技术可能性皆差的市场机会。该类市场机会的商业价值最低，且不具备直接进入第一象限的潜力，但可能在极特殊情况下，比如发生社会热点事件，市场吸引力和技术可行性会大幅提升。

第四象限为市场吸引力小但技术可行性大的市场机会。该类商业机会的风险比较低，获利能力也小。通常，稳定型、实力弱的企业会将该类市场机会作为产品研发的主要方向。

通常，我们只会对被归类为第一象限的市场机会投入资源和开展预研工作，并时刻关注第二象限与第三象限的市场机会。

2. Pass/Fail 市场机会评估法

Pass/Fail 市场机会评估法主要用来判断市场机会或产品概念是否满足一些基本规则，通常用于市场机会的初筛阶段。其基本规则通常包括战略一致性、核心竞争力、风险等级、法律法规影响、上市时间等。基于这些基本规则，我们对每个市场机会进行通过（Pass）或失败（Fail）的判定。只有符合所有基本规则的市场机会才能获得资源。表 2-1 展示了针对 6 个市场机会，分别从战略一致性、营销渠道、制造能力、财务回报、法律风险 5 个维度进行评估的结果。机会 1 和机会 5 满足所有条件，最终评定结果是 Pass；其他的机会均存在至少一项 Fail，最终评定结果就是 Fail。

表 2-1　Pass/Fail 市场机会评估表

市场机会	战略一致性	营销渠道	制造能力	财务回报	法律风险	结　果
机会 1	Pass	Pass	Pass	Pass	Pass	Pass
机会 2	Pass	Fail	Pass	Pass	Pass	Fail
机会 3	Fail	Pass	Pass	Fail	Pass	Fail
机会 4	Pass	Pass	Pass	Pass	Fail	Fail
机会 5	Pass	Pass	Pass	Pass	Pass	Pass
机会 6	Pass	Fail	Fail	Fail	Pass	Fail

3. 市场机会评分法

市场机会评分法的大致过程是：首先制定评估规则，确认要从哪几个维度对市场机会进行评估；然后设定每个评估规则的权重，以体现其相对重要程度；接着按照每个评估规则对市场机会进行打分；再计算出每个市场机会的加权总分；最后取排在前 3～10 位的市场机会，进行资源投入和预研。市场机会评分法示例如表 2-2 所示。

表 2-2　市场机会评分法示例

机会 / 评估标准	战略一致性（权重 7.5）	市场吸引力（权重 10）	技术可行性（权重 10）	运营可行性（权重 5）	财务回报（权重 7.5）	加权总分
机会 1	8	9	6	7	6	290
机会 2	7	5	7	8	9	280
机会 3	8	8	8	8	6	305
机会 4	6	7	7	6	7	267.5
机会 5	6	8	7	9	5	277.5
机会 6	7	7	6	6	8	272.5

表 2-2 展示了针对 6 个市场机会，分别从战略一致性、市场吸引力、技术可行性、运营可行性、财务回报 5 个维度进行评估的结果。通过加权总分就可以直观地看到当前各市场机会的分数排名，接着取排在前 3 名的市场机会进行资源投入和预研。

4. 市场调查问卷法

一种更为简单的方法是市场调查问卷法。市场调查问卷法更适合用于对大量的市场机会或产品概念进行评估。它以问卷的形式将市场机会的简要描述展现在参与者面前，只需向参与者询问这些市场机会或产品概念是否具备进一步探索和研究的价值，参与者只需要回答“是”或者“否”即可。这里也可以结合评分法，给定一个分值范围（比如 1～5 分），让参与者对每个市场机会进行打分。

最后，选出调查结果全部为“是”或者评分排在前 3～10 位的市场机会进入下一轮评审。相比上述其他方法，市场调研问卷法的好处是，参与者不知道每个市场机会或产品概念的提出者是谁，也不会知道其他参与者的评价，因此评价结果更加公平和公正，且无须组织相关会议，灵活又高效。

2.2.4　验证市场机会

1. 假设是未经验证的认知

经过了一轮对市场机会的初步筛选之后，产品研发团队需要投入一些资源来对通过初筛的市场机会进行更深入的可行性探索。因为当前阶段，所有的市场机会都是产品研发团队基于专业知识和个人经验，更多的是凭借主观感觉筛选出来的，是《精益创业》中所描述的“未经证实的认知”。如果企业将所有资源都倾注在初筛的市场机会上，无异于一场豪赌。它难以获得成功，因为有太多不确定因素存在，比如：我们不确定目标用户真的会需要该产品，我们不确定目标用户会接受我们制定的价格，我们不确定产品的成本可以控制在合适的范围内，我们不确定产品的每个功能都能实现，我们不确定产品没有侵犯竞争对手的产品专利等。

市场机会中所存在的不确定因素，很可能造成企业资源的浪费。因此在这个阶段，产品研发团队要对市场机会进行更深入的探索，对市场机会存在的众多不确定因素进行验证。此阶段的目标是用最少的资源，将市场机会的不确定因素尽可能地全部排除。

2. 验证需求、定价、法规等假设

至少可以花些时间对目标市场进行调研，保证通过初步筛选的这些市场机会是具备一定市场规模和市场吸引力的。如果时间和金钱都充裕，建议花 1 周左右从以下几个方面展开一些工作。

- 验证用户需求方面的假设：针对目标用户进行问卷调查、拜访，甚至可以做出简单的低保真产品原型给用户看，做一个简单的用户测试，以便对用户的真实需求和购买意向有更深入的了解，避免产品研发出来后才发现这不是用户真正想要的，或者是用户想要却不愿为此付费的。
- 验证产品成本与定价方面的假设：对产品关键器件或解决方案的供应商进行调研，了解各个供应商的研发和供货能力以及关键器件成本，这些对产品成本和定价方面的评估是必不可少的。我们应避免成本过高导致产品定价超出目标用户消费水平的情况发生。
- 验证产品法律法规方面的假设：对产品将要采用的商标、产品名、技术解决方案等，在相关网站上进行检索，了解商标是否已经被注册、产品名是否已被其他竞争对手所占用、技术解决方案是否已经被注册了专利等。如果产品研发到一半或者发布后才发现这些问题，那就得不偿失了。

以上三个方面是绝大多数智能硬件产品研发阶段都会涉及的，应在开展产品研发工作前尽早进行验证。此外，还有一种更高效的方法是：直接列出那些会对市场机会成败造成重大影响的关键不确定因素，并评估验证这些关键不确定因素所需做的工作，比如市场调研、与供应商沟通、检索相关资料、法务咨询等，然后投入尽可能少的资源优先验证不确定性最大的因素。

我们可以看看 Dropbox 是如何低成本且快速验证市场机会的。Dropbox 公司开发了一款具备文件同步、备份、共享等功能的云存储工具。在创立之初，其创始人德鲁·休斯敦在有了这个云存储产品概念之后，非常想要验证用户到底想不想要这样一款产品，但在短期内又无法开发出产品的原型给用户使用。于是，他想出了一个方案——拍摄产品概念视频，即通过一个 3 分钟的短片，讲述产品的使用过程。拍摄完这个产品概念短片后，他发布到了官网，结果这部短片吸引了几十万人进入官网观看。德鲁通过这个短片，验证了用户需求方面的假设，之后才投入资源去开发产品，避免了关键不确定因素对市场机会成功的影响，这可以算是验证市场机会的典型案例。在 2018 年，Dropbox 正式登陆美国纳斯达克交易所，市值超过百亿美元。

2.2.5 选出最佳市场机会

对经过初步筛选的市场机会投入资源并进行一定程度的探索和调研之后，大量不确定因素在此时已经被解决。当前阶段，我们要做的就是基于目前所掌握的信息，选出最佳的市场机会并进行深入的调研和预研工作，保证产品研发中投入的资源不被浪费，并取得成功。

评价市场机会的工具和方法有很多，通常都是通过给定一些标准或条件来进行多维度的比较，进而筛选出最佳的市场机会。下面将介绍两种全面筛选市场机会常用的工具，即 Real-Win-Worth（RWW）市场机会自测清单和 Timmons 创业机会评审框架。

1. RWW 市场机会自测清单

RWW 是一份用于评估市场机会的自测清单，起源于 3M 公司。自 20 世纪

80年代以来，越来越多的公司，包括3M、通用电气、霍尼韦尔、诺华等知名公司，都在使用RWW来评估市场机会或产品概念的商业潜力和风险。目前，3M已在超过1500个项目中使用RWW。

RWW要求产品研发团队从三个方面来评估市场机会的潜力和风险。

- Real——这是真实的吗？该问题探讨的是潜在的市场是否真实存在以及能满足目标市场需求的产品的技术可行性。该问题引申出两个问题：市场真实存在吗？产品真的可以做出来吗？
- Win——我们能赢吗？该问题探讨的是企业和产品是否具备获取市场份额的能力以及产品是否在市场中具备竞争优势。该问题引申出两个问题：产品是否具备竞争力？企业是否具备竞争力？
- Worth——这值得做吗？该问题引申出两个问题：产品是否具有可接受风险的能力？推出该产品是否具有战略意义？

想要回答上述问题，产品研发团队需要深入挖掘更多问题的答案，具体如下。

（1）这是真实的吗？

1）市场真实存在吗？

- 用户是否想要或需要产品？回答该问题必须做市场调研，探索目标用户未被满足或未被完全满足的需求，发掘用户的动机、期望、挫败感以及需求是否足够强烈。
- 用户可以购买产品吗？该问题的目的是找到用户购买产品的阻碍，比如价格超出预算、产品不符合相关法律法规要求、渠道无法触及目标用户等。
- 潜在市场的规模是否足够大？如果市场规模不够大，即使用户需求存在，企业也无法从潜在市场获利，这样的市场机会就是不真实的。
- 用户会购买产品吗？即便用户对产品有需求，可能新产品的学习成本或者更换成本比较高，用户还是习惯于使用旧产品，又或者用户觉得马上会有更好的新产品，也不会选择我们的产品。所以，我们做的产品要能够提供独特价值，以满足用户需求，这样用户才会从众多竞品中选择我们。

2）产品真的可以做出来吗？

- ❑ 是否有一个明确的概念？在进入研发阶段之前，产品概念是模糊的，产品研发团队对产品的性能和功能等方面有着不同看法，这时应该确认关键需求、敲定产品概念，以便对产品概念进行评估和测试。
- ❑ 产品是否可以制造？即确定产品的研发可行性，比如所用的关键技术和方案是否可行，是否有合适的供应商，工厂的产能是否跟得上等。
- ❑ 最终产品是否满足市场需求？市场和用户需求是不断变化的，产品研发团队要持续跟踪用户需求，以便产品可以满足用户期望。

（2）我们能赢吗？

1）产品是否具有竞争力？

- ❑ 产品是否具备竞争优势？如果能够为用户提供独特的价值、更好的用户体验、更好的功能、更低的学习成本和更低的价格，产品将脱颖而出。
- ❑ 产品优势能持续下去吗？要在竞争激烈的市场中始终保持优势，产品就必须具备竞争壁垒，比如独特的技术专利、持续输出优质内容的能力，抑或是签订了产品核心部件的独家供应商等。
- ❑ 竞争对手将会如何回应？不能只考虑我们的产品和目标市场，还要预测竞争对手的反应。产品发布后，竞争对手一定会采取一系列动作，比如寻找专利漏洞、降低产品价格、加大广告或补贴等，这时产品研发团队应评估竞争对手的动作持续的周期和造成的影响，更关键的是找到应对之策。

2）企业是否具有竞争力？

- ❑ 企业有优质的资源吗？如果企业拥有超越竞争对手的资源，市场机会的成功率会显著增加。知名的合作伙伴、强大的品牌资产、庞大的营销渠道、领先的技术储备、高效的供应链、相关领域的人才等都可以增强用户对产品的价值感知，进而提升产品竞争优势。
- ❑ 企业有能够取胜的经营管理能力吗？好的管理可以使企业在资源有限的条件下获得最佳收益。因此，我们必须检查企业是否具备直接或间接的相关市场开发经验和产品研发经验，评估研发方法是否适用于该产品，然后营造良好的工作氛围，统一团队目标，提升企业效率。

- 企业能理解并回应市场吗？产品研发团队需要持续收集用户的需求，深入洞察用户想法，并且及时迭代产品，以满足不断变化的用户需求。
- 企业是否具有竞争优势？为了能够长期保持竞争优势，企业需要拥有卓越的资源、管理能力和市场洞察力。综合评估上面三个问题的答案，我们即可得出企业是否具备竞争优势的结论。

（3）这值得做吗？

1）产品是否具有可接受风险的能力？

- 预期收益是否大于成本？对产品销量进行预测，并预估产品的研发成本、物料成本、营销费用、利润、回收周期、预测还要包含投资回收周期、净现值、投资回报率。
- 当前风险是否可以接受？对产品的风险进行预估，比如技术风险对项目进度的影响、价格变动对销量的影响、发布延迟对产品市场占有率的影响等。我们要预测到风险可能导致的结果，并思考应对策略。

2）推出该产品是否具有战略意义？

- 产品是否符合企业的整体增长战略？产品要能符合企业的战略方向，提升企业竞争力，比如扩张潜在市场以增加市场份额、强化公司的品牌效应、补全公司的产品线、提升公司社会形象等。对于公司来说，如果一个产品不具备战略意义，可能就不是一个合适的市场机会。
- 高层管理人员会支持它吗？如果没有高层管理者的支持，项目在获取资源和研发推进时可能会遇到重重阻碍。项目只有获取了高层管理人员的支持，才能在与其他项目争夺稀缺资源和推动工作时，获得更高的优先级和更多的关注，这对于产品的成功是不可或缺的。

RWW有很多变种，我们可以根据实际情况或企业关注的其他方面来替换相关问题，比如产品上市时间、产品研发周期等来评估市场机会。RWW无法消除风险和问题，只能告诉产品研发团队风险和问题在哪里。所以，产品研发团队要针对每个问题谨慎考虑，以便选出最佳的市场机会/产品概念，并在推出创新产品时更好地降低风险。

2. Timmons 创业机会评审框架

Timmons 创业机会评审框架，是通过行业与市场、经济因素、收获条件、竞争优势、管理团队、致命缺陷问题、创业家的个人标准、理想与现实的战略性差异 8 个维度的 53 项指标来评估市场机会的评审框架。该框架由创业教育和研究的世界级权威人物 Jeffry A.Timmons 于 1977 年出版的全球第一本创业学著作《创业学》中提出，所以被命名为 Timmons 创业机会评审框架。它的具体内容如下。

（1）行业与市场

- ❑ 市场容易识别，能够带来持续的收入。
- ❑ 顾客能够接受产品或服务，愿意为之付费。
- ❑ 产品的附加价值较高。
- ❑ 产品对市场的影响力较大。
- ❑ 将要开发的产品生命力持久。
- ❑ 项目所在的行业是新兴行业，竞争不完善。
- ❑ 市场规模较大，销售潜力达到 1000 万元～10 亿元。
- ❑ 市场增长率达到 30%～50%，甚至更高。
- ❑ 现有厂商的生产能力几乎完全饱和。
- ❑ 在未来 5 年内能够占据市场的主导地位，达到 20% 以上。
- ❑ 拥有低成本的供应商，具有成本优势。

（2）经济因素

- ❑ 在未来 1.5～2 年内能够达到盈亏平衡点。
- ❑ 盈亏平衡点不会逐渐提高。
- ❑ 投资回报率达到 25% 以上。
- ❑ 项目对资金的要求不是很高，能够获得融资。
- ❑ 销售额的年增长率高于 15%。
- ❑ 有良好的现金流，能够占到销售额的 20%～30%。
- ❑ 能够获得持久的毛利，毛利率达到 40% 以上。
- ❑ 能够获得持久的税后利润，税后利润率超过 10%。
- ❑ 资产集中程度较低。

- ❑ 运营资金不多，需求量是逐渐增加的。
- ❑ 研究开发工作对资金的要求不高。

（3）收获条件

- ❑ 项目带来的附加价值具有较高的战略意义。
- ❑ 存在现有的或可预料的退出方式。
- ❑ 资本市场环境有利，能够实现资本的流动。

（4）竞争优势

- ❑ 固定成本和可变成本低。
- ❑ 对成本、价格和销售的控制能力较强。
- ❑ 已经获得或能够获得对专利所有权的保护。
- ❑ 竞争对手尚未觉醒，竞争较弱。
- ❑ 拥有专利或具有某种独占性。
- ❑ 拥有发展良好的网络关系，容易获得合同。
- ❑ 拥有杰出的关键人员和管理团队。

（5）管理团队

- ❑ 创业者团队是一个优秀管理者的组合。
- ❑ 行业和技术经验达到了行业内的最高水平。
- ❑ 管理团队的正直廉洁程度能达到最高水准。
- ❑ 管理团队知道自身缺乏哪方面的知识。

（6）致命缺陷问题

- ❑ 不存在致命缺陷。

（7）创业家的个人标准

- ❑ 个人目标与创业活动相符合。
- ❑ 创业家可以做到在有限的风险下取得成功。
- ❑ 创业家能接受薪水减少等损失。
- ❑ 创业家渴望创业，而不只是为了赚大钱。
- ❑ 创业家可以承受适当的风险。
- ❑ 创业家在压力下状态依然良好。

（8）理想与现实的战略性差异

- ❑ 理想与现实情况相吻合。
- ❑ 管理团队已经是最好的。
- ❑ 在客户服务管理方面有很好的服务理念。
- ❑ 所创办的事业顺应时代潮流。
- ❑ 所采取的技术具有突破性，不存在许多替代品或竞争对手。
- ❑ 具备灵活的适应能力，能快速地进行取舍。
- ❑ 始终在寻找新的机会。
- ❑ 定价与市场领先者几乎持平。
- ❑ 能够获得销售渠道，或已经拥有现成的销售网络。
- ❑ 能够允许失败。

Timmons 创业机会评审框架的内容非常完整和专业。在实际使用中，我们应结合企业实际情况、行业情况以及产品属性等方面对其进行简化，灵活使用该框架以提高实用性。不过，Timmons 创业机会评审框架也存在一些局限性，比如指标的要求较高，不容易达到；某些指标存在重叠的现象；指标缺乏主次关系；定性指标与定量指标混合在一起，影响评价效果。为了解决这些问题，在使用 Timmons 创业机会评审框架时，我们可以结合初步筛选市场机会中所提到的 Pass/Fail 评估法与评分法进行评审。

- ❑ 与 Pass/Fail 评估法相结合，是指使用 53 项指标来评审市场机会，并评定市场机会是否符合各项指标，符合的指标视为 Pass（达到），不符合的指标视为 Fail（未达到），最后选出获得 Pass 最多的市场机会。
- ❑ 与评分法相结合，是指为 53 项指标设定打分标准，比如 1～3 分中，1 分代表较差，2 分代表一般，3 分代表较好，并建立评分表为市场机会评分，最后选出评分最高的市场机会。

2.3 本章小结

在本章中，我们了解了市场机会的概念和类型，并深入地分析了识别市场机会的流程和方法。

- ❑ 市场机会是能够为企业所利用并创造价值的且未被他人发现的需求。
- ❑ 市场机会可以被二维坐标分为4类。对于不同类型的市场机会，企业应采取不同的策略。
- ❑ 市场机会识别是指对市场机会进行挖掘和筛选。
- ❑ 市场机会识别的过程通常分为5步，依次是确立产品创新章程、发掘大量的市场机会、市场机会的初步筛选、验证市场机会、选出最佳市场机会。
- ❑ 产品创新章程可以被视为新产品的策略，主要内容包括背景、焦点、短期/中长期目标、守则等。
- ❑ 发掘市场机会是一个思维发散的过程。我们可以通过以下方式发掘市场机会：从企业内部或外部发现机会、分析竞争对手的策略、观察用户遇到的问题、深入分析企业自身优势、紧跟潮流把握市场趋势、与潜在/现有用户沟通等。
- ❑ 筛选市场机会是一个思维收敛的过程。我们可以通过以下方法筛选市场机会：市场机会价值评估矩阵、Pass/Fail市场机会评估法、市场机会评分法、市场调查问卷法等。
- ❑ 市场机会中存在很多不确定因素，因此有必要对市场机会进行验证。我们主要验证以下三方面的假设：用户需求方面、产品成本与定价方面以及产品法律法规方面。
- ❑ 可以使用RWW市场机会自测清单和Timmons创业机会评审框架对市场机会进行全面的评估。

|第 3 章| C H A P T E R

市场细分：找出消费群体间的差异

在前面的章节中，我们已经了解了市场机会的概念和识别方法。在此基础上，我们还要学习市场的分析和选择方法。不过，我们在对市场进行分析和选择之前应先对市场进行细分，即将市场分成几个不同的消费群体。本章将对市场细分的概念和方法进行详细介绍。

3.1　市场细分概述

3.1.1　什么是市场细分

市场细分的概念是美国市场学家温德尔·史密斯于1956年提出来的。市场细分是指企业按照某种分类标准将总体市场中的用户划分成若干个用户群体的过程。被划分出的各个用户群体构成一个细分市场，同一细分市场中的用户具备类似的需求、行为、收入水平和特征，而不同细分市场中的用户之间的需求与特征则存在着明显差异。比如以性别作为分类标准，我们可以将市场上的用户分为男性用户和女性用户。此时，男性用户构成一个细分市场，女性用户构成另一个细分市场。

3.1.2　市场细分的目的

当今的企业已经意识到，由于自身资源的限制，不可能提供满足市场上所有用户需求的产品或服务，也不可能以同一种营销方式来吸引市场上所有的用户。且市场上的用户数量众多，需求、心理、购买动机也不尽相同，企业在不同细分市场中的能力也有所差异，这就需要企业把某些方面类似的用户细分出来，选择最有利可图的细分市场，集中企业资源去开发新产品或服务。只有这样做，企业才可以更好地定位产品和服务，以满足细分市场用户的需求。

简而言之，细分市场是选择目标市场的前提，目的是让企业集中资源，通过提供更匹配细分市场用户需求的产品或服务，制定更匹配细分市场用户属性的营销策略（价格、渠道、广告等）来获得竞争优势。

3.1.3　市场细分的意义

1. 有利于更好地选择目标市场

企业不进行市场细分，就无法制定市场营销策略，也无法知道要研发什么样的产品以及将产品卖给什么样的人。市场细分是选择目标市场的基础。在市场细分之前，用户需求的多样性和差异性使得企业难以制定战略，无法总结出规律性的结论。在市场细分之后，企业可以根据自身情况（愿景、资源、技术能力等）确定自己的目标市场。

2. 有利于制定差异化的市场营销策略

通过市场细分，企业可以更有针对性地对细分市场中的用户需求进行分析，并在产品、价格、地点、促销等方面制定与目标市场更匹配的市场营销策略，而不再是针对市场上的所有用户提供标准化的产品或服务。

3. 有利于对市场机会和威胁快速做出反应

市场细分后，企业在业务上更加聚焦，便于更准确地了解目标市场的动向。聚焦于细分市场的企业能够比聚焦于大众市场的企业更早地觉察到细分市场中新出现的机会和威胁，并迅速调整市场营销策略，以应对市场的变化，提升企业的竞争力。

4. 有利于企业减少资源浪费，提升经济收益

通过市场细分，企业在资源分配方面更加聚焦，便于更好地匹配目标市场，比如生产计划与目标市场预期销量相匹配、市场营销策略与目标市场用户的属性相匹配、产品或服务的设计与目标市场用户的需求相匹配。细分市场后，企业可将资源用于满足特定用户的需求，而不是对所有用户采取通用策略，这意味着企业不会再为非目标用户浪费资源。这将有助于企业减少不必要的资源投入，降低成本并提升收益。

3.2 市场细分的方式

企业为了能更加有效地向目标市场提供匹配的产品或服务，需要将市场中的用户划分为几个具备共同特征的群体。因为用户在需求、消费水平、购买行为等方面存在巨大的差异，所以我们有多种方法可以对市场进行细分。接下来介绍 5 种最常见的市场细分方式：地理细分、人口统计细分、心理细分、行为细分和多维度细分。

3.2.1 地理细分

地理细分，是根据用户所在的地理位置、地理环境进行市场细分。用户的需求、偏好和兴趣会因地理状况的不同而有所差异，比如生活在市区内的用户可能更倾向于选择适合在马路上骑行的公路自行车，而生活在市区外的用户可能更倾向于选择适合在不平整的道路上行驶的山地自行车。因此，了解用户群体所处的地理区域或气候等信息并对用户进行市场细分是非常有必要的。它有助于企业确定产品研发方向和市场营销策略。地理细分可以像国家或地区一样宽泛，也可以像社区或街道一样细致。

按照地理区域和区域发展水平进行细分。根据国家进行细分，可以将用户群体分为中国的、美国的、日本的等。根据城市的发展水平细分，可以将用户群体分为一线城市的、二线城市的、三线城市的等。不同区域的用户，在某些需求上存在较大差异。

按照地理气候和地形进行细分。根据地形进行细分，可以将用户群体分为平原的、高原的、盆地的等。根据气候进行细分，可以将用户群体分为热带的、温带的、寒带的等。

3.2.2 人口统计细分

人口统计细分，是根据市场中用户的性别、年龄、收入、教育水平、种族、生命周期阶段、职业、家庭规模、婚姻状况、宗教信仰等维度对市场进行细分。由于人口统计信息相对其他细分维度（比如心理细分）更具体，且适用范围广，因此人口统计细分是最简单、最可靠、使用最广泛的市场细分方式。通常，用户使用哪些产品和服务、用户如何使用以及用户愿意花多少钱都是人口统计细分维度。

按照年龄与生命周期阶段对用户群体进行细分。因为用户的需求会随着年龄增长而发生变化。根据年龄进行细分，可以将用户群体分为儿童、青少年、中年、老年等。服装、药品、食品等行业都会用年龄来细分市场。企业应该针对不同年龄段的人群，提供不同的产品和服务。比如，亚马逊专门针对儿童市场推出了平板电脑 Fire HD 10。

按照性别对用户群体进行细分。很多产品在用途上有明显的性别特征，比如服装、化妆品、杂志等。不同性别的用户对同一产品的需求也有所不同，比如男士香水和女士香水味道差别很大。

按照收入水平对用户群体进行细分。根据收入水平细分，可以将用户群体分为低收入的、中等收入的、高收入的等。不同收入水平的人的消费能力差别很大。

按照家庭规模对市场中的用户群体进行细分。根据家庭规模细分，用户群体可分为单身、二人家庭、三人家庭、多人家庭等。家庭人口数量不同，用户对住房大小、家具样式、汽车型号乃至日常消费品的选择都会有所不同。

3.2.3 心理细分

心理细分，是根据市场中用户的生活方式、社会阶层、性格特征、价值观、信仰和兴趣等维度对市场进行细分，所有这些特征都会影响用户的购买决策。同一个人口细分、地理细分、行为细分的用户群体可能也会具有不同的心理特征。

按照生活方式的差异对市场中的用户群体进行细分。根据生活方式细分，可以将用户群体分为简朴型、实用型、奢侈型。简朴型用户在购买产品时首先考虑价格因素，实用型用户在购买产品时首先考虑产品的实用性，奢侈型用户在购买产品时首先考虑产品的独特性和是否能彰显自己的经济实力。这就需要企业针对不同心理状态的用户制定不同的产品研发策略和市场营销策略。心理细分方式比地理细分、人口统计细分更困难，因为心理细分相对更抽象，这就需要企业进行大量用户研究，以充分掌握用户心理状态。比如，可口可乐公司利用心理细分策略推出了广告语为“零糖分，零卡路里”的零度可乐，以满足因重视身体健康而控制糖分摄入的用户的需求。

3.2.4 行为细分

行为细分，指根据用户对一款产品的使用情况、了解程度、购买模式、忠诚度等维度进行市场细分。行为细分类似于心理细分，因为它不像人口统计细分和地理细分那样具体，但同样需要企业进行大量用户研究才能实现。

按照购买模式对用户群体进行细分。有的用户在购买产品之前会花几天时间去了解产品；有的用户则是冲动消费，看到产品后可能直接就会购买；有的用户喜欢直接在网上购买产品；有的用户则喜欢在实体店购买；还有的用户喜欢通过网络了解产品信息，然后到实体店充分体验后再购买。当企业了解客户的购买模式后，便可以有针对性地向用户提供他们想要的产品或制定更能刺激他们购买欲的营销方案。

按产品使用频率对用户群体进行细分。根据产品使用频率细分，用户群体可分为轻度用户、中度用户、重度用户。通常，企业需要通过营销或运营手段来提升产品使用频率，使重度用户的比例提升，增加企业收入。

按产品使用情况对用户群体进行细分。根据产品使用情况细分，用户群体可分为潜在用户、新用户、老用户、前用户等。企业营销或运营的重点就是转化潜在用户、黏住新用户、保留老用户、激活新用户。

按照产品利益对用户群体进行细分。不同用户购买产品追求的利益点会有所不同。比如，需求为载货的用户会购买货车，需求为日常出行的用户会购买普通轿车，需求为彰显个人身份的用户会购买豪华轿车或跑车。针对追求不同利益点的用户，企业需要研发不同的产品和制定不同的营销策略。

按照用户忠诚度对用户群体进行细分。根据用户忠诚度细分，用户群体可分为单一品牌忠诚者、多品牌忠诚者、无品牌忠诚者等。有的用户购买特定产品时只认可一种品牌，有的用户购买特定产品时在固定的多个品牌中选择，有的用户在购买特定产品时无品牌倾向或只买促销的产品。企业可以通过分析用户对品牌的忠诚度获益。比如通过研究多品牌忠诚者，企业可以了解哪些品牌对其具有威胁，并通过获取用户换品牌的原因，改进自身产品和营销手段。

按产品购买时机对用户群体进行细分。因为用户对许多产品的需求具有时间周期性，比如元旦的汤圆、中秋节的月饼、节假日期间的飞机 / 火车票，所以企业可以在适当的时机加大营销推广力度，以促进产品销售。

3.2.5 多维度细分

以上就是市场细分的 4 种主要方式，其实还有很多其他细分方式，但其他细分方式大多是由上述 4 种细分方式衍生出来的。

通常情况下，企业不会只按照一两种细分方式来进行市场细分，这是因为单从一两个维度细分出的市场，难以真实地反映用户需求的共性和差异，细分出来的用户需求仍可能千差万别。比如在我国的一线城市，外来流动人口占很大一部分，而外来流动人口的需求和原住人口的需求会有明显的不同。如果我们仅使用地理位置这一个维度进行细分，则将整个城市划分为一个细分市场，那么得出的结论和实际情况将会大相径庭。以一家餐饮店为例，如果将其所在城市按照地理区域划分为南方或北方城市，从而认为该城市居民的口味符合南方或北方的，就会高估市场容量。

因此，企业往往会采用多维度的细分标准进行市场细分，以便于更精准地识别目标用户群体和更准确地评估市场容量。多维度市场细分的本质就是给市场中的用户贴上多个具有代表性和特定属性的标签（比如性别、地理位置、工作、收入等），每个标签描述了用户某方面的信息，通过组合多个维度的标签，构成用户的整体描述——这就是初步的用户画像。它为企业提供了足够的用户信息，不但有利于企业有针对性地研发产品和制定营销策略（比如广告的精准投放），还能够帮助产品研发团队站在用户角度思考问题。

3.3 市场细分的 4 个步骤

通常，市场细分分为以下 4 个步骤。

1）确定市场范围。

2）初步细分市场。

3）深入细分市场。

4）细分市场有效性评估。

下面将详细介绍各个步骤。

1. 确定市场范围

首先，企业要综合评估自身能力和外部环境以确定市场范围，即企业要立足于什么行业，研发何种产品，提供怎样的服务等，然后确定整体的市场范围，把大方向定下来，并确定细分市场的地理边界。

2. 初步细分市场

细分市场的过程是一个思维发散的过程。创业者或产品经理要做的就是列举一切可能性。通常，我们可以通过头脑风暴来思考哪些用户群体可能对企业的产品或服务感兴趣。这个阶段无须基于先前定义的市场范围去考虑用户群体，因为有时候企业掌握了一项新技术，但新技术的应用未必只局限于企业当前所处的行业，它可能在其他领域和行业会有广阔的应用场景。所以在这个阶段，创业者或产品经理要有跨界思维，保持视野开阔。根据细分标准，如地理、人口统计、行为、心理等维度对潜在用户群体进行分类，细分出一些机会较大的市场。最理想的情况是创业者或产品经理自己就是潜在用户，对产品的痛点和各方面属性了如指掌。

例如，企业想要研发一款能够检测生命体征等健康相关数据的智能手环，帮助年轻人了解自身健康状况。如果企业直接按照人口统计细分方式，将该产品的用户群体定义为年轻人，看似没什么问题，因为年轻人更乐于接受新鲜事物。但这种细分方式有可能会限制企业的发展。因为这款产品能满足的需求不只限于年轻人的细分市场，对老年人市场同样有着巨大吸引力；也不只对 C 端用户有吸引力，对 B 端的医疗护理机构同样有吸引力。不妨换个思路，研发一款能够检测生命体征等健康相关数据的产品来帮助人们了解自身健康状况。然后对企业自身进行分析，如果企业更聚焦市场，只为年轻人提供产品或服务，那么继续细分年轻人的市场即可；如果企业没有明确的聚焦市场，更聚焦于技术或解决方案，那么就要考虑更广泛的业务范围。

3. 深入细分市场

在进行市场细分后，我们可能会发现很多细分市场，接下来就需要从细分市场中选出 6～10 个最感兴趣并且机会较大的市场进行深入的市场调研，深入了解潜在用户。市场调研的目标不是提供完美的解决方案，而是从不同角度深入了解市场机会，以便于企业确定业务重心。基于市场调研结果，梳理细分市场中潜在用户的需求，分析其购买行为和各项变数，了解潜在用户需求的异同，将需求相似的细分市场进行合并，将需求差异较大的市场进行更多维度的细分。这个过程的本质是获取更精准的潜在用户画像。

仍以智能手环为例，如果初步将细分市场定义为年轻人，则按兴趣爱好进一步细分，用户群体又分为喜欢运动型和不喜欢运动型；按运动频率进一步细分，用户群体又分为高频运动型、低频运动型等；按消费水平进一步细分，用户群体又分为高消费型、低消费型等。就这样，按照地理、人口统计、行为、心理等维度对年轻人市场进行更深入的细分，最后会划分出很多更细致的细分市场，这时我们就要根据各个细分市场中需求的异同，进行合并或细分。比如细分后我们得出男性年轻用户和女性年轻用户的需求基本一致，那就需要对男性年轻用户和女性年轻用户进行合并，即不使用性别这一维度对市场进行细分。当前细分市场是否需要继续细分的判断依据就是，分析当前细分市场的用户需求是否存在明显的差异，如果存在明显差异就需要继续细分。有效的市场细分始终是市场外部的用户需求异质，内部的用户需求同质。

在细分市场时，在地理、人口统计方面有显著差异的用户是很好区分的，但是有些产品的用户群体在这些方面的差异并不明显。这时，最简单的方法就是思考：用户为什么会购买这个产品？根据购买动机，从心理和行为两方面对用户群体进一步细分。比如你想卖一本书，那就要考虑用户为什么要购买这本书？答案可能是：为了获取知识，为了送礼，为了摆在书架彰显个人品位等。不同的购买动机导致用户产生购买决策的点也不一样。为了获取知识的用户可能不在意书的封皮包装，而为了彰显个人品位的用户可能恰恰相反。

4. 细分市场有效性评估

市场细分的目的是通过对用户需求的分类来获取经济效益。市场细分的方法多种多样，但是并不是所有的市场细分都是有意义的，有些市场细分是无效的。无论企业使用何种方法进行市场细分，都应从以下几个方面对细分出的市场进行评估，以保证细分市场的有效性。

- 可测量性。指细分之后的市场规模、市场购买力与市场构成必须是可测量的。如果某些细分标准难以测量，就会导致细分市场无法界定，从而失去市场细分的意义。通常，客观的细分标准都易于确定，差异比较明显，统计数据也易于获得，如年龄、性别、地理位置、收入等。但主观的细分标准比较难以界定，比如很难判断一个人是理性的还是感性的，因为通常每个人都是二者兼具。
- 可进入性。指企业能够进入细分市场并接触目标用户，以便于为其提供产品或服务。一方面企业能够通过媒介将产品或服务信息传递给细分市场中的目标用户，另一方面企业的产品或服务可以通过企业的营销渠道触达细分市场的用户。
- 可盈利性。指细分市场的规模和获利空间要足够大，这样才值得企业去开发新产品、服务以及制定营销计划。
- 稳定性。指细分市场应在一定的时间范围内保持足够的稳定，这样才能保证企业研发和营销的稳定性。例如，社会潮流是不断变化的，企业如果以潮流作为市场细分标准，很可能因为无法快速响应变化的市场而受挫。
- 差异性。指用户在接触企业提供的产品或服务时，会产生明显的差异化反应。简单来说，如果某运动鞋厂商将市场按性别细分后，男性用户与女性用户对该厂商的运动鞋反应类似，那么把性别作为市场细分标准就是没意义的。市场细分的基础就是目标用户的需求的差异性，所以凡是需求上的差异都可以作为市场细分的标准。
- 可执行性。指企业能够研发出有吸引力且具备经济效益的产品或服务。虽然企业可能识别出多个细分市场，但因资源有限而无法在每个细分市场开发产品，又或者某个细分市场中的用户不具备购买力等，这样的细分市场是不具备可执行性的。

如果你细分出的市场不符合上述要求，那就需要重新收集市场信息，再进行市场细分。毕竟，糟糕的市场细分是在浪费企业的时间、金钱和人力。在糟糕的细分市场中开发卓越的产品是可笑的。

3.4 本章小结

本章讲述了市场细分的概念、目的和意义，以及市场细分的方式和步骤。掌握了这些内容之后，我们就可以开始进行市场分析和选择目标市场了。

- 市场细分是按照某种分类标准将总体市场中的用户划分成若干个用户群体的市场分类过程。同一细分市场中的用户具备类似的需求、行为、收入水平等特征，而不同细分市场中的用户之间的需求与特征则存在着明显差异。
- 企业不可能提供能够满足市场上所有用户需求的产品或服务，也不可能以同一种营销方式来吸引市场上所有的用户。细分市场是为了让企业集中资源，通过提供更匹配细分市场用户需求的产品或服务、制定更匹配细分市场用户属性的营销策略来获得竞争优势。
- 市场细分的意义在于，有利于企业更好地选择目标市场，有利于企业制定更有差异化和针对性的市场营销策略，有利于企业对市场机会和威胁迅速做出反应，有利于企业减少资源浪费，提升经济收益。
- 市场细分的常见方式有：按照地理细分、按照人口统计细分、按照心理细分、按照行为细分等。
- 多维度市场细分的本质是给用户贴上多个具有特定属性的标签（每个标签描述了用户某方面的信息），通过组合多个维度的标签构成用户的整体描述——初步的用户画像。
- 市场细分的过程通常分为 4 个步骤，依次是确定市场范围、初步细分市场、深入细分市场、细分有效性评估。

|第 4 章| C H A P T E R

市场分析：选择最合适的目标市场

在前面的章节中，我们了解了市场机会的概念和意义，掌握了市场机会识别的方式和步骤。在本章中，我们将深入了解如何分析细分市场，以及如何基于分析结果选择最适合企业发展的目标市场，并制定出恰到好处的目标市场策略。

4.1 市场分析概述

市场细分展现了产品在不同细分市场的机会。市场细分之后，企业需要对各个不同的细分市场进行分析，然后决定进入哪些细分市场，即为哪些细分市场中的用户提供产品或服务。在这个阶段，企业要对先前所细分出的市场进行市场分析。

4.1.1 什么是市场分析

市场分析，是指运用统计学原理，对影响市场供需变化的各种因素及其动态、趋势进行分析。分析过程通常包括搜集相关资料和数据；采用适当的方法，分析市场变化规律；了解消费者对产品品类、功能、特征、质量、性能以及价格等方面的看法和期望；了解某类产品的市场容量和需求发展趋势；了解产品的市场占有率和竞争对手的市场占有情况；了解社会商品购买力和社会商品可供量的变化等。市场分析可以帮助企业有效地掌握企业内部和外部的环境，为企业研发新产品、制定市场营销策略等提供有价值的决策依据。

4.1.2 市场分析的目的

市场分析的目的是通过多个维度比较多个细分市场，进而选出最有利于企业发展的目标市场。市场分析主要是根据企业产品或服务的市场环境、竞争对手、发展趋势等动态因素进行分析和预测，为企业发展方向提供重要的参考信息，并根据各个细分市场在市场规模、发展趋势、增长速度以及企业目标和资源匹配等方面的表现，进行综合比较和评估，以便于选择最适合企业发展的目标市场。

4.1.3 市场分析的维度

在当前阶段，我们可以从以下几个维度开展市场分析工作，并通过回答下列问题来评估各个细分市场的吸引力。

- ❑ 市场规模：细分市场的容量有多大，是否足以盈利。
- ❑ 市场趋势：细分市场的趋势是扩张还是收缩，细分市场的扩张是否可持续，细分市场受经济、社会、政治、技术中的哪些因素影响。
- ❑ 市场竞争：细分市场中的竞争对手是谁；用户为什么选择他们；与竞争对手的产品相比，我们的独特之处是什么；我们需要做哪些事才能从竞争对手那里争取到用户；细分市场中的用户在选择产品时会衡量哪些因素；细分市场中的用户对竞品忠诚度如何。
- ❑ 企业目标和资源：进入该细分市场是否与企业战略目标、愿景相一致，企业是否具备进入该细分市场的经验、资源、技术。

4.2 市场分析的 5 个步骤

市场分析的过程大致可以分为以下 5 个步骤。

1）市场规模分析。

2）市场趋势分析。

3）市场增长率分析。

4）市场竞争分析。

5）企业内部环境分析。

下面对各个步骤进行详细的介绍。

4.2.1 市场规模分析

1. 什么是市场规模

市场规模，主要是研究目标产品或行业的整体规模。简单来说，市场规模就是在一定时间内，某个（类）产品或服务在特定市场内的销售总额。这对于确定产品是否有发展空间至关重要。如果已有多家企业提供相同的产品，为什么用户需要新的选择？市场规模评估是一个动态的过程。随着后续市场调研工作的不断展开以及企业外部环境的不断变化，产品经理要对市场规模不断进行调整，以保证其在一定时间范围内评估的准确性。由此可见市场规模评估的重要性，它是产品获得成功的重要前提。

2. 市场规模的计算方法

那么，我们应该如何计算市场规模呢？通常，市场规模计算思路分为以下 3 步。

- 第一步，确定目标用户数量。
- 第二步，确定每个目标用户在一定时间内（比如一年内）愿意花多少钱在你的产品上，这个数额可能需要假设。所以，产品经理需要去了解：目标用户愿意花费多少钱去搞定该产品所能解决的问题？目标用户使用竞品解决这个问题要花多少钱？你的产品能为用户创造多少价值？
- 第三步，将目标用户的数量与每个目标用户能为企业创造的收益相乘，就可以粗略地得到市场规模大小。

公式：市场规模 = 目标用户数量 × 每个用户会购买的产品数量 × 产品的销售单价

常见的市场规模计算方法包括自上而下分析法、自下而上分析法以及竞品推算法。

（1）自上而下分析法

自上而下分析法是指通过一些第三方市场分析和统计报告来确定一些整体数据，比如产品的目标用户总数、产品消费总额或产品总体销量等，然后从业务角度对市场进行层层细分。以售价 1000 元的运动类智能穿戴产品为例，假设第三方统计报告显示：中国有 14 亿人口，智能穿戴产品的消费群体主要是年轻人，而年轻人占总人口的 25%。事实上，只有关注个人运动数据的人才有购买意向，假设年轻人中有 50% 关注运动数据。但是，公司的渠道无法触达所有年轻人，假设公司当前的渠道可以触达其中的 80%。最后，我们假设产品通过差异化特性或营销手段可以使购买产品的用户增加 10%。我们可以用一个简单的表格来表示，如表 4-1 所示。但在真实的市场分析中，我们仍可以继续细分下去。

表 4-1　自上而下分析法示例

项　　目	数　　额
当前我国的人口总数	14 亿
25% 是年轻的用户群体	3.5 亿（14 亿 ×25%）
50% 会关注运动数据	1.75 亿（3.5 亿 ×50%）
80% 公司渠道可触达	1.4 亿（1.75 亿 ×80%）
10% 的目标用户增长	1.5 亿（1.4 亿 ×110%）
市场规模	1500 亿元（1.5 亿 ×1000 元）

（2）自下而上分析法

自下而上分析法是指先确定一定范围内的数据，比如产品的目标用户总数、产品消费总额或产品总体销量等，然后以此为基准去推测整体市场的对应数据。仍以前文提到的运动类智能穿戴产品为例，假设产品售价为 1000 元，在城市 A 的门店每年可以出售 5000 台，这意味着城市 A 的市场规模为 500 万元。假设基于公司的渠道运营能力，可以将门店扩展到 40 个城市，这使得产品的市场规模增长到 2 亿元。我们可以通过一个简单的表格来表示，如表 4-2 所示。真实的市场分析可以包含更多细分步骤，以使分析结果更准确。

表 4-2　自下而上分析法示例

项　　目	数　　额
产品售价	1000 元
5000 台，城市 A 年销量	500 万元（5000 台 ×1000 元）
40 个城市，未来扩展	2 亿元

（3）竞品推算法

竞品推算法是指使用竞争对手或强相关产品（比如牙刷和牙膏）的数据来推算当前市场规模。假设竞争对手的用户数量有 10 万，第三方统计报告显示其只占了行业市场的 10%，那么我们可以推算市场用户总数约为 100 万。如果每个用户每年为产品付费 100 元，那么这个市场规模就是 1000 万元。

3. TAM、SAM、SOM

下面举例介绍常用的市场规模评估思路。假设要对国内一款售价为 50 元的

STEAM 智能编程玩具的市场规模进行评估。首先我们要确定潜在目标用户（国内中小学校等 B 端用户）的数量，假设第三方统计数据显示国内中小学校共有 20 万所。然后再预估每所学校每年会购买的智能编程玩具总数，假设为 50 个。用每所学校每年购买的产品数量（50 个）乘以产品单价（50 元），得到单个目标用户的价值是 2500 元。最后将目标用户数（20 万）与单个目标用户价值（2500 元）相乘，这样就得到了这款 STEAM 智能编程玩具的市场规模，大约是 5 亿元。这种评估方法之所以比较粗略，是因为实际情况往往复杂得多。比如，这里只统计了中小学校的总数，却没计算 STEAM 教育在国内的渗透率（普及程度），毕竟只有已经开展了 STEAM 教育的学校才会购买该产品。再比如，我们假设每个学校每年会买 50 个产品，但实际情况未必如此。

我们的目的不是要夸大和吹嘘，而是要确定一个保守的、让企业有信心实现的潜在市场规模。但是，创业者或产品经理经常会过度乐观，喜欢高估潜在的市场规模。我们仍以上述 STEAM 智能编程玩具为例，产品经理总会将市场定义为世界上所有的学校数量，然而企业潜在的用户并不是世界上所有的学校，而是那些开展了 STEAM 教育的学校，而且必须是企业现有的渠道能够触达的学校。同时，还要考虑其中有些学校可能会从竞争对手那里购买同类产品，有些学校可能根本没有需求或购买意愿。接下来，我们介绍 3 个概念。

潜在市场（Total Addressable Market，TAM），指特定产品或服务在市场中的潜在用户总数，即所有可能使用产品的用户群体。它建立在市场中没有竞争对手、所有目标用户都可触达的理想条件下。回到上述例子中的学校，TAM 就是世界上所有学校的总数。这是一个庞大的、基本没用的数字。

可服务市场（Serviceable Available Market，SAM），是 TAM 的子集，指企业的产品或服务可占据的、渠道可触达的市场，或者说有可能购买企业的产品或服务的用户总数。回到上述例子中的学校，SAM 是 TAM 的进一步细分，比如国内的、公立的、具备独立编程实验室的学校总数。它是一个更有用的数字。

可获得市场（Serviceable Obtainable Market，SOM），指企业的产品或服务当前所获取的或未来将要获取的 SAM 的一部分，即对产品或服务感兴趣并愿意付费的用户群体。比如上述例子中学校的 SAM 值为 10 万，如果其中 30% 的学校已经被竞争对手触达，那么企业获取用户将更加艰难，可以将 SOM 定为两年内获取 SAM 的 50%。除非公司拥有 100% 的市场份额，否则 SOM 始终低于 SAM。

SOM 代表产品或服务的短期销售潜力，SAM 代表产品或服务的目标市场份额，TAM 代表产品或服务的潜在规模。SOM 和 SAM 是企业的短期目标，是最重要的目标。如果企业无法在细分市场获得成功，那么要占据更大的市场就无从谈起了。在评估市场规模时，我们要重点关注 SOM 与 SAM。

TAM、SAM 和 SOM 的关系如图 4-1 所示。

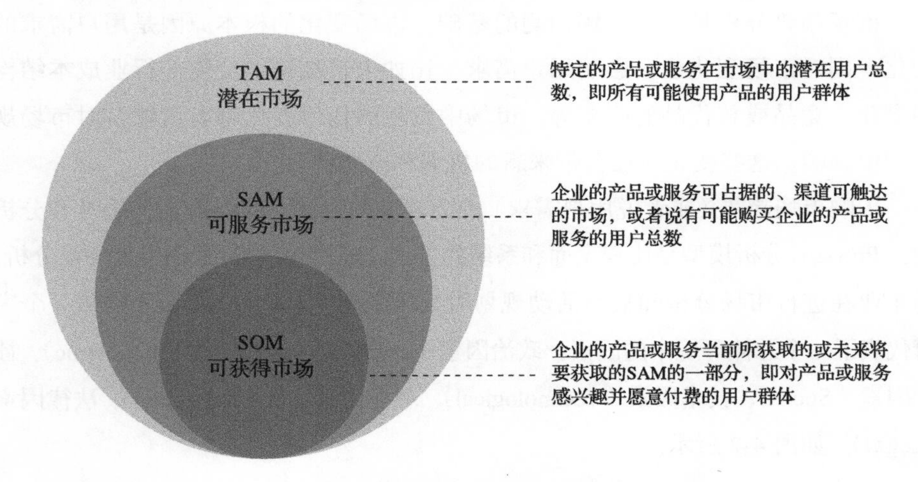

图 4-1　TAM、SAM 和 SOM 的关系

4.2.2　市场趋势分析

1. 什么是市场趋势

我们可以通过计算市场规模粗略地了解到当前形势下企业可能获取多少用户和收入，而通过市场趋势可以知道在未来企业可能会获取多少用户和收入。市场趋势是指在既定的市场环境和时间段内，市场的需求或市场上某些产品的销量是在逐渐扩张还是收缩。了解市场规模很重要，但了解市场是呈扩张还是收缩趋势对于企业制定战略和营销决策也至关重要。

2. 市场趋势分析概述

市场趋势分析就是对市场趋势进行估计和预测。企业通过分析市场趋势，加深对市场环境和消费者偏好的认识，从而有计划地针对变化中的市场制定业务计划。它不是一次性的工作，而是一个持续的过程。企业应该至少每 6 个月做一次市场趋势分析，这样才能较好地监控市场变化，从而做出对企业有利的决策。成功监控和响应市场变化的企业能够从激烈的竞争中脱颖而出。

3. PESTEL 分析模型

市场趋势分析是未来市场预测的基础。市场变化的根本原因是用户需求的变化，同时市场变化也会影响用户需求，比如人口结构的变化、行业成本结构的变化、竞品或替代品的改变等。市场中发生的任何变化都有可能会对市场规模产生影响，这些变化往往会带来新的机遇和威胁。

影响市场趋势（或者说用户需求）的因素如此之多，我们应如何思考和分析呢？ PESTEL 分析模型是比较全面和系统的方法。PESTEL 分析又称为大环境分析，是企业在进行市场分析和战略活动规划时常用到的工具。PESTEL 中的每一个字母代表了一个总体环境中的因素：政治因素（Political）、经济因素（Economic）、社会因素（Social）、技术因素（Technological）、环境因素（Environmental）、法律因素（Legal），如图 4-2 所示。

P 政治因素	E 经济因素	S 社会因素	T 技术因素	E 环境因素	L 法律因素
• 政府政策	• 经济增长	• 人口增长	• 新兴技术变革	• 气候	• 现行立法
• 政治稳定性	• 国际汇率	• 年龄分布	• 技术成熟度	• 回收流程	• 未来立法
• 外贸政策	• 通货膨胀率	• 健康意识	• 研究与创新水平	• 碳足迹	• 监管机构和程序
• 税收政策	• 利率	• 职业态度	• 企业的技术水平	• 废物处理	• 行业特定法规
• 劳动法	• 行业增长	• 生活方式	• 竞争对手技术水平	• 可持续性	• 消费者保护法
• 贸易限制	• 可支配收入	• 节日习俗	• 知识产权问题	• 环境变化	• 健康和安全
• 官僚主义	• 失业率	• 价值观	• 技术发展趋势	• 地理位置	• 国际贸易限制

图 4-2　PESTEL 分析模型示意图

通常，企业做PESTEL分析的目的是找出当前影响企业业务的外部因素，确定未来可能影响企业业务且可能发生变化的外部因素，更好地利用变化（机会）或防御（威胁）。PESTEL分析模型也可以用于评估新市场未来的发展趋势。下面分别介绍一下PESTEL模型中的每个关键因素。

（1）政治因素

政治因素是指政治制度带来的压力和机遇，以及政府政策对企业和市场的影响程度。政治因素可能包括政府政策、政治稳定性、外贸政策、税收政策、贸易限制等。在评估潜在市场的发展趋势时，这些都是需要考虑的因素。政治因素往往会对企业的业务及其潜在市场产生影响。企业要能够快速响应当前政策、预测政策趋势，并相应地调整其战略方向。

（2）经济因素

经济因素是指经济政策、经济结构以及经济对企业和市场的影响程度。经济因素可能包括经济增长、国际汇率、通货膨胀率、利率、行业增长、消费者可支配收入、失业率等。这些因素可能对企业产生直接或间接的长期影响，因为它会影响潜在市场中用户的消费能力，并可能改变市场的需求/供应模式。而且，它也会影响企业潜在市场的发展趋势。例如，如果国家经济持续上行，消费者可支配收入越来越多，那么他们对产品的价格的变化不会很敏感，对品质的追求会提高，所以定位于高消费用户的产品的市场就可能会呈现扩张趋势，反之亦然。

（3）社会因素

社会因素是指与文化、人口、信念和态度相关的方面以及这些方面对企业和市场的影响程度。社会因素可能包括人口增长、年龄分布、健康意识、职业态度、生活方式、节日习俗、价值观等。把握住这些因素的发展趋势有助于企业理解用户及其行为动机，从而更好地预测市场趋势。例如，对于绝大多数消费类产品，社会因素中的人口结构是市场趋势变化的关键因素之一。未来几年，我国老龄人口持续增加，虽然人口数量信息不包含每个老年人的心理状态和行为习惯等细节，但已经足够我们就老年人口增长这一信息做出合理的判断，比如针对老年人的产品或服务的市场（保健品及保健设备、医疗器械等）必将呈现扩张的趋势。

（4）技术因素

技术因素是指技术方面的创新、障碍和激励措施，以及这些措施对企业和市场的影响程度。技术因素可能包括新兴技术变革、技术成熟度、研究与创新水平、企业的技术水平、竞争对手的技术水平、知识产权问题、技术发展趋势、技术资源的稀缺性等。这些因素可能影响市场或行业的技术创新和发展速度。通过全面了解技术发展，企业可以避免投入大量资源开发一种很快会被另一种颠覆性技术取代的技术。同时，企业可判断哪些研发项目适合自己做，哪些项目适合外包给其他企业。

（5）环境因素

环境因素可能包括气候、回收流程、碳足迹、废物处理、可持续性、环境变化以及地理位置等。由于原材料日益稀缺，越来越多有社会责任感的企业开始落实节约能源、减少碳足迹等措施，开展可持续业务，而且倾向于购买环保产品的消费者也越来越多。环境因素可能对旅游、农业和保险等行业的影响比较大，所以企业有必要认真分析环境因素变化可能给市场趋势造成的影响。例如，如果空气变得干燥，那么加湿器或其他保湿产品的市场将会呈扩张趋势。如果空气质量变得糟糕，那么口罩或空气净化产品的市场将会呈扩张趋势。

（6）法律因素

法律因素是指会影响市场和企业业务的法律、法规和立法机制。法律因素可能包括现行立法、未来立法、监管机构和程序、行业特定法规、消费者保护法、健康和安全、国际贸易监管和限制等。企业必须了解其所在地区的法律法规，以便成功交易，还必须了解立法的变化趋势以及其可能对市场和企业业务产生的影响。

4. 关键因素分析

PESTEL 分析相对比较系统和全面，但实际应用起来可能会比较耗时。对于资源有限的企业，其可以只对几个关键因素进行分析，以保证市场趋势分析的有效性。通常，企业可以通过分析以下几个因素来判断市场趋势。

1）用户的需求和行为趋势：企业只有真正了解用户需求，才有可能向用户提供更合适的产品或服务。企业只有不断识别用户的需求和特定行为趋势，才有可能不断完善产品或服务，以满足不断变化的用户需求，并获得竞争优势。所以，企业需要定期进行市场调研，以掌握用户的需求和行为趋势数据。

2）用户价值观的转变：用户的价值观或者消费观是用户对可支配收入的态度以及对产品价值追求的取向，是用户对消费对象、消费方式、消费过程、消费趋势的总体评价与价值判断。用户对产品或服务的价值取向至关重要。价值观的转变会直接影响用户的消费行为，进而影响用户的品牌偏好、用户对消费环境的评价以及对消费方式的选择等。所以，企业应分析目标用户价值观，以使产品或服务的特性与之匹配。

3）行业成本驱动因素：成本驱动因素是指导致成本发生变化的任何因素。比如在售后服务中，成本驱动因素包括服务人数、保修数量、服务时间等。企业应时刻关注行业的成本驱动因素，尤其是在产品或服务同质化程度较高的行业。企业应针对目标用户进行价格敏感度测试，了解产品或服务的价格变动与用户消费行为之间的联系。除了关注成本驱动因素，分析成本结构也很有必要，即分析企业在研发、营销、售后等各个环节所花费的成本，找出不合理或不产生价值的活动并进行优化。通过关注行业成本驱动因素和分析成本结构，企业可以更全面地把控成本，并发掘有效路径，获取成本优势。

5. 持续收集市场相关数据

由于市场趋势分析涉及了解过去的市场情况和预测未来的市场变化，因此市场趋势分析的主要工作是收集相关的数据。数据的真实性很大程度上决定了预测的准确性，并会影响为特定产品或服务设定的目标。所以，企业必须持续关注市场变化，并为可能发生的机遇和风险做好准备。我们可以通过以下几种方式获取市场趋势相关的信息。

1）阅读行业研究和趋势报告。最简单的方式就是在网上搜索行业相关的研究报告。有些报告可能没有直接展示我们想要的数据，但可以帮助我们了解行业的发展方向。目标用户行为的调研白皮书可以加深我们对用户的了解。

2）关注行业资讯和意见领袖。我们的时间有限，无法仔细阅读所有长篇大论的行业研究报告，但可以通过社交媒体去关注一些行业内的意见领袖，或者关注一些专业的媒体来获取行业内的新观点和动态。

3）利用不同工具确定市场趋势。使用不同的工具对市场趋势加以确认非常重要，因为这些工具提供了很多有价值的信息，帮助我们更全面、更真实地了解市场情况。

4）持续与目标用户进行沟通。我们要多倾听用户的需求，多了解用户的行为习惯，找到能为用户提供最佳服务的方法，并询问他们对产品的看法，让产品和用户一起成长，持续为用户服务。

4.2.3 市场增长率分析

1. 什么是市场增长率

除了评估市场规模外，我们还要确保目标市场有足够的增长空间，因为即使当前市场规模较大，但并不意味着未来一定会持续增长。有些市场增长缓慢，有些市场正在萎缩，只有少数市场正在迅速增长，所以了解市场规模的增长速度是至关重要的。

市场规模的增长速度可以用市场增长率来表示。市场增长率，是指特定时间段内产品或服务的销售额或市场规模的增长比例。市场增长率是判断产品生命周期的基本指标。不同生命周期阶段的产品往往表现出不同的特征。当产品处于引入期或成长期时，市场增长率较高，此时企业应扩大市场占有率。当产品处于成熟期时，市场份额趋于稳定，市场增长率较小，企业应降低成本并保持市场份额。而当产品处于衰退期时，市场份额逐渐收缩，企业应该考虑产品退市。

企业在进行市场分析时，通常要计算目标市场的增长率，还要比较销售增长率和市场增长率。当销售增长率大于市场增长率时，说明产品表现良好，处于成长期。相反，当销售增长率小于市场增长率时，说明产品表现不好，产品经理应分析原因。通过了解市场增长率与销售增长率的关系，企业可以评估特定产品或服务的表现，并做出相应的重要决策。

2. 计算和预估市场增长率

不过在评估细分市场阶段，我们只需计算目标市场的增长率即可，因为我们的目的是了解目标市场的增长速度，了解目标市场未来的发展前景。市场增长率通常表示为以年为单位的百分比。第三方市场分析报告中通常会这样描述："2020 年某产品的市场增长率为 50%。"很多时候，我们可以通过第三方市场分析报告获得行业内的市场增长率，但有的时候，也需要自己计算和预估。

市场增长率的计算公式如下：

市场增长率 = 市场规模变化 / 原始市场规模 =（当前市场规模 − 原始市场规模）/ 原始市场规模

例如：假设当前市场规模为 100 亿元，2018 年的市场规模为 80 亿元。那么，市场增长率 =（100−80）/80=25%。

较高的市场增长率表明市场的饱和度较低，对产品或服务的需求较高；而较低的甚至负的增长率表明消费者对产品或服务正在失去兴趣。良好的市场增长率表明企业的产品或服务具有可持续性。风投机构大多会以市场增长率来判断投资的公司未来成功的可能性。所以，在评估新的或现有的细分市场时，市场增长率是一个重要因素。

不过有时候，我们很难直接获得市场规模或市场增长率，这时需要通过关键需求驱动因素，来推测市场未来的增长空间。关键需求驱动因素包括整个行业的年度销售趋势、目标消费者的数量趋势或者消费者购买行为趋势等。通过评估这些因素，我们可以从一定程度上预测市场未来的动向。在评估过程中，我们要考虑市场饱和度。市场饱和度指产品或服务当前的市场总销售量与市场潜量之比。如果很多相似产品或服务已经呈现衰退的趋势，那么这个目标市场可能很快会萎缩。

通常，企业准备进入的目标细分市场应该保持至少每年 5% 的整体增长率。通过评估目标细分市场的增长率（企业后期也可以评估自身增长率和竞品增长率），企业可以在细分市场的产品研发和市场营销活动上做出更明智的决策。

4.2.4 市场竞争分析

1. 什么是市场竞争分析

市场竞争分析，也可以称为市场竞争环境分析。如果不考虑细分市场的竞争对手，市场竞争分析就不完整。正所谓“知己知彼，百战不殆”，市场竞争分析的重要性不言自明。市场竞争分析可以通过对比企业自身与竞争对手的资源结构和业务流程等，发现自身的优势和劣势。这样在选定目标市场后，企业就可以基于自身优势来填补竞争对手尚未提供的空白产品或服务，以实现差异化的市场定位。只有明确自身在市场竞争中的地位，有的放矢地制定竞争策略，才能在激烈的市场竞争中生存和发展。

2. 影响竞争的 5 种力量

波特五力分析模型由哈佛商学院教授迈克尔·波特于 20 世纪 80 年代初提出，是用于评估企业竞争力和市场地位的简单框架。其中的五力分别是供方的议价能力、买方的议价能力、新进入者的威胁、替代品的威胁、竞争对手的竞争强度。这 5 种力量将多种不同的因素汇集在一个简单的模型中，用于分析行业的基本竞争态势。图 4-3 为波特五力分析模型示意图。

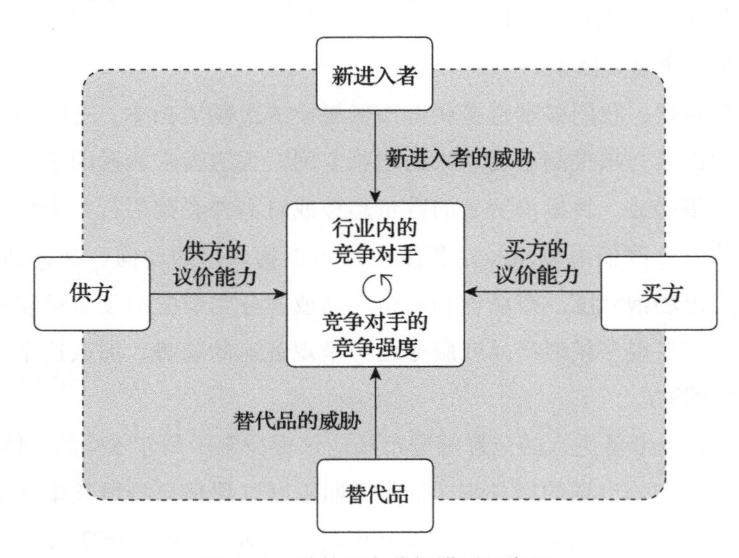

图 4-3 波特五力分析模型示意图

经验不足的产品经理在分析竞争环境时，往往只关注与之直接竞争的公司。而经验丰富的产品经理从更大的范围识别现有和潜在的用户群体，从而识别出现有和潜在的竞争对手（供方前向整合或买方后向整合，可能变为竞争对手）。所以，企业要进行市场竞争分析，以确认自身是否具备了与目标细分市场中的竞争对手抗衡的能力。下面开始介绍五力分析模型。

（1）供方的议价能力

供方可以简单地理解为供应商。提高价格与降低产品价值是供方利益最大化的主要手段。如果买方无法通过一些手段来弥补供方造成的成本上升，那么它的盈利能力就会受供方的影响而降低。如果供方提供的产品价值直接影响企业的产品价值，那么供方讨价还价的能力就会大大增强。供方通常在以下情况下更具议价能力。

- 供方具备一定规模和实力，购买供方产品的企业很多，每个企业都不是其主要客户。
- 供方的产品具备独特性，市场中没有很好的代替品。
- 供方的产品是企业获得市场成功的关键。
- 供方产品的独特性增加了企业更换供方的成本。
- 供方能够通过前向整合进入买方的市场，而买方难以进行后向整合。

（2）买方的议价能力

买方往往通过压价和要求供方提高产品或服务的价值，来影响行业中现有的企业。如果供方无法通过一些手段来弥补买方造成的利润下降，那么它的盈利能力就会受买方的影响而降低。如果市场中供方的竞争比较激烈，那么买方的议价能力就会大大增强。买方通常在以下情况下更具议价能力。

- 买方数量较少，供方数量很多。
- 买方具备一定购买力，购买量占供方销售比例较大。
- 买方从其他企业也可以购买，更换成本很低。
- 行业产品差异不大，买方可以后向整合进入供方市场。

（3）新进入者的威胁

有利可图的市场吸引了新的进入者，这侵蚀了市场中现有企业的盈利能力。

因为新的进入者带来了额外的产能，除非市场需求激增，否则不断涌入的新进入者可能会使供方市场变为买方市场，从而导致市场竞争更激烈，使每个企业的盈利水平下降。

新进入者产生的威胁的严重程度主要取决于两方面因素：进入壁垒和行业内现有企业的反应（报复行为）。如果进入新市场只需要花费很少的金钱和精力，如果当前企业对关键技术或知识产权的保护不到位，那么新进入者将会迅速进入市场并削弱现有企业的地位。行业壁垒可以增加竞争对手进入市场的难度，并且高进入壁垒也使当前企业可以保持高于竞争对手的利润，因此市场中的所有企业都希望可以建立高进入壁垒，以打消潜在竞争对手进入市场的企图。

常见的进入壁垒有 7 种。

- 规模经济：随着产品销量不断扩大，单位产品的成本就会不断下降。
- 产品差异化：与众不同的产品更能获得用户的青睐，从而获得更高的利润。
- 资本需要：进入一个行业需要企业投入足够的资源以保持市场竞争力。
- 转换成本：用户转向其他供应商购买产品时产生的额外成本。
- 分销渠道的开拓：企业的产品或服务的分销渠道需要时间去逐步建立与开拓。
- 政府政策：某些行业需要政府颁发执照或许可证。
- 不受规模支配的成本优势：现有公司的优势是新进入者无法复制的，如商业秘密、产供销关系、产品独有的技术、优越的地理位置等。

除了考虑进入壁垒，新进入者还需要预判现有企业的反应，主要是采取报复行动的可能性大小以及强烈程度。如果预判其反应是迅速而强烈的，那么潜在竞争对手进入的可能性就会减小。这主要取决于现有企业的自身情况，如果现有企业与行业利益攸关者具备大量资源，或者行业增长缓慢，那么新进入者可能会遭到强烈的报复。所以，新进入者需要谨慎权衡进入新市场所能带来的潜在利益、所花费的代价以及要承担的风险。

（4）替代品的威胁

替代品是指行业外部提供的与企业的产品或服务具备相似的功能、满足用户相同需求的产品或服务，例如随身听和 MP3、茶叶和咖啡、相机和手机、纸媒和电子媒体等。如果市场中存在众多直接替代品，那么它会增加用户因价格上涨而转向其他替代品的可能性。这降低了供应商的盈利能力和市场的吸引力。总之，如果用户的转换成本很低，或者替代品相对于竞争产品的价格更低、质量更好、功能更多，那么替代品对于当前竞争对手的威胁就很大。

（5）竞争对手的竞争强度

行业中企业之间的利益关系是相互制约的。每个企业的资源、能力等都不同，并且都会在用户觉得有价值的方面追求与竞争对手差异化的产品或服务，以此来获得竞争优势。企业在追求差异化的过程中必然会产生冲突与对抗，进而引起其他竞争对手的反应，由此构成了企业之间的竞争。竞争的维度通常包括价格、售后、创新等方面。通常，下列情况将显著加剧企业的竞争强度。

- 存在大量势均力敌的竞争对手：势均力敌的竞争对手会密切关注对方的动态并快速跟进，进而使竞争变得更激烈。
- 市场需求增长缓慢：市场处于增长阶段时，企业会有效利用资源去吸引新用户。而当市场无增长或增长缓慢时，企业不得不去吸引竞争对手的用户来扩大自身的市场份额，所以会加剧市场竞争。
- 重要的战略利益：如果企业都认为当前市场具有重要的战略利益，那么市场竞争会更激烈。
- 缺少差异化或转换成本低：如果市场中存在大量同质化的产品，用户的转换成本会很低，那么竞争会加剧。
- 高额的固定成本：如果固定成本在总成本中的比例较大，企业就会倾向于高效利用产能以分摊成本，这可能会引起产能过剩，进而导致产品降价销售，加剧市场竞争。
- 高退出障碍：有时候，企业继续竞争可能不会盈利，但是由于诸如经济、战略、感情或政治关系的影响，不得不继续在行业内竞争。

借助波特五力分析模型，企业可以更好地了解市场竞争状况。对于竞争激烈的市场来说，进入壁垒往往较低，供方和买方的议价能力较强，替代品的威胁较大，企业盈利的可能性较小。与之相反，对于竞争相对缓和的市场来说，进入壁垒往往很高，供方和买方的议价能力比较弱，替代品的威胁比较小，企业盈利的可能性较大。所以，企业应通过波特五力分析模型有效地对市场竞争状况进行分析，尽可能地避免竞争激烈的市场，在竞争缓和的市场中抢占有利的地位。

3. 五步法分析竞争对手

（1）识别竞争对手

所谓“竞争对手”，是指那些生产经营与本企业的产品相似或可互相替代、以同一类顾客为目标市场的其他企业。最简单的识别竞争对手的方法是：从市场需求维度出发，只要其提供的产品或服务可以满足你所瞄准的目标用户群体的某种特定需求，那么这个企业就是你的竞争对手。为了应对市场竞争，企业需要了解竞争对手，包括竞争对手的目标、竞争对手的战略、竞争对手的优势和劣势、竞争对手对新进入者的反应。

我们从目标用户需求的差异性（需求相同、需求不同）和目标用户群体的差异性（相同用户、不同用户）出发，建立如图 4-4 所示的矩阵，这样就将竞争对手分成了 4 种类型。

	不同用户	相同用户
相同需求	形式竞争	品牌竞争
不同需求	行业竞争	愿望竞争

图 4-4　竞争对手分析矩阵

- 形式竞争：满足相同需求的产品在形式上的竞争。比如火车、汽车、自行车、飞机等交通工具互为形式竞争对手，它们满足的都是用户出行（不同距离）需求，只是形式不同。
- 品牌竞争：满足相同需求的同种形式的产品在品牌上的竞争。比如丰田、本田、雷诺和其他中档价格的汽车制造商之间就互为品牌竞争对手。
- 行业竞争：行业内提供不同产品以满足相同需求的竞争。我们可以把制造同类产品的公司都视为竞争对手，比如丰田、本田、奔驰、宝马、保时捷，它们虽然价格档次不同，但是互为行业竞争对手。
- 愿望竞争：提供不同产品以满足不同需求的竞争。我们把所有赚取用户价值的企业都看作竞争对手，比如汽车、旅游、教育、智能硬件等互为愿望竞争对手。（也可以换种思路，把所有消耗用户时间的产品都视为竞争对手，很多互联网产品都是在争夺用户的业余时间，比如今日头条、抖音、微信朋友圈等。）

除了上述的分类方法外，我们还可以从竞争情况对竞争对手进行分类。

- 直接竞争对手：指生产或经营与本企业相同品类的产品或服务，瞄准同样的目标市场，与本企业构成直接竞争关系的企业。比如西餐厅A和西餐厅B就是直接竞争对手。品牌竞争对手都属于直接竞争对手。
- 间接竞争对手：指与本企业存在一定差异的同类企业或生产替代品的企业。这些竞争对手通常与企业瞄准相似的目标市场，但销售不同的产品。间接竞争对手之间的产品或服务具有一定的差异或替代性。比如，西餐厅和中餐厅就互为间接竞争对手。行业竞争对手和形式竞争对手都属于间接竞争对手。
- 潜在竞争对手：指暂时对本企业不构成威胁但具有潜在威胁的竞争对手。潜在竞争对手的可能威胁，取决于进入行业的障碍大小以及行业内现有企业做出反应的强度。企业入侵障碍主要表现在6个方面，即规模经济、品牌忠诚、资金要求、分销渠道、政府限制及其他方面的障碍（如专利等）。愿望竞争对手属于潜在竞争对手。

（2）了解竞争对手的目标

企业需要知道市场中的竞争对手的目标是什么，它们在追求什么，它们的驱动力是什么。市场中的每个竞争对手都有自己侧重的目标，有的竞争对手追求利润最大化，有的竞争对手重视市场占有率和规模经济，还有的竞争对手聚焦技术领先或服务领先等。企业需要尽可能地去了解竞争对手对各种目标的相对重视程度，以便于预测竞争对手的行为。比如，一个追求成本领先的竞争对手将会对其他企业的低成本战略做出激烈反应，而对追求技术领先的企业的反应可能就不会很激烈。

（3）揣度竞争对手的战略

最直接的竞争对手通常是那些处于同一行业采取相同战略的公司，也称为战略群体。同一战略群体内的企业之间的竞争最为激烈。根据竞争对手所采用的主要战略的差异，我们可以把竞争对手划分成不同的战略群体。群体之间的战略差异通常表现在产品定位、产品组合、产品价格、渠道分布以及销售范围等方面。通过揣度竞争对手的战略，企业会更容易预测其未来的行动。

（4）分析竞争对手的优势和劣势

首先，企业要收集每个竞争对手的关键业务数据，比如销售额、市场占有率、投资收益、融资情况、产能利用情况、成本结构、综合管理能力等。我们可以通过网络获得以上数据。我们还可以通过以下渠道获取竞争对手的更多信息：招聘或面试竞争对手的员工、竞争对手的经销商、竞争对手的供应商、竞争对手的用户、与竞争对手有矛盾的人、购买竞争对手的产品等。

在充分收集竞争对手的信息后，我们就可以对其所提供的产品或服务进行评价了。产品维度的评价内容通常来自用户做购买决策和使用产品或服务的过程中最关注的一些因素，比如产品知名度、产品性能、产品质量、产品易用性、售后服务等方面，如表4-3所示。有时，我们会从企业维度对竞争对手进行评价，比如销售能力、生产能力、供应链的能力等。我们也可以使用SWOT分析法来识别竞争对手的优势和劣势，以便梳理出一些战略措施。

表4-3　自下而上分析法示例

	产品知名度	产品质量	产品性能	产品易用性	售后服务
竞争对手A	优秀	优秀	一般	一般	差
竞争对手B	良好	优秀	差	良好	差
竞争对手C	差	优秀	优秀	一般	差

最后，企业要进行定点超越。以上信息可帮助企业发现竞争对手的劣势和优势，进而有效地规避其优势并进攻其劣势。企业在结合自身目标和资源进行评估后，就可以决定向谁发起进攻，并进行定点超越。

（5）预测竞争对手的反应

企业能否在细分市场中获得成功，很大程度上取决于竞争对手是否做出竞争性反应，以及反应的强烈程度。竞争性反应的目的是抵消竞争对手的竞争性行动所造成的影响。通常，在以下几种情况下，竞争对手更容易对企业做出竞争性反应。

- 企业采取的行动能够充分利用自身核心竞争力获得更强的竞争优势或提高市场地位。
- 企业采取的行动影响了竞争对手利用核心竞争力保持竞争优势的能力。

- ❑ 企业采取的行动威胁到竞争对手的市场地位。

竞争对手的反应通常分为以下 4 种。

- ❑ 从容型：对某些特定的攻击行为没有迅速反应或反应不强烈。
- ❑ 选择型：只对某些类型的攻击做出反应。
- ❑ 凶狠型：对所有的攻击行为都会做出强烈的反应。
- ❑ 随机型：反应模式难以捉摸。

对于从容型竞争对手，企业应全面而深入地了解其行为背后的原因；对于选择型竞争对手，企业应仔细评估其具体会对哪些行为进行反应；对于凶狠型竞争对手，企业要根据自身条件进行反击；对于随机型竞争对手，企业应时刻关注其战略的变化。

综上所述，企业在进行市场竞争评估时，应充分了解影响市场竞争格局的关键因素以及它们的变化趋势，并预测市场中竞争对手的反应，充分评估企业应对竞争对手反应的能力以及进入细分市场竞争的风险。

4.2.5　企业内部环境分析

1. 什么是企业内部环境

前面的市场分析全都属于企业外部环境分析，它帮助企业更加了解外部市场的状况和变化，发现企业外部环境中的潜在机会和威胁。但只分析外部环境还不足以制定出使企业获得成功的战略，企业需要结合自身目标和资源来应对不断变化的市场，这就需要进行企业内部环境分析。内部环境分析可以帮助企业发掘自身的优势和劣势。不同于外部环境，内部环境是企业可以控制的（可以改变人员、物理设施等内部因素），有利于企业发挥优势和利用机会，并减轻威胁和弥补劣势。企业应该根据实际情况每隔一个季度、半年或一年进行一次外部和内部环境分析。

2. 内部环境分析的重点

此阶段的内部环境分析重点关注企业的目标、资源、能力以及核心竞争力。目标明确了企业的竞争范围，资源整合在一起为企业提供了能力，能力是核心竞争力的来源，核心竞争力是企业在竞争中获取优势的基础。通过分析目标，企业可以判断目标细分市场是否与企业目标一致。通过分析企业当前的能力、资源以及核心竞争力，企业可以识别出自身的优势和劣势。这些信息有助于企业选择适合自身条件的细分市场以及做出明智的决策，保证业务的可持续性和利润。企业必须了解其核心竞争力，以便确定当前和未来的市场战略。每个企业都要根据自身情况（目标、能力、资源以及核心竞争力）来发展优势和规避劣势。

（1）企业目标

企业目标是对企业战略经营活动预期取得的主要成果的期望值。它可能包括盈利方面，比如投资回报率；市场方面，比如市场占有率、销售额等多种目标。在此阶段，我们要基于企业目标判断各个细分市场中实现企业目标的可能性和难度。除了企业目标，我们还要考虑企业愿景。企业愿景是对企业前景和发展方向的高度概括。只有与企业目标和企业愿景一致性更高的细分市场，才更容易取得成功。

（2）企业资源

企业的资源通常分为有形资源和无形资源。有形资源指那些可见的、可量化的资产，像机器设备、土地房屋、可用资金等都是有形资源。无形资源指那些无形的、在企业发展过程中逐渐积累起来的资源，比如品牌、研发能力、企业文化、制度流程等。并非所有资源都有价值。如果它们无法帮助企业实现目标，可能反而会成为障碍。资源本身并不能为用户创造价值，只有经过整合才可以。因此，企业应该研究如何整合有价值的资源以形成核心竞争力。通常情况下，无形资源是企业核心竞争力的来源，因为竞争对手很难了解、模仿和购买企业的无形资源。

VRIO 框架是专门评估组织内部环境的绝佳工具（通常作为 PESTEL 外部环境分析工具的补充工具）。所谓 VRIO，就是价值（Value)、稀缺性（Rarity)、难以模仿性（Inimitability）和组织（Organization)。它要求回答：资源是否有价值，它有多昂贵？资源是否稀缺，它有多罕见？资源是否难以模仿，竞争对手是否可以轻易获得类似资源？企业内部管理是否适合开发和利用这些资源？如果企业内部的资源符合 VRIO 框架的 4 个特征，那么它被视为是具备竞争力和有价值的。

（3）企业能力

企业通过运用、转换、整合有形资源和无形资源来获得能力。能力用于完成企业的任务，比如设计、生产、销售等，进而为用户创造价值。通常，能力指企业在生产、技术、销售、管理和资金等方面实力的总和，比如企业的研发能力包含设计可靠且满足需求的产品的能力、技术创新的能力、构建复杂系统架构的能力等。

（4）企业核心竞争力

确定企业的核心竞争力是企业进行内部环境分析的主要原因之一。企业的核心竞争力决定了企业在细分市场的发展方向。核心竞争力是使企业得以超越竞争对手的竞争优势。核心竞争力具备以下特征。

- 核心竞争力是竞争对手难以模仿的。
- 核心竞争力是竞争对手不可替代的。
- 核心竞争力是稀缺的。
- 核心竞争力是有价值的、用户关注的。

核心竞争力使企业在某些方面比竞争对手做得更好。凭借核心竞争力，企业的产品或服务获得了超越对手的独特价值。然而，核心竞争力不是永久的。企业维持核心竞争力的时间长短，取决于竞争对手模仿产品、服务或生产流程等的速度。企业通过分析自身资源和能力，找到可以作为核心竞争力的能力，然后持续加强核心竞争力并选择最利于核心竞争力发挥的细分市场，以获得暂时或可持续的市场竞争优势。需要注意的是，一定不要选择既不是用户所关注的，又不是稀缺的，或者竞争对手可以轻易模仿的能力作为核心竞争力。

3. 通过 SWOT 模型进行内部分析

很多工具可以帮助企业进行内部分析。其中，SWOT 分析模型是最著名和最常见的分析工具之一。SWOT 分析包括分析企业的优势（Strength）、劣势（Weakness）、机会（Opportunity）和威胁（Threat）。SWOT 分析是用于评估企业竞争地位和制定战略规划的框架，用于了解企业的优势和劣势，以及识别企业面临的机会和威胁。优势和劣势描述了企业的内部环境，企业可以改变它们；而机会和威胁描述了企业的外部环境，企业通常无法改变。通过审视外部环境和内部环境，企业能够将自身与竞争对手区分开来，并在现有的市场中获得竞争优势。例如，通过对外部环境的分析，企业可能会发现即将面临重要资源短缺的情况；通过对内部环境的分析，企业可能会发现已具备某种能力。

为了获得最全面、最客观的分析结果，SWOT 分析最好由一组持有不同观点、代表不同利害关系的人员进行。通常会邀请各关键职能部门（研发、营销、制造、财务、法务等部门）代表参与筛选，因为来自不同职能部门的人员有着不同的视角和专长，这对于 SWOT 分析至关重要。此外，SWOT 分析也是一个将团队聚集在一起认识企业未来战略的机会。

SWOT 分析通常使用 SWOT 分析矩阵进行，如图 4-5 所示。

图 4-5　SWOT 分析示意图

SWOT 分析类似于头脑风暴会议。我们可以给每一位参与者提供便利贴，并让每位参与者把自己的想法大胆地写出来（个人头脑风暴），以便让所有人都独立思考并确保可以了解所有人的真实意见。

有时候，团队成员不知道如何开始、从何思考。下面提供了团队在进行 SWOT 分析时需要思考和回答的几个问题。这些问题可以帮助团队成员针对每个因素进行更全面的思考并激发创造性思维。

（1）优势

优势是指企业内部的积极因素，包括有形资源和无形资源。它是企业用来获得战略优势的固有能力。优势是相对于竞争对手来讲的。如果企业的所有竞争对手都提供高质量的产品，那么高质量的生产流程不是企业的优势，而是必需品。要想了解企业的优势，我们需思考以下问题。

- 企业有哪些无形资源，例如知识、声誉或技能。
- 企业有哪些有形资源，例如渠道、设备。
- 企业控制范围内的哪些因素会提高企业的竞争力。
- 用户可能认为哪些是企业的优势。

（2）劣势

劣势是指企业内部的消极因素，会使企业竞争力降低。企业需要增强这些方面才能与竞争对手抗衡。劣势同样是相对于竞争对手来讲的。如果企业的所有竞争对手都提供性能差的产品，那么产品的研发流程就不算是企业的劣势。要想了解企业的劣势，我们需思考以下问题。

- 企业缺乏哪些无形资源，例如知识、声誉或技能。
- 企业缺乏哪些有形资源，例如渠道、设备。
- 企业控制范围内的哪些因素会降低企业的竞争力。
- 用户可能认为哪些是企业的劣势。

（3）机会

机会是指企业外部的积极因素，是企业外部环境中的有利条件，使企业有强化市场地位的可能。比如，技术和市场、行业相关的政策、社会模式，人口概况、生活方式等方面的变化。要想了解企业的机会，我们需思考以下问题。

- 企业目前可以从市场中发现哪些机会。
- 市场规模是否在增长，是否呈上升趋势。
- 市场中的哪些变化可能会创造机会。
- 是否会出现对企业产生积极影响的法规。

（4）威胁

威胁是指企业外部的可能会给企业带来风险或造成伤害的负面因素。企业需要认真对待威胁，并制定应急计划，以便降低业务上的风险。要想了解企业的威胁，我们需要思考以下问题。

- 企业现有或潜在的竞争对手有哪些。
- 企业无法控制的哪些因素可能会使业务面临风险。
- 供应商价格是否会发生重大变化。
- 市场中的哪些变化可能会使销售额降低。
- 竞争对手引入的新技术，是否使企业的产品、设备或服务过时。

经过10分钟左右的个人头脑风暴后，我们将所有人的便利贴贴到先前所绘制的SWOT矩阵/列表的对应位置上，比如将写有关于优势的便利贴全部贴到“优势”对应的位置。然后，所有人开始分析SWOT矩阵/列表的内容，如果这时成员出现了新的想法，可以继续将便利贴贴到SWOT矩阵/列表中。

一旦大家对所有想法都有所了解，就开始对所有想法进行优先级排列。我们可以通过投票和讨论的方式，将那些对企业发展有直接、重要、久远影响的因素设为较高的优先级，并将相关的便利贴贴在对应位置的顶部；将那些对企业发展有间接、次要、短暂影响的因素设为较低的优先级，并将相关的便利贴贴在对应位置的底部。这样，我们就完成了SWOT矩阵/列表的内容整理。

（5）针对SWOT分析采取行动

完成SWOT矩阵/列表内容整理后，我们就可以制定相应的行动计划了。行动计划的基本内容包括：如何发展优势，如何克服劣势，如何利用机会，如何抵御威胁。当优势、劣势、机会、威胁相互组合时，会出现4个不同的战略选择。企业根据实际情况选择对应战略即可。

- SO战略（优势—机会）：聚焦于发展企业的内部优势和利用外部机会。当企业外部环境能够为企业的优势提供机会时，适合采取该战略。
- WO战略（劣势—机会）：聚焦于克服企业劣势和利用外部发展机会来弥补内部劣势。当企业外部环境能够为克服内部劣势提供机会时，适合采取该战略。
- ST战略（优势—威胁）：聚焦于利用内部优势和规避外部威胁。当企业的优势能够从一定程度上消除或规避外部威胁时，适合采取该战略。

- WT 策略（劣势—威胁）：聚焦于克服企业劣势和规避外部威胁的防御战略。当企业面临生存危机，存在内忧外患时，适合采取该战略。

（6）应用 SWOT 分析法的规则

应用 SWOT 分析法的几条简单规则如下。

- 必须客观分析企业的优势和劣势。
- 必须区分企业的现状与前景。
- 必须与竞争对手进行比较。
- 必须考虑全面。

至此，市场分析工作就告一段落了。接下来，我们要根据市场分析的结果来做决策。

4.3　选择目标市场

1. 什么是目标市场选择

对各个细分市场进行充分评估后，我们就该选择目标市场了。目标市场选择，是指企业充分评估每个细分市场的吸引力后，选择进入一个或多个细分市场。被选择的细分市场就叫作目标市场。目标市场中的用户就叫作目标用户，即最终使用产品或服务的人。选择了目标市场之后，企业需要专门研究目标市场中的用户需求，并为之设计适当的产品或服务，制定适当的价格，选择适当的渠道进行销售。通过满足目标市场的用户需求来创造用户价值，以此实现企业的盈利目标。

2. 选择目标市场的思路

企业在选择目标市场时，应选择那些能创造最大价值并可持续保持竞争优势的细分市场。在选择目标市场时需要考虑的因素，我们在市场分析阶段都已经做过分析，现在只需要根据市场分析的结果权衡利弊，选择最利于企业发展的细分市场作为目标市场即可。

企业要选择最利于企业发展的细分市场，但最利于企业发展的细分市场未必是规模最大、增长最快、竞争最不激烈的市场，因为企业可能不具备足够的资源来匹配规模太大或增速过快的市场。另外，即便一个细分市场具备一定规模和增长潜力，且竞争不激烈，企业也要根据内部环境评估的结果来判断细分市场与企业目标的一致性，以及企业是否具备在市场中长期保持竞争优势的资源。企业应选择那些利于自身创造独特用户价值并具备长期保持竞争优势资源的细分市场。

值得注意的是，对于初创的中小型企业来说，选择一个利基市场作为发展初期的目标市场通常是一个不错的选择。下面介绍一下利基市场这个概念。

（1）什么是利基市场

利基市场，是指那些被市场中具有绝对优势的企业所忽略的某些细分市场，而且这个市场中存在尚未被满足的需求。选择利基市场作为发展初期的目标市场，就是选定一个较小的、需求聚焦的市场，集中力量进入这个细分市场开展专业化的经营并成为领先者，从而最大限度地获取经济收益；然后从利基市场向其他市场扩张，同时建立竞争壁垒，逐步形成持久的竞争优势。

现代营销学之父菲利普·科特勒在《营销管理》一书中是这样定义利基的：利基是更窄地确定某些群体，这是一个小市场并且用户需求没有被完全满足，或者说有获取利益的基础。

选择利基市场作为初期目标市场的意义在于：利基市场的市场份额通常比较小，市场复杂度较低，资源紧张的初创型企业能够以较少的成本在短时间内完成市场调研工作，从而获取对市场的洞察。

（2）利基市场的特征

理想情况下的利基市场大致具备以下6个特征。

1）市场具有持续发展和扩张的潜力。

2）选择一个狭小的产品市场，占领宽广的地域市场。

3）市场规模较小且差异较大，以致规模较大的竞争对手忽视了该市场。

4）企业的内部资源和能力能够为用户提供良好的产品或服务。

5）企业逐步在目标用户群体中建立了良好的品牌和声誉，能够以此建立竞争壁垒，抵御竞争对手的入侵。

6）市场中还没有出现具有绝对优势的竞争对手。

4.4 制定市场策略

企业选择的目标市场可以很宽泛（选择很多细分市场作为目标市场），也可以很狭窄（仅选择一个或几个细分市场作为目标市场），还可以介于两者之间。

4.4.1 目标市场策略类型

通常，根据各个细分市场的独特性和企业的战略目标，我们有 3 种目标市场策略可以选择，即无差别市场策略、差异化市场策略以及集中性市场策略。下面对这 3 种策略进行介绍。

1. 无差别市场策略

无差别市场策略，也称大众市场策略，指忽略细分市场之间的差异，仅考虑各个细分市场中的同质化需求，用一种产品或服务来满足所有细分市场中的用户需求，用同样的营销手段来触达目标用户。例如，可口可乐、肯德基、沃尔玛提供标准化的产品和服务，满足全世界用户的需求。

要开发一款可以满足所有用户的产品或服务是很困难的。这种策略注重的是目标用户的同质化需求而非差异化需求，更适合各个细分市场中用户需求差异较少的情况，因为此时针对不同细分市场的相同用户需求提供不同的产品或服务没有太大意义，反而会造成资源浪费。

无差别市场策略的优势在于产品单一，有利于标准化和大批量生产，从而降低生产、保存、运输等活动的成本，而且不必针对各个细分市场单独制定营销策略，相对差异化市场策略更节省成本。劣势是无法使所有用户都完全满意，产品或服务的吸引力和用户满意度会弱于采用差异化市场策略的竞品，因为差异化策略使产品或服务能更好地满足细分市场中用户的特殊需求。

2. 差异化市场策略

差异化市场策略，也称细分市场策略，指企业瞄准几个细分市场并根据各个细分市场不同的特点，提供多种不同的产品或服务来满足各个细分市场中的用户需求，用不同的营销手段来触达不同的目标用户。比如，宝洁公司曾为了满足用户的不同需求，生产了多种洗发水：海飞丝——去屑，潘婷——营养发质，飘柔——柔顺光滑，沙宣——专业美发。

差异化市场策略是很耗费企业资源的。与无差别市场策略相反，差异化市场策略注重的是目标用户的差异化需求而非同质化需求，所以这种策略更适合各个细分市场中用户需求的差异较多的情况，因为此时针对不同细分市场的不同用户需求提供相同的产品或服务没有太大意义，无法使用户满意。

差异化市场策略的优势在于，差异化的产品或服务可以更好地满足不同细分市场中用户的不同需求，有利于提升产品或服务的市场竞争力和市场占有率。其劣势在于，相对无差别市场策略，投入成本更高。因为企业需要针对不同细分市场制定不同的营销策略和生产计划，且多种产品小批量生产，单位生产成本势必上升。因此，该策略多为资源雄厚的企业所采用。

3. 集中性市场策略

集中性市场策略，也称利基市场策略或补缺市场策略，指企业瞄准一个或少数几个性质相似的细分市场，提供有针对性的产品或服务来满足用户需求（专业化经营）。集中性市场策略要求企业集中资源进入那些大型企业认为不重要或忽略掉的细分市场。前提是企业对细分市场中的用户需求有着深入的理解。通常，资源有限的中小型企业会采用此策略。

集中性市场策略的优势在于，能集中企业资源为目标用户提供更好的产品或服务，有利于企业树立品牌形象，相对差异化市场策略，成本会更低、利润会更高。其劣势是风险较大，企业只依赖少数几个细分市场，可能会在目标市场中的用户需求出现变化或者拥有更多资源的大型企业进入细分市场竞争时，因不能及时反应而陷入困境。因此，大多数企业更倾向于选择多个细分市场作为目标市场，以分散风险。

4.4.2 选择目标市场策略

上述 3 种市场策略各有利弊。在选择目标市场策略时，企业需要考虑企业自身资源、产品的特点、市场的特点、产品所处的生命周期、竞争对手的市场策略等因素，并做出权衡。

首先要考虑的是企业资源。当企业资源充足时，无差别市场策略或差异化市场策略是更好的选择；当企业资源短缺时，集中性市场策略是更好的选择。如果企业提供的产品或服务是同质化的，那么它更适合无差别市场策略；如果企业提供的产品或服务是差异化的，那么它更适合采用集中性市场策略或差异化市场策略。如果市场差异不大（即同质市场），市场中的用户对同样的产品或服务的需求类似，那么企业更适合采用无差别市场策略；如果市场差异较大（即异质市场），市场中的用户对同样的产品或服务有不同的需求倾向，那么企业更适合采用集中性市场策略或差异化市场策略。当供不应求时，企业的重点在于扩大产能，无须考虑市场需求的差异，所以更适合采用无差异市场策略；当供过于求时，企业为了扩大市场份额，更加关注深层次的市场需求，所以更适合采用差异化市场策略或集中性市场策略。

产品的生命周期也是需要考虑的因素。当企业推出新产品，即产品还处于引入期或成长初期时，用户对它的了解还比较粗浅，市场竞争尚不激烈，这时企业的重点应该放在用户的基本需求上，因此更适合采用无差别市场策略或集中性市场策略。当产品处于成熟期时，用户已经了解产品或服务的特性，市场竞争也越发激烈，这时企业的重点应该放在满足用户基本需求之上的特殊需求，与竞争对手形成差异，因此更适合采取差异化市场策略。

竞争对手的市场策略也是要考虑的因素。当竞争对手采取差异化策略或集中性市场策略时，企业如果采取无差异市场策略无异于“自寻死路”。当竞争对手采取无差别市场策略时，企业要关注细分市场中用户需求的差异性，采取差异化策略或集中性市场策略会更容易获得竞争优势。

总之，企业选择目标市场策略时应深思熟虑，同时要根据市场需求和竞争动态做持续调整。

4.5　本章小结

在本章中，我们了解了市场分析的方法，包括市场规模分析、市场趋势分析、市场增长率分析、市场竞争分析以及企业内部环境分析。市场分析的主要目的是选择适合企业发展的目标市场并选择有效的目标市场策略。

- 市场中发生的每一个变化都暗含着机遇和风险。所有这些变化都是不可避免的，关键在于企业能在变化发生之前通过其他条件或因素的变化预见即将发生的变化和对行业的影响，并在发生变化之前及时做出相应调整，这样研发的产品或服务才能始终保持领先地位。
- 市场规模评估是一个动态的过程。随着后续市场调研工作的不断展开以及企业外部环境的不断变化，企业应对市场规模不断进行调整，以保证其在一定时间范围内的准确性。
- SOM 代表产品或服务的短期销售潜力，SAM 代表产品或服务的目标市场份额，TAM 代表产品或服务的潜在规模。
- 通过分析市场趋势相关数据，可加深对市场环境和消费者偏好的认识，从而有计划地针对变化中的市场制定业务计划。市场分析工作不是一次性的，而是持续进行的。
- 关键因素分析主要通过关注 3 个方面来判断市场的未来趋势，即用户的需求和行为趋势、用户价值观的转变以及行业成本驱动因素。
- 通过对比竞争对手的资源结构和业务流程等，企业可以了解自身的优势和劣势，以便于更好地做出决策。
- 波特五力分析模型中的五力分别是：供方的议价能力、买方的议价能力、新进入者的威胁、替代品的威胁、竞争对手的竞争强度。这 5 种力量决定了市场的竞争强度和吸引力。
- 分析竞争对手的 5 个步骤包括：识别竞争对手、了解竞争对手的目标、揣度竞争对手的战略、分析竞争对手的优势和劣势以及预测竞争对手的反应。
- 只要某企业提供的产品或服务可以满足你所瞄准的目标用户群体的某种特定需求，那么这个企业就是你的竞争对手。按照产品的目标用户群体和其所满足的需求，我们可以将竞争对手分为形式竞争对手、品牌竞争对手、行业竞争对手、愿望竞争对手。按照竞争情况，我们可以将竞争对手分为直接竞争对手、间接竞争对手、潜在竞争对手。

- 核心竞争力不是永久的。企业维持核心竞争力的时间取决于竞争对手模仿产品、服务或生产流程等的速度。企业应持续加强核心竞争力并选择最利于核心竞争力发挥的细分市场，以获得暂时或可持续的市场竞争优势。
- 企业在选择目标市场时，应选择那些使企业能够创造最大价值并可持续保持竞争优势的细分市场。值得注意的是，最利于企业发展的细分市场未必是规模最大、增长最快、竞争最不激烈的市场，因为企业可能不具备足够的资源来服务于规模太大或增速过快的市场。
- 利基市场的市场份额通常比较小，市场复杂度较低。资源紧张的初创型企业可以基于利基市场以较少的成本在短时间内完成市场调研工作，从而快速了解目标用户群体，获取对市场的洞察。
- 一般来说，从各个细分市场的独特性和企业的战略目标维度看，企业有 3 种目标市场策略可以选择，即无差别市场策略、差异化市场策略以及集中性市场策略。在选择目标市场策略时，企业需要考虑企业自身资源、产品的特点、市场的特点、产品所处的生命周期、竞争对手的市场策略等因素，并做出权衡。

5

|第 5 章| C H A P T E R

产品定位：占据用户的心智模型

到目前为止，我们介绍了市场分析以及目标市场选择。接下来，要明确企业提供的产品在目标市场中占据的位置、给目标用户留下的印象以及产品是什么。本章将讨论产品定位的概念、产品定位的步骤以及产品定位的基本原则。

5.1 产品定位概述

5.1.1 什么是产品定位

在介绍产品定位之前，我们有必要先学习一下市场定位的概念。市场定位一般是指企业对目标用户群体或目标消费者市场的选择。第 4 章中选择目标市场（也就是选择目标用户群体）的过程就是市场定位的过程。那么，市场定位和产品定位是什么关系呢？一般来说，市场定位是产品定位的前置条件，即首先应进行市场定位，然后再进行产品定位。产品定位是将目标市场与企业产品结合的过程，即将市场定位企业化、产品化。

企业在确定市场定位（即选择了目标市场和目标用户群体）之后，要明确产品在市场中占据的位置，以及如何为用户创造价值。这时，企业就要进行产品定位——根据目标市场中同类产品的竞争状况，针对目标用户对该品类产品某些特征的重视程度，为产品塑造与众不同的鲜明形象，并将该形象传递给目标用户，以便在目标用户心中占据一席之地。

产品定位由美国著名营销专家艾·里斯与杰克·特劳特于 20 世纪 70 年代提出。产品虽然是在工厂中生产，但是产品定位却是在用户的心智模型中塑造的。值得注意的是，产品定位通常取决于企业已有的品牌定位。一个企业或产品的品牌定位（或者说品牌形象）决定了企业或产品在用户心智中代表着什么，比如沃尔沃定位于安全、凯迪拉克定位于奢华、保时捷定位于性能、本田定位于经济。如果企业开发出不符合其品牌定位的新产品，那么将有可能使品牌受损，因为这可能扰乱企业品牌在用户心智中的认知，即便用户的认知一旦形成就很难改变。

我们生活在一个信息过度传播的社会，每天都处在各种广告信息的狂轰滥炸之中，无法消化如此多的信息，也不可能在每次购物前重新评价每个产品。也就是说，用户接收的信息是有限的，他们厌恶复杂，喜欢简单，为了简化购买过程，会对产品进行分类，以确定产品在心目中的位置。因此，产品定位是用户对产品的认知、印象和情感的复杂组合，是将其与竞争对手的产品比较后而形成的。产品定位决定了目标用户对产品的定义，是指相对于竞争对手而言，产品在用户心目中所占据的位置。

5.1.2 产品定位的意义

产品定位的目的是为产品塑造特定的、符合目标用户需求的形象，和竞争对手形成差异，以求在目标用户心中占据一个特殊的位置并形成某种偏好。当某种需求被触发时，用户就会想到他所偏好的产品。比如，人们在炎热的夏季感到口渴时，会立刻想到冰镇的可口可乐；在遇到不了解的信息时，会立即想到百度搜索。

无论企业是否积极主动地开展产品定位工作，用户都会对产品进行分类和定位。所以，与其听天由命地让用户自行对产品进行定位，不如主动出击，去策划能够使产品在目标市场中获得可持续竞争优势的定位，并将这种定位传递给目标用户。

良好的市场定位是产品获得成功的前提。定位说明了产品是什么、产品不是什么，对产品的规划和发展起到了导航的作用。企业如果不能有效地对产品进行定位，不能在用户心目中留下与众不同、别具一格的印象，那么产品就很有可能会淹没在众多性能、质量、价格、服务、包装等方面都类似的同质化产品中。市场定位可以是强化或放大产品的某些特性，比如性能、质量、价格、服务、包装等，从而与竞争对手拉开差距并形成与众不同的市场形象。

5.1.3 制定产品定位策略

为了吸引目标市场中的用户，企业都在绞尽脑汁使产品或服务与竞争对手形成差异。在此过程中最重要的是，产品或服务必须满足企业大费周章确定的目标市场中的用户需求。产品的市场定位决定了其价值主张，价值主张是对目标用户为什么要购买产品的回答。例如，希尔顿酒店和七天连锁酒店都是酒店，但它们定位于不同目标人群的不同需求。希尔顿瞄准更高级的商务人士，消费更高。七天连锁酒店瞄准普通大众，采用更亲民的定价。尽管它们的装潢和提供的服务截然不同，但都因为满足了各自目标用户的特殊需求而获得了成功。

5.2　产品定位的 5 个步骤

产品定位的过程通常可以分为以下 5 个步骤。

1）了解竞争对手的产品定位。

2）找出能带来优势的差异点。

3）确定产品的定位策略。

4）撰写产品的定位声明。

5）传播与分享定位声明。

下面将详细介绍各个步骤。

5.2.1　了解竞争对手的产品定位

定位过程中的第一步是了解目标用户对各个竞争对手产品的认知程度和印象。要搞清楚以下问题：目标用户在做出购买决策时会考虑哪些因素，目标用户是如何看待竞争对手的。我们可通过两种工具分析竞争对手的产品定位，分别是感知地图和雷达图。

1. 感知地图

通常，我们通过绘制感知地图来了解目标用户对竞争对手产品的印象或竞争对手产品的定位。感知地图也被称为定位地图。之所以称为感知地图，是因为它是基于目标用户对竞争对手的产品（或品牌）及其相关属性的感知而建立的。感知地图直观地显示了现有竞争对手的产品在市场中的定位，有利于企业决策自家要做的产品。企业一般有两种选择：填补市场空白，或者直接与竞争对手竞争。

感知地图通常有两个维度，比如质量与价格、健康与美味、易用性和外观等。感知地图最常见的形式是使用两个维度作为图形的横轴和纵轴。我们通常会选择目标用户做购买决策时会考虑的关键因素作为横轴和纵轴。在这里，我们以质量与价格分别作为横轴和纵轴，再将当前竞争对手的产品放到感知地图的对应位置，这样感知地图就绘制好了。图 5-1 为感知地图的示意图。

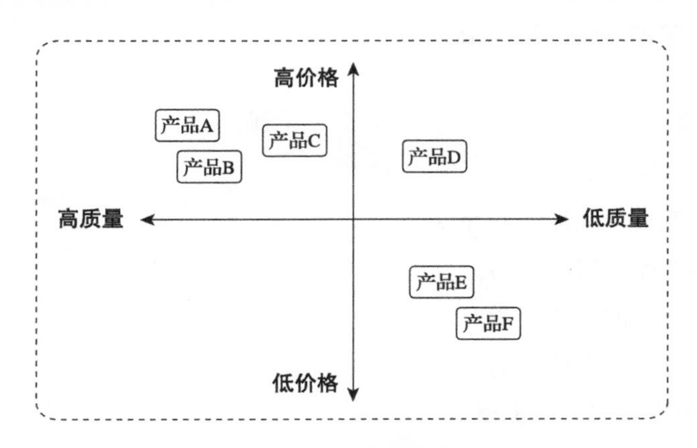

图 5-1　某类产品的感知地图

通过感知地图，我们可以直观地了解到当前竞争对手的产品定位以及空白市场。值得注意的是，感知地图是基于目标用户的看法做出来的，是比较主观的判断，所以企业需要进行一定程度的市场调研，以保证感知地图的正确性。另外，当企业发现某空白市场时，首先要思考与该市场对应的用户需求，然后组织市场调研进行验证。

2. 雷达图

除了感知地图，我们还可以通过绘制雷达图来了解竞争对手的产品定位。雷达图也称为网络图、星图、蜘蛛网图、极坐标图或 Kiviat 图。雷达图可以更全面地展示竞争对手产品的多维度属性。下面介绍一下绘制雷达图的基本步骤。

首先，要明确衡量产品关键属性的维度。通过用户调研，了解用户关注该类型产品的哪些特性，或者在购买该类型产品时会重点关注哪些关键因素。比如，对于智能音箱产品来说，用户会比较关注价格、音质、外观、做工、内容、识别准确性、易用性等。

然后，列出用户关注的各个购买决策因素或产品属性，通过调研问卷或产品研发团队内部分析讨论，对竞争对手产品的属性进行打分。

最后，根据评分确定属性坐标，然后连接各个坐标。这样，一份竞争对手产品的雷达图就呈现在我们眼前了。图 5-2 为某产品的雷达图。通过雷达图，我们可以明显地看到产品的优势和劣势。目前，很多在线雷达图生成工具只需输入各个属性名称及其数值即可完成绘制。

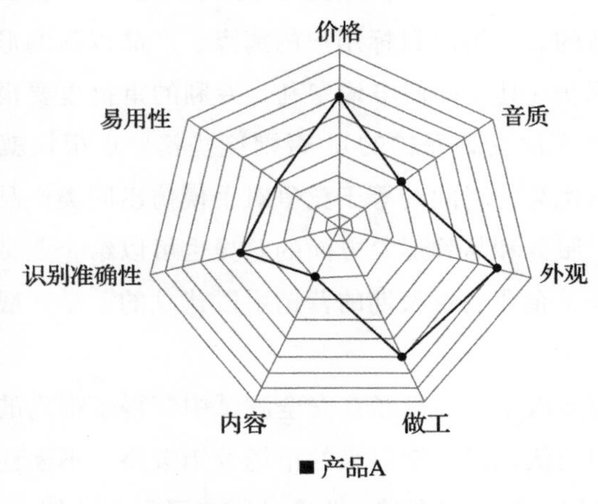

图 5-2　某产品的雷达图

5.2.2　找出能带来优势的差异点

1. 找出与竞争对手的差异点

企业需要对竞争对手的产品或服务进行全方位的分析，掌握目标用户会与竞争对手的产品发生接触的每一个关键点，以了解企业的产品与各个竞争对手产品的差异。通常，企业会从产品性能、质量、价格、服务、包装、渠道或形象等方面进行分析。有了雷达图之后，企业可以通过雷达图快速发现竞争对手的优势和劣势，进而采取有针对性的差异化策略。举一个将产品销售渠道差异化的例子，某生产防盗门的企业将其销售渠道从大型商场移到更接近目标用户的社区。当新楼盘落成，业主即将入住时，企业在楼盘附近搭建专卖店，为业主提供选择、购买、搬运、安装防盗门的服务。这样做有两方面好处：一方面，新渠道接触的用户更加精准；另一方面，企业通过新渠道能更好地服务用户，进而获得收益。

2. 分析与竞争对手的差异

将企业与竞争对手的差异全部列举出来之后，企业就要分析哪些差异可以带来竞争优势。比较好的情况下，企业可以从物理世界中找到能带来竞争优势的差异，比如以新的方式解决目标用户的痛点、产品以新的形态出现等，但除非可以申请专利保护（其实即使申请专利，专利的审批也要很久，专利在申请下来或公示之前是无法受到保护的），否则这些差异点很快就会被竞争对手模仿。企业维持竞争优势的时间约等于竞争对手模仿出同类产品的时间。除了物理世界中的差异，服务和品牌形象方面的差异也可以给企业带来竞争优势。这种无形的竞争优势是企业通过长期的营销手段建立的，是一般竞争对手难以匹敌的。

比如，即便很多汽车厂商已经在安全测试中获得了很高的评级，与沃尔沃不相上下，但是因为沃尔沃长期以来的市场营销策略，不断地向用户传达其安全定位，树立了良好的口碑和声誉，为企业带来了无形价值。

由此可见，初创企业更适合选择物理世界中的差异，比如新的产品功能、新的产品外观等，因为它们往往尚不具备品牌和服务这类无形资源。反之，大企业可以考虑利用品牌形象和服务等无形资源来打造竞争优势。

以蓝牙音箱产品为例，在雷达图上绘制产品的各个属性的分值后，就可以直观地看到两款产品的属性对比，如图 5-3 所示。我们发现产品 A 在价格、外观、做工以及语音识别的准确性方面做得比较好，而在内容、易用性、音质等方面做得稍差。经分析，我们发现自身在内容、易用性以及音质方面有做好的实力，那么就可以针对其劣势建立竞争优势。通常，产品定位越清晰，它的雷达图看起来越不匀称，因为清晰的定位表明其某几个属性的分值应是远超其他属性的。雷达图可以帮助产品研发团队在目标上达成一致，包括哪些属性做到及格线就可以，哪些属性必须做到极致，远超对手。

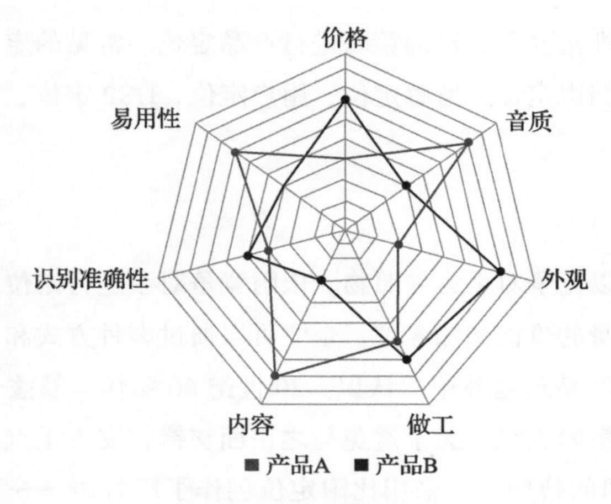

图 5-3　两款产品的属性对比

3. 筛选出具备价值的差异点

在选择差异点的过程中，企业必须决定要重点宣传哪几个差异点。建议基于与竞争对手差异化的实际情况而定，不要选太多。因为用户能接受和记忆的信息是有限的，他们只趋向于记住“品类第一”的产品。而且如果企业宣传的差异化优势过高，用户可能会怀疑这些差异的真实性，所以应尽量瞄准与用户基本需求相关的差异点。

不是所有的差异点都是用户感兴趣的并且可以创造价值的，企业应谨慎选择针对竞争对手的差异点。我们可以通过以下问题对差异点进行筛选。

- ❑ 该差异点是用户关注并能给用户创造价值的吗？
- ❑ 该差异点是企业独有的吗？竞争对手可以提供吗？
- ❑ 该差异点比竞争对手的解决方案更好吗？
- ❑ 该差异点易于被目标用户感知和理解吗？
- ❑ 该差异点能在用户心中留下与竞争对手不同的印象吗？

5.2.3　确定产品的定位策略

找到了能够带来竞争优势的差异点后，企业就可以思考如何根据差异点进行产品定位了，即选择什么样的策略进行产品定位。常见的定位策略有比附定位、场景定位、档次定位、情感定位、用户定位、USP 定位、比较定位以及品类定位等。

1. 比附定位

比附定位是以竞争对手为参照物，依附竞争对手进行定位，目的是通过竞争对手来提升自身的价值和知名度。企业可以通过多种方式和行业知名产品建立联系，使自家产品迅速被用户认识。20 世纪 60 年代，赫兹公司占据了美国汽车租赁市场份额的 55%。为了避免与之正面交锋，安飞士汽车租赁公司在美国 DDB 广告公司的帮助下，采用比附定位创作了广告语——我们是第二，我们要更加努力。因为巧妙地与市场领导品牌建立了联系，安飞士汽车租赁公司的市场份额上升了 28%，迅速与行业排名第三的国民公司拉开了距离。

另一个比较知名的案例是，20 世纪 60 年代正是可口可乐和百事可乐如日中天的时代，而此时推出的七喜定位于“非可乐”，巧妙地利用了可乐在用户心中的重要分量。当用户不太想喝可乐时，七喜就成了首要选项。借助这一定位，七喜在饮料市场占据了一席之地。

2. 场景定位

场景定位是依据产品的特定使用场合或使用时间进行定位，以唤起用户在特定场合或特定时间对产品的联想。比如，功能性饮料红牛的定位是“困了，累了，喝红牛”，当用户感到困了或累了时自然就会联想到它；凉茶王老吉的定位是“怕上火，喝王老吉”，也是利用特定的使用场景进行定位。场景定位是与功能性定位的有效对接，以此来占领消费者的心智。

3. 档次定位

档次定位是依据产品在消费者心中的地位，分成不同的档次，如高档、中档和低档。产品的档次是产品质量、价格、用户心理感受及价值观等因素的综合反映。不同用户的需求侧重点往往不同，如某产品的目标市场是中等收入的理智型购买者，则可将产品定位于“物有所值”。产品的档次具有实物之外的价值，比如高档产品能给用户优越感等。高档产品通过高价和稀缺来体现其价值。

4. 情感定位

情感定位是依据用户在使用产品时产生的感受进行定位。只有引起用户的情感共鸣，才能引起其兴趣，进而占据其认知，促进其购买。比如，德芙巧克力的“牛奶香浓，丝般感受”、雪碧的“透心凉，心飞扬”等。

5. 用户定位

用户定位是将产品与某类用户群体的生活方式关联，突出产品专门为该类用户服务，将产品定位为用户价值观、生活方式的理想选择，以此来获得目标用户的认同。把产品与用户结合起来，有利于增强用户的归属感，使用户产生“这个产品是为我量身定做”的感觉。比如，小米手机的“为发烧而生”、海澜之家的“男人的衣柜”。

6. USP 定位

USP（Unique Selling Proposition，独特的销售主张）有 3 个特点：一是利益承诺，向用户传达产品具备哪些功能，能提供哪些实际利益；二是独特，这种利益是竞争对手无法或未曾提供的；三是有吸引力，这种利益是以用户为中心、易于被用户理解和传播的，具有极大的吸引力。USP 定位在同类产品众多、竞争激烈的情形下可以突出产品的特点和优势，便于用户更迅速地选择产品。比如在牙膏市场中，高露洁宣扬“防蛀牙”，佳洁士强调“清新口气”，田七定位于“中药牙膏”，冷酸灵主打“缓解上火”，黑人是“牙齿美白”的象征。产品只有有了清晰的价值主张，明确了目标用户群体，才能在各自的领域保持领先的市场份额。

7. 比较定位

比较定位是指企业为了突出品牌的特性，抓住知名竞争对手的弱点来向消费者推销自己的优点，从而获取市场认可。如果你比较关注微软和苹果，就会发现这两家公司在产品上经常进行比较。微软曾发布一段 Surface Go 广告。广告讲述的是一个 10 岁的小女孩和自己的奶奶去买平板电脑，小女孩表示自己 6 岁时玩玩 iPad 还可以，现在 10 岁了，需要一台真正的电脑，因为自己的梦想很伟大，Surface 能帮她完成一切令人难以置信的事情，例如学习编程、绘图等，而 iPad 不行。苹果也曾发布过类似的广告。这些广告都很成功，一方面利用自身和竞争对手的品牌影响力获取了用户关注，另一方面通过对比展示了自家产品的优越性，在用户认知中植入了产品的差异化优势。

8. 品类定位

品类定位是指通过产品特点创造一个新的产品品类，避免在原有品类中竞争。早在 2004 年，红牛发现中国饮料市场具有功能特性的饮料匮乏，几乎不存在竞争威胁。市场份额最大的饮料就是可口可乐和百事可乐。于是，红牛将产品定位于"提神醒脑，补充体力"，避开在饮料品类中与可口可乐或百事可乐竞争，细分饮料市场，创造功能性饮料这一新品类。这样，人们提到功能性饮料就会首先想到红牛。

5.2.4 撰写产品的定位声明

1. 什么是定位声明

定位声明用于表明产品方向以及企业希望目标用户如何看待其产品。定位声明通常采用以下形式：对于（目标用户及其需求），我们的（产品名称）是一种（能带来与众不同价值的形容词 + 品类名称）。例如，沃尔沃的定位声明："对于高端美国家庭来说，沃尔沃是一款提供最大安全性的家用汽车。"

2. 定位声明的模板

营销专家杰弗里·摩尔在其著作《跨越鸿沟》中提供了一种产品定位声明的模板：为了能让（目标用户）（形容目标用户需求的形容词）地使用（产品品类），我们提供（产品名称），它可以（说出产品的关键价值，要能令人信服并为此付费）。不同于（竞争对手的产品名称），我们的产品（描述产品差异化的特性）。

通过这个模板我们可以看到，最佳的定位声明通常包含 4 个基本要素。

- 目标客户：产品试图吸引的目标用户群体的特征是什么。
- 市场定义：产品在哪个类别中竞争。
- 产品承诺：对目标用户而言，产品相对于竞争对手的产品的好处是什么。
- 相信的理由：对于产品的承诺，有什么有说服力的证据。

在认真回答这 4 个问题之后，我们就可以开始制定定位声明。例如，亚马逊在 2001 年使用了以下定位声明：对于喜欢读书的互联网用户，亚马逊是一家零售书商，你可以即时访问超过 110 万本书籍；与传统图书零售商不同，亚马逊提供了非凡的便利性、低廉的价格和全面的选择。

5.2.5　传播与分享定位声明

在产品研发的过程中，我们经常会遇到这样的情况。

- 情况 1：工程师 A 觉得功能 1 很重要，应该在视觉上进行强化，设计师 B 却觉得功能 1 不重要，重要的是功能 2，而产品经理觉得应该参考竞争对手的产品去设计……大家各执一词，无法统一意见。
- 情况 2：在产品设计过程中，设计师和产品经理会去参考各个竞争对手的产品，最后东拼西凑、生搬硬套做出了功能齐但毫无特色的产品。如果目的是想让所有的用户都满意，结果可能是所有的用户都不满意，因为可能为了满足少量用户的需求，牺牲了绝大多数用户的体验。

对于上述情况，我们都可以通过定位来解决。市场定位决定了产品的目标用户群体，产品定位决定了产品的设计方向和功能特性。产品定位声明能够时刻提醒大家产品是什么和不是什么，为研发阶段的产品设计、产品功能定义等提供主要的方向和决策依据，便于研发目标更高效地达成一致。

一旦明确了产品定位，企业就必须采取有力的措施把产品定位传递给企业内部的利益干系人（比如产品研发团队）和企业外部的目标用户。企业所有的市场营销策略必须支持产品的定位战略。产品定位是以企业竞争优势为基础的，需要企业采取实际行动，比如企业将产品定位于更好的品质、更简单易用，那么在接下来的产品设计、产品定价、销售渠道和促销手段等方面的决策都应与产品定位相符合，必须满足目标用户对产品定位的期望，这样才能建立和维持产品的定位策略。

5.3 产品定位的4项原则

许多人认为产品的市场定位是产品之间的战争，认为最好的、最优质的产品终将在市场中脱颖而出。然而，事实并非如此。产品之间的确会存在可量化的差异，比如质量、性能等，但不是各方面都好的产品就一定会获得成功。在市场中，产品好与不好不是客观因素决定的，而是用户主观因素决定的，即产品好与不好是由用户决定的。企业在进行产品定位时，可以遵循以下4项基本原则：不求更好，但求不同；争做用户心目中的第一；创造新品类并成为第一；成为一个代名词。

5.3.1 不求更好，但求不同

绝大多数企业宣称自家的产品是最好的，但用户无法辨别到底哪家的产品更好。长此以往，用户就对这种宣传麻木了。人们的大脑会筛选掉那些不重要的、普通的事情，只会记住那些不同寻常的事情。产品的质量好、性能好、服务好等这些特点对用户来说都只是一些基本前提。用户真正想知道的是：企业的产品和其他同类产品相比有什么区别？什么是只有这款产品可以做到，而别的产品做不到的？

以洗发水产品为例，如果所有洗发水都以“我们的洗发水是最优质的”或者“我们的洗发水洗得最干净”为产品定位，那么它们可能不会在用户的心中留下任何印象，因为优质、洗得干净这些特性对用户来说是购买产品的前提，所以这样的定位毫无特色。用户想知道的是除了优质、洗得干净之外，这款洗发水与市面上其他同类产品有什么区别。只有差异化的、与众不同的特性才有可能让用户记住，才可能在用户的认知中留存。我们看看宝洁公司是怎么做洗发水定位的：飘柔定位于使头发更加飘逸柔顺；海飞丝定位于去屑功效；潘婷定位于发质修复及深层护养；沙宣定位于高档有品位的形象。由此可见，将差异点定位于产品优势可以让用户留下深刻的印象。但有时把差异点定位于产品劣势，也能产生意想不到的效果。

宝马旗下的豪华小型汽车MiniCooper就以“小车身”这个差异点展开宣传，最终凭借这一看起来是劣势的差异点成为经典。当用户对产品的负面特征存在疑虑时，企业会努力打消这种疑虑并把用户的注意力引到产品的优势上。但是，承认产品的某些不足可能会使产品更深入人心，然后再使劣势转为优势。比如MiniCooper的劣势是容量小，但也正是因为这个劣势使它具备了外观可爱精致、停车方便等优势。承认产品的劣势可以使用户对企业更加信任，而只宣传优势，用户可能会半信半疑。而且关于劣势的任何陈述，用户会马上相信，无须企业去证明。由此可见，若想以产品的劣势作为定位，需要在声明劣势后，尽快将劣势转为优势，这样产品才更有可能获得成功。所以，定位的第一条原则就是：找到产品与众不同的特性。

5.3.2　争做用户心目中的第一

企业的产品不一定要比竞争对手的产品好，但一定要争取成为行业 / 品类中的第一。本来想把标题写成“争做行业 / 品类第一”的，但是有些商业案例表明，也许谁是真正的第一可能没那么重要，人们认为谁是第一才最重要。杜蒙发明了第一台商用电视机；杜里埃制造了第一辆汽车；施乐发明了图形操作界面。他们是名副其实的第一，但在绝大部分人的认知中，亨利·福特发明了汽车，苹果或者微软才是图形操作界面的创造者。即使这些并非事实，但产品只要成为用户心目中的第一，它就具备了获得市场成功的前提条件。

市场定位是一场关于用户认知的战争，而非产品之间的战争。企业在投放产品之前应该抢先让产品进入用户的认知中。用户对产品的认知一旦形成，就很难再改变了。所以，产品定位的第二条原则就是：力求成为用户心目中的行业 / 品类第一。一种方式是把行业 / 品类第一的产品发扬光大，因为第一款产品出来之后难免有缺陷，企业修复了这些缺陷并做得更好，然后进行大范围的宣传，可能会在用户心目中替代别的产品成为第一。另一种方式是努力成为真正的行业 / 品类第一，然后大力宣传，为人们所知悉。

5.3.3 创造新品类并成为第一

如果产品不能在当前的品类中成为第一，那么就创造一个品类使产品成为第一。莱因霍尔德·梅斯纳尔并不是第一位登上珠穆朗玛峰的人，但是他是第一位不带供养设备登上珠穆朗玛峰的人。

在开发一款新产品时，普通的思维方式是“与竞争对手相比，这款新产品具备哪些优势”，但产品定位的思维方式是“这款产品能在哪个品类中成为第一”。所以，在进行产品定位时，我们要考虑的是产品可以最先进入哪个品类。通常情况下，人们很难改变消费习惯。但出现新的品类时，人们总是愿意去尝试。

我们可以在手机行业看到这样的定位方式：第一款智能手机、第一款音乐手机、第一款自拍手机、第一款全面屏手机、第一款折叠屏手机、第一款 5G 手机等。已经成为某一品类代名词的产品是很难被同行超越的。而且如果去争夺竞争对手产品的代名词，可能会强化用户认知，使其更具影响力。所以，新产品进入市场往往需要依靠创建新品类并成为第一，然后成为品类的代名词。

品类范围越小，产品越容易成为第一。产品成为第一后，更容易成为该品类的代名词。然后，企业通过宣传该品类的特性和优点来扩大这个品类的市场。当产品成为品类中的第一时，在用户的认知中其就代表了该品类，比如处理器代表有英特尔，空调代表有格力。所以，市场定位的第三条原则就是：如果不能在现有品类中成为第一，那就创造一个使产品能成为第一的新品类，并成为新品类的代名词。

5.3.4 成为一个代名词

如果一款产品（或品牌）能够在目标用户的认知中和一个词关联起来或成为代名词，那么这款产品成功的概率很大。通过把产品聚焦在一个词上，使产品在目标用户心中留下深刻的印象。比如联邦快递让目标用户记住了“隔夜达”，七喜让目标用户记住了“非可乐”，海飞丝让目标用户记住了“去屑”。

电动汽车成为特斯拉的代名词，这个词表现出产品特性和产品类别。在特斯拉面世的几年中，其他汽车厂商不断进入电动汽车领域。但一提到“电动汽车”，大多数人首先想到的还是特斯拉。一旦产品在目标用户的认知中能以某一个词代替或定位，其竞争对手很难将其代名词或定位夺走。

5.4　本章小结

在本章中，我们了解了产品定位的基本概念、常见的产品定位策略以及产品定位的方法和步骤。此时，你应该已经对产品定位有了一定的认知。

- 市场定位是产品定位的前置条件，即首先应进行市场定位，然后再进行产品定位。产品定位是将目标市场与企业产品结合的过程，也是将市场定位企业化、产品化的过程。
- 产品定位是指企业根据目标市场上同类产品的竞争状况，针对目标用户对该品类产品的某些特征的重视程度，为企业产品塑造与众不同的形象，并将该形象传递给目标用户，以在目标用户的心目中占据一席之地。
- 产品虽然是在工厂中生产，但是产品的定位却是在用户的心智中塑造。产品定位是用户对产品的认知、印象和情感的复杂组合，是将其与竞争对手的产品比较后形成的。
- 产品定位的目的是为产品塑造特定的、符合目标用户需求的形象，和竞争对手产品的定位形成差异，以求在目标用户心中占据一个特殊的位置并形成某种偏好。当某种需求被触发时，用户就会想到他所偏好的产品。
- 定位的基本原则不是去创造某种新奇的或与众不同的东西，而是结合人们心中原本的想法，使产品在顾客心目中占据有利的地位。
- 产品定位的过程通常可以分为以下 5 个步骤：了解竞争对手的产品定

位、选出能带来竞争优势的差异点、确定产品的定位策略、撰写产品的定位声明、传播与分享定位声明。

- 企业可以从产品性能、质量、价格、服务、包装、渠道或形象等方面进行差异化。初创企业更适合选择产品在物理世界中的差异点，大型企业可以考虑利用品牌形象和服务等无形资源构建竞争优势。
- 产品定位声明的模板：为了能让（目标用户）（形容目标用户需求的形容词）地使用（产品品类），我们提供（产品名称），它可以（说出产品的关键价值，要能令人信服并为此掏钱）。不同于（竞争对手的产品名称），我们的产品（描述产品差异化的特性）。
- 产品设计、产品定价、销售渠道和促销手段等方面的决策都应与产品定位相符合，以便于达到目标用户对产品定位的期望，这样才能建立和维持产品的定位。
- 产品定位的 4 项基本原则是：不求更好，但求不同；争做用户心目中的第一；创造新品类并成为第一；成为一个代名词。
- 如果企业的产品无法以第一的身份进入目标用户的认知，就要去寻找一个使产品能够成为第一的新品类。如果产品不能在当前的品类中成为第一，那么就创造一个新品类使产品成为第一，并成为新品类的代名词。

6

第6章 CHAPTER

用户研究：洞察用户的需求和动机

到目前为止，我们已经确定了目标市场，并对细分市场中的用户及其需求有了一个大致的了解。但目前了解到的用户相关信息还远远不足以支持产品的研发和设计。在当前阶段，产品研发团队还需要通过用户研究，获取用户信息及其需求，即了解目标用户的需求以及目标用户对当前产品（或竞品）/ 服务的看法，这是影响新产品开发和产品改进成败的关键。本章将重点介绍用户研究的各种常用方法，以及各个方法具体的实施步骤。

6.1 客户之声概述

1. 什么是客户之声

客户之声（Voice of the customer，VoC）最早是由MIT的两位市场营销学教授阿比·格里芬和约翰·豪泽尔在1993年的市场营销学论文“Voice of the customer”中提出的。客户之声是指用户对产品或服务的看法、态度和期望的描述，能够帮助企业了解用户到底想通过产品达到什么目标及获取何种价值。客户之声最初被用于改善产品开发，是六西格玛标准的一部分。（六西格玛是在任何流程中消除缺陷的综合标准，起初用于制造和产品工程，之后扩展到产品设计和客户服务。）通过收集用户信息和反馈并进行市场调研，企业可以实施客户之声计划，并通过将客户之声与企业提供的产品或服务的现状可视化，发现用户期望与现状的差距。

2. 客户之声的意义

客户之声是一个收集反馈、分析数据和计划行动的结构化系统。实施客户之声的完整流程包括：确定客户画像并收集其需求、收集能够帮助企业进行决策的数据、通过数据分析用户需求、将用户需求转换为产品需求、确定产品需求和规格。实施客户之声能够为企业带来一些显而易见的好处。

- ❑ 提供更好的产品和服务。了解用户对现有产品或服务的反馈，可以帮助企业确定当前产品或服务的优点和缺点。此外，用户的需求会随着时间推移发生变化，企业应持续关注用户反馈并了解其需求，以便于为用户提供更好的产品和服务。
- ❑ 准确把握产品关键特性和规格。通过了解用户是谁以及他们在特定情境下的详细需求，能够帮助企业确定产品需要为用户提供什么价值、满足哪些条件。用户反馈可以帮助企业确定怎样的产品才能够满足用户的需求，解决用户痛点。
- ❑ 带来更好的用户体验。通过了解用户对产品和服务的预期和感受，可以促进产品用户体验的提升。
- ❑ 发现产品需要改进的方向。了解用户在同类产品使用过程中遇到的困难，可以帮助企业更好地对产品进行优化。

- 确定用户满意度关键驱动因素。了解用户对产品的看法，可以帮助企业确定用户的满意度基准和找到影响用户满意度的关键所在。
- 改善企业决策机制。实施客户之声有助于企业从原有的内部导向决策转换为外部导向决策，以用户为中心做出更明智、更有理有据的决策。
- 提升企业的品牌忠诚度。收集用户反馈，表明企业很重视用户的意见。企业倾听用户的反馈并做出一定回应，可以帮助企业建立与用户更牢靠的关系，提升品牌忠诚度。
- 减少企业成本，增加企业收入。实施客户之声有助于企业将资源集中在对用户真正重要的地方，从而减少资源浪费。且随着用户体验、满意度和品牌忠诚度的提升，企业的收入也会有所提升。

6.2　市场调研概述

了解了客户之声的概念和价值后，接下来企业要做的就是实施客户之声，即进行更深入的市场调研，以确定目标用户群体的主要特征，比如地理位置、生理和心理特点、社会地位、生活习惯、行为偏好等多维度信息，并建立用户画像。然后，洞察目标用户的需求、产品的使用场景、当前的解决方案、当前的用户痛点等。最后，设计出一款产品或一个解决方案来解决用户痛点，满足用户需求，为用户创造价值。下面介绍一下市场调研的概念以及市场调研方法。

6.2.1　什么是市场调研

市场调研也可以称为市场研究，是使用统计和分析方法，有目的、有计划地收集、记录和解释有关目标市场信息的过程。市场调研有助于分析目标市场状况，了解市场当前发展趋势，以及市场规模和竞争态势，为洞察用户需求、预测市场行为、产品设计、营销决策等活动提供决策依据。

比如，产品研发团队想要了解目标用户对其新产品是什么反应，设计师想要了解多少目标用户对现在的解决方案不满意，又或者市场营销人员想要了解在哪些平台投放广告会有更高的转化效果。针对这些情况，产品研发团队都需要进行市场调研，避免猜测和争论，便于高效地做出更明智的决策。如果没有市场调研，产品研发团队不可能合理地制定出诸如市场细分（识别市场中的特定目标用户）和产品差异化（为将产品或服务与竞争对手的产品或服务区分开来的特征）之类的策略。

市场调研能够为产品研发团队带来诸多益处，例如：

- 发现产品的潜在用户；
- 了解目标用户的更多信息；
- 确定新业务的可行性；
- 了解市场的发展趋势；
- 了解用户对产品的新需求；
- 对现有产品的改善和创新；
- 更好地了解竞争对手；
- 不断发现新的市场和机会。

6.2.2 市场调研的方式

市场调研的方式有两种：次级市场调研和一级市场调研。

1. 次级市场调研

次级市场调研也可以称为二级市场调研，是指整理和分析二手数据（已经由他人收集、整理和解释过的信息）的过程。次级市场调研通常发生在项目的早期阶段，能够帮助产品研发团队低成本且快速地了解市场环境、市场趋势、市场规模等宏观信息，为企业在机会识别、市场细分以及确定目标市场等方面提供决策依据。

次级市场调研获取信息的速度通常比一级市场调研要快，而且成本低（甚至免费），数据来源更广泛，能够为一级市场调研奠定基础。有时，通过次级市场调研能够获得一些一级市场调研获取不到的信息，比如有些市场信息要么无法直接获得，要么获得成本比较高，需要投入大量人力、物力、财力等。

不过，次级市场调研也存在一些弊端，比如信息不够准确、信息过时、可信度不高，又或者根本收集不到想要的信息。而且，企业的竞争对手也能够获取和使用同样的二手数据。所以，调研人员必须对收集到的信息进行过滤，判断信息与调研目的的相关性（与调研目的匹配）、准确性（可靠程度）、及时性（是否过时）、客观性（非主观臆测）等。

次级市场调研常见的市场信息来源包括：企业内部调研数据，外部供应商的数据、互联网的搜索引擎、第三方调研机构、行业期刊和杂志、政府报告和研究、在线博客与论坛、学术论文和报告。

2. 一级市场调研

一级市场调研也可以称为初级市场调研、主要市场调研，是指整理和分析原始数据（一手数据，即直接通过目标用户获取的信息）的过程。虽然次级市场调研为市场调研打下了一定基础，并能够帮助企业确定问题和指引方向，但次级市场调研获取的信息是无法根据企业需求定制的，这些信息可能不是企业当前最想要的。所以，这个时候就需要进行一级市场调研，即自己或聘请他人直接收集目标用户的反馈数据并整理和分析信息，以获得对目标市场的洞察。

相对于次级市场调研，一级市场调研收集的是前所未有的最新数据，而且与企业当前业务的关联性更强，所以通常更耗时、成本更高。但这是获取业务开展所需信息的最佳方式，它能够使企业洞悉业务关键问题，而且获取的数据归企业拥有，竞争对手无法获取，所以这些数据具有一定独特性，可以为企业带来一定的竞争优势。

我们在进行一级市场调研时，通常会收集两种信息：探索性信息和特定信息。探索性信息的调研是开放性的，问题是非结构化的，能帮助调研人员发现问题，比如了解用户面临的困难有哪些。特定信息的调研是封闭性的，问题是结构化的，能帮助调研人员找到探索性调研中发现的问题的解决方案，比如了解用户希望如何克服某个特定的困难。

一级市场调研常见的方法有用户访谈、焦点小组、调研问卷、观察法等。通常，我们在进行市场调研时会将一级市场调研和次级市场调研配合使用。比如，如果企业打算开发一款新产品，首先可以采用次级市场调研来确定此类产品的市场规模，然后获取一些人口统计信息来掌握此类产品目标用户相关的特征，比如收入水平、职业、年龄、偏好等。最后，再通过一级市场调研对此类用户进行抽样调查并访谈，确认他们使用此类产品的频率以及他们愿意为之花费多少钱等。

此外，一级市场调研包含两种方式：定性调研和定量调研两种。简单来说，定性调研帮助企业了解目标用户为什么购买，定量调研帮助企业了解多少用户会购买。

（1）定性调研

定性调研是指收集、分析和解释那些不能被数字量化的数据或不能用数字概括的数据。定性调研可以帮助调研人员了解人们对某些概念的认知，以及他们为什么做出某种行为，可以用于收集用户的初始需求或了解测试用户对新产品概念的看法等。比如，一款游戏的男性用户比女性用户少，了解为什么女性用户不喜欢这款游戏的最佳方式就是对该游戏的潜在女性用户进行定性调研。调研后，游戏开发者可能会发现该游戏的暴力元素比较多，女性比较抵触，且女性喜欢的元素较少，因此女性用户很少会玩这款游戏。通过了解女性用户喜欢和抵触的元素，游戏开发者可以更好地改善游戏，以吸引女性用户。所以，定性调研可以根据目标用户的回答进行更深入的调研，能够帮助调研人员了解目标用户的动机、感受，并做出合理的决策。定性调研通常采用非结构化的对话交流方式获取数据，并且只研究相对较少的目标用户样品。定性调研常用的方法有用户访谈（开放式问题）、焦点小组、观察法、人种志研究法等。

（2）定量调研

定量调研是指收集、分析和解释那些能够被数字量化的数据或能够用数字概括的数据，提出能够用数字回答的问题，比如用百分比来描述“您有多大意愿将产品推荐给朋友”。定量调研的主要作用是验证想法或假说，也可用于衡量一些重要指标，比如判断用户需求的优先级、用户对现有产品的满意度、用户的二次购买率、各种类型用户的占比等。利用定量调研收集到的信息，企业可以更明智地进行决策，以改进产品或服务，从而提高目标用户的满意度。

（3）定性调研与定量调研的关系

定性调研更多的是关注人们的想法与感受，主要用于理解用户的想法、行为动机和发掘问题，回答关于“为什么”和“如何解决”的问题。定量调研更多的是关注可统计的数据，用于量化用户的想法和行为动机，回答关于“有多少”的问题。调研人员可以根据调研目标，灵活运用调研方法。在实际的市场调研工作中，定性调研和定量调研通常会被结合使用。通常先进行定性研究，帮助调研人员明确研究的问题方向，并分析问题的影响因素和提出假设，为定量调研的问卷设计提供具体的描述和逻辑框架。比如，先通过定性调研确认某产品的使用者是老人和小孩，购买产品的原因可能是对身体健康有好处和便宜。再通过定量调研确认老人和小孩的占比，以及因为保健购买产品的用户和因为便宜购买产品的用户比例，从而获取更深的用户洞察，更好地做出业务决策。不过，有时定性调研也会在定量调研之后使用，主要是为了更好地解释定量调研的结论，或进一步验证定量调研的结论。

6.3　用户研究概述

当前阶段所做的调研其实是研究用户的过程。用户研究的重点是通过各种调研（信息收集）手段来理解用户及其行为方式、需求和动机。用户研究旨在通过定性方法（例如人种志研究法、焦点小组、原型设计）和定量方法（例如调查、受控实验室或现场测试）获取用户的信息，洞察用户的需求，并以此来指导产品早期的设计、中期的开发和后期的迭代。用户研究不是一次性的工作，是一个持续迭代的过程。用户研究和它所发挥的价值贯穿于整个产品的生命周期。选择什么样的信息收集方式通常取决于信息收集的目的、项目资源、产品生命周期阶段等因素。

用户研究可以帮助产品研发团队了解产品设计对用户的影响。成功的产品都是建立在对用户需求充分了解之上的。产品研发团队在此阶段收集的用户需求对产品概念的生成、产品的设计方向起到重要的作用。产品的设计方案通常是在获取用户信息、分析用户信息及其需求后产生的，因此根据不同的情况选择合适的用户信息及需求获取方法就变得极为重要。

6.3.1　什么是用户研究

如果你想知道用户为什么选择产品 A 而不是产品 B，那么就需要开展用户研究工作。用户研究是指通过多样化的定性和定量方法来理解用户需求、行为动机的过程。通过访谈、观察和实验的方法，可以帮助产品研发团队获取对目标用户的深度洞察，从而设计出恰当的解决方案来满足目标用户的需求。

6.3.2　用户研究的意义

用户研究的意义在于，为产品设计（或营销）提供有价值的见解。产品研发团队做出的每个关于设计（或营销）的决策都是基于对市场现状、用户需求、解决方案和市场反应的假设。通过用户研究，我们可以回答：目标用户是谁？他们的需求是什么？他们的目标是什么？在什么情况下使用产品或服务？他们目前的行为方式是怎样的？他们想要做出哪些改变？用户研究可以很好地验证这些假设，提供有价值的信息以指导产品研发团队做出决策，更好地设计产品。

缺乏对用户需求的了解，拿自己当用户，是绝大多数产品失败的主要原因。用户研究让产品研发团队聚焦目标用户，以用户为中心开展产品的设计和开发工作，避免了因对用户需求不了解而根据个人偏好或臆测进行产品设计，最终导致设计出用户不需要的产品，造成财力、人力、时间的巨大浪费。想要设计出一款用户喜欢的产品，必须从用户角度出发，所以用户研究对产品的成败至关重要。切记：你不是最终用户，不要为自己设计产品。

6.3.3　用户研究与市场调研的关系

用户研究与市场调研都涉及对目标用户的调研，那么二者的区别是什么呢？从研究开展的范围来看，市场调研涉猎的范围更广，涉及分析目标市场状况，了解市场当前发展趋势、市场规模和竞争态势、目标用户需求和偏好等。而用户研究只涉及研究目标用户的需求、行为、经验和动机等，更侧重于一级市场调研相关的工作。所以，市场调研本身涵盖了用户研究的工作，工作范围更为广泛。

6.3.4　用户研究的时机

与市场调研一样，用户调研工作不只是发生在产品研发前期，它同样贯穿于产品的整个研发周期。在产品开发周期的不同阶段，为了达到不同的目的，我们需要使用不同的用户研究方法。有些观点认为用户研究比较耗费时间，不值得投入资源进行研究。但实际情况是，做一些用户研究总比完全不做要好，在每个产品研发阶段通过用户研究创造的价值远大于所投入的成本。在以下几个阶段，我们应该进行一定的用户研究工作。

- 在生成产品概念时，用户研究主要用于发现用户面临的问题，探索产品概念。该阶段的主要工作内容是广泛地获取用户信息，基于对用户的深度了解探索产品的可能性和新概念，发散思维，生成多种产品创意。在此阶段，我们要解决的问题是：用户是谁？他们正面临着什么问题？他们当前如何解决问题？
- 在比对产品方案时，用户研究主要用于验证用户对产品概念或创意的反应，确定产品设计方向。该阶段的主要工作内容是获取用户对当前各种产品概念或解决方案的态度、兴趣和建议，并基于用户对产品概念的反馈，收敛思维，确定产品方案。在此阶段，我们要解决的问题是：用户对产品概念或解决方案感兴趣吗？他们对哪些方面感兴趣？他们是否愿意为之付费？
- 在制作产品原型后，用户研究主要用于测试产品的用户体验和可用性，验证一些产品设计上的假设（有些解决方案是基于经验或假设设计的，因此其有效性需要验证）。该阶段的主要工作内容是观察用户使用产品的过程，发掘用户在使用产品过程中遇到的问题，以及整体操作体验，并基于观察到的问题对产品进行优化和改进。在此阶段，我们要解决的问题是：设计方案能解决用户遇到的问题吗？设计方案可以被用户理解并很好地使用吗？设计方案存在哪些不足？

- 在产品对外发布后，用户研究主要用于评估产品是否符合用户预期、评价产品的实际表现。该阶段的主要工作内容是获取大量产品的真实使用数据，并通过数据分析了解产品的使用情况。在此阶段，我们要解决的问题是：产品是否符合用户的期望？哪些特性被普遍使用，哪些没有被普遍使用？用户遇到了哪些新问题？

6.4 用户研究的一般流程

企业启动用户研究通常有两种可能：一种是探索新的市场机会，需要做新产品预研，了解用户需求，然后决定产品方向；另一种是改进现有产品，需要收集用户使用数据，评估产品当前状态，发现当前产品缺陷，不断进行优化和迭代，以使其更好地满足用户需求。用户研究一般包含 4 个关键步骤：确定要收集的信息和调研目标，制定有效获取信息的调研计划，执行调研计划，收集和分析数据，输出调研报告并解释调研结果。

6.4.1 确定要收集的信息和调研目标

用户研究的第一步是确定当前要收集的信息和调研目标，这是用户研究中最重要的一步，也是最困难的一步。调研目标用于指导整个调研，如果没有目标就盲目展开调研工作，最终可能导致调研结束才发现没有获取到能够用于决策的数据。所以，在此阶段，我们必须明确一些问题：当前产品开发处于哪个阶段？（参考 6.3.4 节）需要获取哪些信息以支持决策？需要验证哪些假设或猜想？通常，调研人员需要将调研目标转换成具体的调研需求（要收集的信息）。比如，企业想了解某个新产品的市场前景，这时调研人员可能就需要将调研问题设定为：当前市场容量是怎样的？目标用户如何看待新产品？调研人员要将需要获取的信息明确地罗列出来，以保证整个调研过程符合调研目标。

6.4.2　制定有效获取信息的调研计划

确定了要收集的信息和调研目标后，调研人员需要围绕调研目标制定详细的调研计划，并输出调研计划书。为了保证调研过程的顺利执行，调研计划书应包含以下内容。

- 调研背景：描述调研的背景和原因、当前产品研发阶段以及想要解决的问题。比如，近期企业计划研发一款新产品，目前处于概念生成阶段，想要了解该产品市场前景如何。
- 调研目标：将调研背景中想要解决的问题转化成目标，有时还包括为了达成目标的问题清单。比如，调研背景是想了解某产品的市场前景，转化为目标就变成：确定该产品的市场容量、用户购买力、需求强烈程度等。
- 调研方法：根据调研目标、当前产品研发阶段、项目资源等因素选择恰当的调研方法。调研人员应该根据具体情况，灵活运用各种方法。比如，目标是了解当前产品的用户体验，那么调研方法包括可用性测试或者启发式评估法。如果调研的目标用户是儿童，则观察法可能更适合。
- 调研计划（表）：描述调研人员名单、调研的对象类型和名单、调研的起始和结束时间、调研方法的先后顺序等。通常，调研目标不同，调研对象类型也不同。找到合适类型的调研用户是能否达成调研目标的关键。调研计划通常以表格的形式呈现，有利于把控整个调研的进度安排，以及让团队成员了解调研进展情况。
- 预期结果：对调研目标进行逐项预测和回答。
- 人员分工（表）：描述调研的工作任务和对应执行此任务的调研人员。

有时，为了帮助调研人员争取足够的资源进行调研活动，输出调研计划时应强调本次调研的价值所在。比如，获取的信息将帮助产品研发团队做好哪些决策并创造什么价值。

6.4.3 执行调研计划，收集和分析数据

制定好调研计划后，调研人员要做的就是执行调研计划，包括收集、整理和分析信息。调研人员在调研过程中收集到的数据是碎片化的、感性的，通常没有太大意义。这些数据需要经过整理和仔细分析后，才能产生有价值的洞察。数据整理工作包含根据某种逻辑对数据进行分类、排序等。分析工作包含对比、判断趋势、绘制图表等。这一步通常是调研活动中耗时最久且最容易出错的，可能遇到各种情况。比如，调研对象不配合，导致收集到的信息不客观等。因此，调研人员需要对遇到的问题保持警惕，并对收集到的数据进行检查和筛选，保证数据的准确性和完整性。

6.4.4 输出调研报告并解释调研结果

完成调研数据的分析后，调研人员应该解释调研结果，进行总结，并输出最终的调研报告。调研报告应避免采用大量的文字和数据说明调研过程中的细节，而应提供简要的、对产品研发团队决策有用的重要结果，并进行举证。有时，调研人员需要针对不同的报告阅读者，有针对性地输出内容侧重点不同甚至形式不同的报告。读取调研报告的时候，调研人员要仔细分析对结果的解释是否正确，避免因个人偏好而只接受与自身预期相同的结果，拒绝与自身预期不同的结果。否则，调研做得再好也没有意义。

6.5 用户研究方法分类

当前阶段的用户研究应聚焦于广泛地收集目标用户相关信息，发现用户面临的问题，探索产品方向，生成多种产品概念。按照用户数据收集方式划分，用户研究方法可以分为 3 类：观察研究、调查研究和实验研究。

6.5.1 观察研究

观察研究是指通过观察目标用户在特定场景下的行为来收集原始数据。比如，通过观察用户在工作中是如何使用平板电脑的，进而评估新的平板电脑改进方向。在某些情况下，调研人员需要通过观察目标用户行为以收集那些靠询问目标用户无法获得的用户数据。比如，研发婴幼儿产品，调研人员无法通过直接询问产品的使用者来获取信息，此时只能进行观察研究。观察研究不受用户的记忆影响，而且往往能够观察到用户意识不到的问题。（有时候，用户对某些事件已经习以为常，反而不会觉得存在什么问题。）观察研究存在的问题是，调研人员在观察的时候会有主观判断，会影响数据的客观性。此外，如果被观察者发现有人在观察他，行为可能也会变得和自然状态下不一样。常用的观察研究方法包括如下5种。

- ❑ 观察法：指调研人员根据特定的调研目标、研究提纲或观察清单，通过自身的感官和辅助工具去直接观察被调研对象，从而获得信息的一种方法。
- ❑ 用户反馈研究：观察研究不只是观察用户怎么做，还要观察用户怎么说。通过收集用户反馈，调研人员可以快速了解当前用户对产品的看法和建议。
- ❑ 田野调查：被公认为是人类学学科的基本方法论，也是最早的人类学方法论。所有实地参与现场的调查研究工作，都可称为“田野研究”或“现场研究”。调研人员通过在现场观察用户所处的自然环境，从而获取有关用户及其需求的基本信息。田野调查是取得第一手原始资料的前置步骤。
- ❑ 民族志研究：派遣调研人员观察自然环境中的目标用户，并观察他们在自然环境中执行任务的情况。比如，人类学家为了研究一个民族，深入当地与居民同吃同住，进行实地研究，目的不仅是收集有关目标用户的行为和互动方式，还包括他们的位置、环境和环境如何影响他们的日常生活。民族志研究有助于了解目标用户的文化趋势、生活态度等信息。

- 日志研究：顾名思义，即要求用户在一定时间内记录其使用产品时的某些特定信息，比如要求用户记录每次使用产品的时间、地点、动机、感受等，然后交由调研人员进行研究。日志研究消除了调研人员和非自然的外界环境对用户行为的影响，而且通过用户自己的语言描述能让调研人员感同身受。

6.5.2 调查研究

调查研究是使用最为广泛的原始数据收集方法，是收集描述性信息的最佳方式。想要了解用户的信息以及他们对产品的看法、态度、行为偏好等信息，调研人员可以通过直接询问目标用户来获取。调查研究的主要好处是灵活性高，既可以在线下与用户进行面对面的沟通，也可以在线上与用户进行沟通。调查研究也存在一些问题，比如用户有时候无法回答调研人员的问题，或给出与实际现象有出入的答案。一方面，有些问题涉及用户隐私或用户不愿回答，于是干脆乱答一通，敷衍了事；另一方面，有些问题用户一时想不到（或不知道）答案或从未意识到某些问题，于是就提供一些取悦调研人员的答案。常用的调查研究方法包括如下 4 种。

- 访谈：调研人员根据调研目的撰写访谈提纲，然后按照提纲与用户进行对话，通过提出预设和即兴的问题来获取信息。访谈通常是一对一的谈话，但也可以是多个调研人员和多个用户的谈话。
- 问卷法：问卷是一组与研究目标有关的问题清单。问卷法是指调研人员发放提前设计好的问卷给目标用户填写，以便于向目标用户了解情况或征询意见。问卷法适用于目标用户多样化、需要快速完成调查活动、目标用户地理位置分散等情况。相比于访谈，问卷法可以在短时间内收集到目标用户群体的大量信息。但访谈提出的问题是标准化的，更完整和易于控制。
- 焦点小组：是由 8 至 12 名目标用户组成的小组在一名训练有素的主持人的引导下进行讨论的一种方法。焦点小组一般发生在新产品概念探索阶段，设置在一个专门的场所中（比如圆桌会议室），讨论的焦点通常是一些用户遇到的问题及解决办法、竞品情况等。焦点小组价值在于总是可以从自由进行的小组讨论中得到一些意外的发现。

- 概念测试：产品概念是对产品预期形态、功能等的设想。概念测试是将产品概念展示给目标用户，并观察其反应。一般情况下，概念测试用于产品概念探索阶段，调研人员使用文字或图片来描述产品概念，根据用户的反应来选择产品概念方向，以便通过成本较低的方式获得早期用户反馈。概念测试可以一对一进行，也可以与更多的目标用户进行面对面或在线进行。

6.5.3 实验研究

实验研究，一般用于帮助调研人员收集具备因果关系的信息。实验研究将不同类型的用户置于实验环境中，要求他们执行一系列相同的任务，通过控制某些因素观察不同类型用户的反应情况。实验研究多运用于探索产品概念、测试产品可用性或者营销方案效果等场景中。相对于其他研究方法，实验研究要求调研人员事先做好规划，并预先提出一种因果关系假设，再通过实验研究加以验证。常用的实验研究方法包括如下 8 种。

- 眼动实验：眼动实验要求用户佩戴眼动仪进行一系列实验，然后通过眼动仪的视线追踪技术，确定用户看产品（或屏幕 / 操作界面）的内容，以及看某个位置的时间，并且生成视线焦点热力图，这是确认用户视觉注意力最好的办法。通过了解用户视觉注意力的分布，产品研发团队可以更合理地安排产品（或屏幕 / 操作界面）的主次信息和布局，从而使用户将注意力放到重要信息上。
- 参与式设计：也称合作设计，指在产品设计过程中邀请用户（或其他利益相关者）加入，让用户为自己设计解决方案，以确保最终结果能够符合用户预期。用户参与到产品概念探索和问题定义中，可以使产品研发团队更了解用户的想法和态度，并帮助评估产品概念或解决方案的优劣。

- 可用性测试：目标用户使用自家的产品或竞争对手的产品执行某些特定的任务，同时调研人员在一旁观察和记录用户的行为和反馈，重点关注用户与产品进行交互时遇到的障碍。可用性测试使用的产品可以是早期的产品原型，也可以是后期的成品。它有助于帮助产品研发团队了解产品的哪些设计有效、哪些设计无效，以及相对于竞争对手的产品，自家的产品可用性如何，从而使产品研发团队对产品改进的方向达成一致。
- 发声思考：要求用户一边使用产品完成特定任务，一边大声说出自己当前的想法。发声思考可以帮助产品研发团队了解用户是怎样理解当前产品（或界面）的，发现设计中所有可能引起误解的元素。调研人员还可以在任务完成后提出其他问题以加深对用户的了解。用户边执行任务边大声说出来是有一定难度的，因为用户在执行任务过程中常常会忘记说出想法和感受，所以进行实验之前可以先对用户进行简单的培训，以保证实验能够顺利进行。
- 卡片分类：常用于导航和信息架构设计。卡片分类向用户提供了一些写有信息的卡片，并让用户对卡片进行分类，以此来了解用户感知的层级结构。比如卡片上写了男士鞋子、男士帽子、女士鞋子、女士帽子等，有的用户可能会创建男士用品分类，将男士鞋子、男士帽子归为一类；有的用户可能会创建鞋子分类，将男士鞋子、女士鞋子归为一类。了解用户感知的层级结构，有助于产品研发团队设计出更符合用户心智模型的导航目录或信息架构。
- 树测试：也称反向卡片分类，通常用于卡片分类之后，评估当前创建好的导航目录或信息架构是否简单易用。在树测试中，调研人员将网站或软件的导航目录或信息架构（而不是网页本身）呈现给用户，比如一级导航是男士服装、女士服装，二级导航是男士鞋子、男士帽子等，然后让用户通过目录查找某个信息，比如男士皮带。调研人员通过观察用户会选择哪个层级目录来寻找目标信息，可以了解导航目录或信息架构的设计是否符合用户的心智模型，进而对产品进行优化。
- A / B 测试：常用于优化网站的转化率。产品研发团队在两个产品（或界面）的设计上进行选择时，通常采用此方法。A/B 测试需要将同一个产品（或界面）的两种方案同时展示给不同类型的用户，并比较哪个方案带来了更多转化（或我们期望的行为）。通常，产品研发团队会选择能够带来更多转化（或我们期望的行为）的方案。A/B 测试适用于方案选择或对比产品的新版本和旧版本。

- 点击流分析：用户使用网站或软件产品时，点击的按钮顺序构成点击流。点击流分析是收集、分析和报告用户访问了哪些页面、访问顺序以及页面停留时长的汇总数据的过程。点击流能够帮助产品研发团队了解用户使用产品的行为路径、评估页面的转化率和吸引力等。

6.6　5 种常见的用户研究方法

以上就是整个产品生命周期常用的用户研究方法，这里就几个适用于在当前阶段使用的用户研究方法进行进一步的介绍，比如观察法、用户反馈、问卷法等。对于更适用于其他阶段的用户研究方法，比如原型法、可用性测试等，将在后面的章节中讲述。

6.6.1　用户反馈研究

1. 用户反馈的收集

用户反馈有助于产品研发团队直接获取用户对产品的看法和使用中遇到的问题。收集用户反馈的方式通常有以下 3 种。

- 通过企业内部运营数据库获取。比如：通过售后服务部门的用户投诉信息，产品研发团队可以了解用户使用产品过程中遇到了哪些问题。通过售前服务部门的用户产品咨询信息，产品研发团队可以了解用户在购买产品前关注哪些信息、有哪些顾虑。通过产品运营部门的社群或论坛，产品研发团队可以了解用户在用产品做什么、对产品的看法等信息。
- 通过社交媒体获取。比如：观察目标用户在社交媒体上发布的关于产品的信息、目标用户在论坛或社群谈论的关于产品的信息、目标用户在竞争对手产品的视频或商品介绍页上评论的信息。在产品概念探索阶段，由于没有用户使用过自家的产品，这时候通过观察目标用户对竞争对手产品的评价，可以帮助产品研发团队了解用户对同类产品的偏好。

- 通过市场调研活动获取。比如：问卷调查、用户访谈等。除此之外，产品研发团队还可以通过查看应用商店、电商平台、众筹网站等平台上的用户评论，以及第三方数据监控平台和调研机构的报告来获取用户反馈。

2. 用户反馈的价值

用户反馈研究的重点是，通过持续关注用户对各种问题反馈的数量占比、对产品不同版本反馈的问题的比例来不断优化产品。比如，产品的第一版发布后，收集到的用户反馈信息如下：抱怨功能 A 不好用占比 40%，找不到功能 B 占比 20%，界面 C 有漏洞占比 40%。据此信息，产品研发团队修复了界面 C 的漏洞，优化了功能 A，将功能 B 的入口放置到更显眼的位置。产品的第二版发布后，收集到的用户反馈信息如下：抱怨功能 A 不好用占比 30%，这说明优化方向是正确的，但是仍需继续优化；找不到功能 B 占比 20%，这说明优化没有起作用，产品研发团队应深入分析问题产生的原因；界面 C 有漏洞占比 0，这说明漏洞被解决了。

用户反馈就是这样创造价值的——为产品迭代方向提供决策依据，使产品越来越符合用户需求，越来越好。不过，通常情况下，收集到的用户反馈不能直接被当作产品需求并加入产品迭代计划（很多新手常犯的错误就是直接拿用户反馈当产品需求），因为收集到的原始反馈数据需要进行分析、过滤和转化才有价值。比如分析反馈的用户是不是产品的核心用户、反馈意见是否符合产品当前定位、反馈是不是普遍性问题等，这些问题将在后面的章节进行介绍。

6.6.2 观察法

1. 观察法概述

很多产品经理会尝试扮演一个挑剔的用户，然后通过使用产品，力图发现一些问题。但这样做是远远不够的，我们需要走到目标用户所处的环境中，观察他们是谁，他们在什么样的场景下使用产品，想使用产品解决什么样的问题，遇到了哪些障碍……只有深入到目标用户中间去观察，才能获得这些问题的答案。

观察法大多用于街头、商场店铺内以及用户生活和使用产品的场景中，通过直接观察或借助照片和录影获得第一手数据。注意，不要主观臆测用户需要什么或者干脆从自身角度出发把自己当作用户。

2. 观察法的 4 种类型

常见的观察法包含以下 4 种。

- 自然观察法：即在自然环境中观察用户的行为。这里的自然环境通常是用户使用产品的场景。比如，针对一款能够在会议中使用的智能投影仪，调研人员选择会议室作为自然环境，在会议室中观察用户在开会过程中如何使用智能投影仪。自然观察法要求调研人员默不作声，不向用户提出问题，避免干扰用户的行为。
- 实验观察法：即在非自然环境中观察用户的行为。这里的非自然环境通常是调研人员为了观察用户行为而搭建出来的产品使用场景。比如，如果无法在真正的会议室实地观察用户开会时如何使用智能投影仪，就模拟真实会议室的环境，再进行观察。所布置出的场景越接近真实场景，用户的行为越自然，观察效果越好。
- 掩饰观察法：在用户不知情的情况下观察他们的行为。观察时隐藏个人意图很重要。有些用户知道自己处于被观察的状态，行为会变得不自然。所以，在用户不知情的情况下进行观察和记录，相对来说会更高效。
- 参与观察法：调研人员参与到用户活动中观察用户的行为。参与观察法与自然观察法的区别是，调研人员在用户活动中可以有活跃的表现，而自然观察法要求调研人员默默地观察。参与观察法的好处是，有些信息可能只能由调研人员进行解释，因此需要其亲身参与到用户活动，以便加强对用户行为的理解。

3. 观察法的一般流程

观察法通常可以分为以下 5 个步骤。

- 明确观察目标。观察目标是调研人员想要观察到的现象，比如，观察用户在会议中是如何使用智能投影仪的。只有确定了观察目标，知道要通过观察获取什么信息，调研人员才能够确定观察的重点和观察方法。
- 进行观察准备。准备工作需要明确观察时间、观察对象、观察地点、观察方式和观察范围。调研人员要选择具有代表性的用户以及合适的观察时间和场景，如果选错了用户、时间或场景，可能会导致整个观察失败。
- 制定观察提纲。观察提纲应包含观察时间、观察对象、观察地点、观察方式和观察范围，还可以预设更详细的观察信息。比如观察用户使用某产品的过程，在观察提纲中可以将产品使用步骤分别列出，并按顺序标出序号。在实际观察时，预设好的观察提纲有利于帮助调研人员记录用户每个步骤执行了多长时间、遇到了哪些问题，以及是否按照预期顺序执行。（提前预设好观察提纲的观察方式叫作结构化观察，反之则称为非结构化观察。）
- 开始进行观察，并做好记录。选好合适的位置（和工具），按照观察提纲进行观察，并做好详细记录——一方面记录用户的行为，另一方面记录自己由此产生的想法。用户行为的记录要保证客观性和全面性，而且要按照用户行为的顺序进行记录，这非常重要。
- 整理和分析观察记录，得出结论。及时对观察结果进行整理和分析，分析用户行为背后的原因，最后得出结论。值得注意的是，在观察中偶然性的行为或习惯性的行为很难被观察出来，所以有些时候需要进行反复观察并确定观察结果是否正确，以便于判断哪些事物或现象是偶然的、哪些是一贯如此的，等等。反复观察的次数越多，越能准确地得出结论。

4. 观察法的优缺点

观察法的优点是，可以帮助调研人员了解用户不愿意或无法提供的信息，以及用户的无意识行为或未表达出的问题。观察法收集到的信息比较真实、可靠，不受用户的意愿、记忆力或表达能力的影响，且简单易行，有助于集中了解问题。其不足之处是，不是所有事情都是能够观察到的，比如感受、态度或动机等。而且在某些情况下，调研人员需要反复观察以确认观察结果的准确性，这样会导致耗时较长。由于观察法具有这些局限性，因此调研人员在使用观察法的同时，还会配合使用其他调研方法。

6.6.3 用户访谈

1. 用户访谈概述

用户访谈是指调研人员通过与现有或潜在用户口头交流，谈论定义明确且事先已达成共识的话题或问题，以获取特定信息和加深对用户了解的一种方法。通常，访谈内容包括用户的人口统计学特征（性别、年龄、地域等）、用户的职业、用户的主要目标和动机、用户的态度、用户的痛点等。用户访谈弥补了观察法只能观察行为而无法了解用户行为背后的动机、感受和想法的缺陷。在产品概念探索阶段，用户访谈非常有效。此外，调研人员也可以通过用户访谈，了解现有的产品解决方案。

2. 用户访谈的 3 种类型

根据调研人员对访谈的控制程度，用户访谈可以分为以下 3 种。

- 结构化访谈：也称标准化访谈，由调研人员按照事先准备好的问题提纲对用户进行询问。整个访谈过程是标准化的，调研人员提问的内容、顺序、方式对每个用户都是一致的。询问的问题大多是封闭式的选择题，相当于面对面的问卷调查。一般来说，需要量化的数据会采用结构化访谈，因为结构化访谈采用标准化的问题提纲和流程，信息指向明确，有利于对不同对象的访谈结果进行量化、对比和分析。
- 非结构化访谈：也称开放式访谈，是一种比较自由的访谈方式。非结构化访谈不需要调研人员事先制定标准化的访谈提纲，对于不同的用户不需要保持提问内容、顺序、方式的一致性，只需就某个主题与用户展开深入交谈。它是一种相对自由的谈话。询问的问题是开放式的问题，调研人员可以根据需要自由地变换提问顺序和提问方式，用户也可以自由地表达自己的观点和感受。非结构化调研可以收集到大量信息。对访谈结果适于做定性分析。

- 半结构化访谈：是一种介于结构化访谈和非结构化访谈之间的访谈方式。半结构化访谈以结构化访谈标准化的问题提纲作为访谈的主要剧本，调研人员按照问题提纲对用户进行询问，但在访谈过程中可以根据实际情况对提问顺序和提出的问题进行灵活调整。通常是通过封闭式的选择题发现问题，然后通过开放式的问题进行追问，以了解用户答案背后的原因。半结构化访谈兼有结构化访谈和非结构化访谈的优势，既可以避免结构化访谈的死板、难以深入问题答案背后的缺陷，也可以避免非结构化访谈难以定量分析、耗时耗力等问题。

除了按照调研人员对访谈的控制程度划分访谈方式外，我们还有很多种划分方式。比如，按照同时参与访谈的用户人数来划分，用户访谈可以分为单人访谈和集体访谈；按照调研人员和用户的接触方式来划分，用户访谈可以分为电话访谈、网络访谈、面对面访谈。

3. 用户访谈的一般流程

用户访谈通常可以分为以下 5 个步骤。

- 明确用户访谈目标。访谈目标就是通过访谈想要获取的信息。调研人员在每次访谈前都要明确为什么要进行访谈和想从访谈中获取哪些信息。宽泛的目标（比如了解用户）可能会导致访谈失败。调研人员应选择与用户行为或态度相关的具体的目标，比如用户选择产品时会考虑哪些信息、用户的常规操作流程是怎样的。
- 用户访谈前准备。明确并招募访谈对象，根据访谈目标来确定访谈对象所需具备的特征，比如如果想了解新用户在产品使用过程中会遇到哪些障碍，调研人员就必须明确访谈对象是刚接触产品不久的用户。明确访谈对象之后，调研人员就要开始招募访谈对象。招募中可能遇到的问题有时间紧张导致招不到人、招募到不合适的人、招募到人之后又爽约等。针对各种情况，调研人员应做好充足的准备。

- 制定用户访谈提纲。根据访谈目标首先明确访谈类型，调研人员开始设计访谈中要询问的问题，并设定好顺序。对于每个问题的设定，调研人员都要考虑该问题的答案是如何支持访谈目标的，对达成访谈目标有什么作用，避免设定一些无关紧要或者可以通过网上获得答案的问题，并预期用户不同的回答，以便于设定后续的问题。对于非结构化访谈来说，访谈提纲中的问题并不需要全都问到。访谈提纲更像是一个框架，调研人员围绕主题框架进行即可，可以灵活地对用户进行追问。
- 开始进行用户访谈，并做好记录。调研人员通常会在访谈开始时提出一些简单的问题，以激发用户的热情和建立与主题的联系，接着会提出比较深入的问题（通常是开放性问题）。这需要对用户的答案进行多轮追问，以了解答案背后的原因（比如连续追问“为什么”）。访谈期间，调研人员要注意倾听和适当地做出回应，将自己的态度传递给对方。最后，在访谈结束时，调研人员要礼貌地提示用户访谈到此结束，感谢用户的参与，还可以送一些纪念品给用户。
- 整理和分析访谈记录，得出结论。调研人员将访谈中发现的用户需求、痛点，按照一定规律（发生频率、重要性等）进行归类和分析。理想情况下，调研人员能够通过分析得出结论。但有时，调研人员还需要结合其他调研方法对得出的结论进一步验证，最后将结论分享给产品研发团队，使整个团队获取对用户需求的洞察。

4. 用户访谈的注意事项

在用户访谈时，调研人员应注意以下几点。

- 建立融洽的访谈氛围。面对面访谈时，用户的精神状态对访谈结果的质量有重大影响。所以在访谈中，调研人员有理由让用户感到放松和舒适。首先，确保访谈地点是一个令人舒适且有利于观察和交流的地方，然后友好地欢迎用户并进行简单的自我介绍。

- 问题要清晰易懂。访谈问题应避免使用专业词汇、模糊的词汇、复杂的词汇等所有可能会让用户感到困惑的词汇。撰写好问题提纲后，调研人员可以找一位条件适合的同事进行一次访谈测试，询问他们提纲中的问题是否简单易懂，并根据测试结果对访谈提纲进行修正。
- 避免引导性的问题。调研人员在访谈中要保持客观公正，避免进行引导式提问。比如，如果我们推出 XX 功能，你会购买产品吗？你会 XX 吗？面对这类问题，用户通常会给出肯定的答案。实际上，他们可能不知道问题的答案，或者答案是否定的。与其获取不真实的答案，还不如询问清楚用户想通过产品达成什么目标，聚焦问题的关键所在。
- 每次只问一个问题。调研人员在提问时，应避免一次问多个问题。问题太多的话，用户可能无法一次性记住，或要回忆很久。更恰当的做法是循序渐进地追问，往往可以达到更好的访谈效果。

5. 用户访谈的优缺点

用户访谈的最大优势是，能够帮助调研人员深入地了解用户行为背后的动机，了解用户的所思所想、价值取向、行为偏好等重要信息。此外，用户访谈相对其他调研方式会更加灵活。调研人员可以对想要了解的问题进行追问，而且面对面的用户访谈、快速的一问一答往往能够使用户做出更真实的回答。不足之处是，访谈结果受用户访谈时的个人因素影响比较大，比如用户的表达能力、情绪、状态、记忆等。有时，用户会因为问题涉及隐私或对调研人员不信任，而隐瞒一些细节或给出不真实的答案。用户访谈需要调研人员具备一定的访谈技巧，且比较耗费时间和精力。此外，如果访谈过程中开放性问题比较多，还会导致结果无法进行量化分析。

6.6.4 问卷调查

1. 问卷调查概述

问卷调查是指调研人员制定详细的问题清单，并发给用户，然后回收用户的答案或自动生成数据图表。与用户访谈相比，问卷调查的封闭式问题相对更多，更适合调研人员大规模收集用户信息，从而了解用户对产品的态度与看法。问卷调查的最大特点是能够在短时间内帮助调研人员获取大量信息，因此问卷的设计对于能否收集到准确的信息至关重要。

2. 问卷调查的分类

根据问卷的载体划分，问卷调查可分为纸质问卷调查和电子问卷调查。纸质问卷调查是传统的问卷调查，即调研人员通过线下分发纸质问卷（街访），待用户作答后回收问卷。这种调查方式成本高，且费时费力，正逐渐被遗弃。电子问卷调查是通过一些问卷调查平台进行线上调查，这些平台提供问卷模板、问卷设计、问卷分发、自动生成数据图表等服务。这种调查方式成本低、操作简便，已经成为当下主流的问卷调查方式。

根据问卷的填写者划分，问卷调查可分为代填式问卷调查和自填式问卷调查。代填式问卷调查就是访谈性质问卷调查，由调研人员照着问卷对用户进行询问，然后填写问卷。根据询问方式的不同，代填式问卷调查又分为电话访问和当面访问两种。代填式问卷调查的优点是问题回复率较高，缺点是人力成本和时间花费较多。自填式问卷调查是由调研人员发放问卷给用户后，用户自己填写问卷的调查形式。根据问卷发放形式的不同，自填式问卷调查可以分为报刊问卷调查、送发问卷调查、邮政问卷调查、网络问卷调查。

根据问卷的问题结构划分，问卷调查可分为结构化问卷调查、非结构化问卷调查、半结构化问卷调查。结构化问卷调查是指使用封闭式问题构成的问卷进行调查，特点是适合进行大样本调查，易于统计数据和定量分析。非结构化问卷调查是指使用开放式问题构成的问卷进行调查，特点是适合进行小样本调查，能够收集到多样化的信息，但问卷形式不统一，难以定量统计数据和对比分析。半结构化问卷调查是指使用开放式问题和封闭式问题组合而成的问卷进行调查，它同时具备结构化问卷调查和非结构化问卷调查的优点，既能够收集到易于统计和定量分析的数据，又能收集到多样化的、适用于深入研究的信息。

3. 问卷调查的一般流程

问卷调查通常可以分为以下 5 个步骤。

- 明确问卷调查目标。问卷调查目标是通过发放问卷来获取信息。调研人员在每次问卷调查之前都应该回答：通过此调查想要知道哪些信息？列出所要收集的信息清单以及所要验证的某些假设的清单，以便系统地收集信息和验证假设。注意，一份问卷的主要调查目标不宜超过 3 个，避免问卷过长。
- 进行问卷调查准备。根据问卷调查目标，明确要调查的用户类型，比如新用户或者老用户、男性用户或者女性用户；明确问卷分发方式，比如线上的电子问卷或者线下的街头问卷；明确问卷的分发渠道，比如通过公众号、App 信息推送、用户社群或者某个商圈。
- 撰写问卷介绍。首先写出问卷的标题，比如 XX 产品问卷调查；然后写出问卷调查的背景，即介绍调研人员或机构的身份以及问卷调研的目的；还可以写明收集到的数据将如何进行处理，向用户保证数据的保密性；还要写明回答问卷预计要花费的时间和问题数量，以免用户答题中途失去耐心，退出问卷，有时候还要写明问卷填写方法和注意事项，让用户了解应该如何填写。最后向用户表示感谢并写明是否可以获得奖励。注意，介绍部分应简洁明了，避免长篇大论。
- 发放和回收问卷。如果问卷是纸质文档，可以通过邮寄问卷和当面递交（街访）的方式进行发放；如果问卷是电子文件，则可以通过网络进行发放。如果条件允许，调研人员还可以通过电话向用户进行询问，以代填的方式完成问卷。影响问卷调查结果的主要因素是问卷本身的质量和问卷目标用户的质量。要保证问卷的目标用户具有代表性。另外，问卷发放的时间也很重要。目前，电子问卷是常用的方式，因为它的分发是最方便和成本最低的，而且回收起来也非常方便。通过电子问卷进行调研，调研人员无须计算问卷回收率（实际回收的问卷数除以发出的问卷总数）等数据。问卷平台会将问卷浏览量、回收量、回收率、平均完成时间、回收来源、地域分布等数据以图表的形式展现给调研人员。
- 整理和分析问卷调查数据。首先对问卷进行过滤，排除掉选择了明显错误答案的问卷，排除掉答题时间短的问卷。这两种问卷都是没有被用户认真填写的问卷，排除此类问卷能从一定程度上提升数据的整体质量。根据用户的人口统计学特征对用户的答案进行不同维度的对比分析，可以帮助调研人员发现深层次的问题。比如，通过问卷可能会发现不同年龄段的男性用户使用产品的目的是一致的，但是不同年龄段的女性用户使用产品的目的是不同的，接着调研人员就可以深挖其原因。由于问卷中的开放式问题不便进行量化对比和分析，这时可以统计用户的主观答案中的关键字，对开放性问题的答案进行总结。

4. 问卷调查的注意事项

在制作调查问卷时，调研人员应注意以下几点。

- 提前对问卷进行测试。在撰写完调研问卷后，调研人员可以将问卷发送给同事、朋友或家人，请求他们帮助填写调查问卷，然后询问他们在回答问卷时的感受。调研人员通过对问卷进行测试，可以发现很多问题，然后根据反馈修正问卷。
- 保证问卷中的问题简单易懂。由于问卷调研时访谈者通常无法直接与用户交流，在问题不够清楚时，用户可能会猜测答案，进而导致调研数据不准确。因此，问卷中的问题应保持具体、简单，使用用户熟悉的词汇。
- 避免引导性问题。在设计问题时，调研人员要保持客观公正，避免出现引导性问题，以保证用户能够给出客观的答案。比如，“我们认为当前智能穿戴产品最好的是Apple Watch，您觉得它怎么样”这个问题本身就已经在传递信息了。该问题应该换成“您觉得当前智能穿戴产品中最好的是什么”这样的中立问题，然后在答案中加入Apple Watch，以获取用户真实想法。
- 每次只问一个问题。在问卷中，要确保每个问题只对一件事物进行提问，避免出现同时要求用户对两种截然不同的事物进行评估的现象。
- 尽量减少用户的答题成本。问题应少而精，旨在获取有效信息。太多问题会使用户失去耐心，导致退出问卷、跳过问题或胡乱作答。更糟糕的情况是，用户打开问卷，看到问题太多，直接关闭问卷。调研人员应尽可能保证问题数量是用户 5 分钟之内就可以答完的。此外，问卷形式可以设置为选择题。为此，调研人员可以预测用户可能的回答，将其作为选项供用户选择，以降低用户的答题成本。

- 封闭式问题的答案要互斥和穷举。设计封闭式问题时，常见的错误是问题的答案有部分重叠或没有把问题的所有答案全部列出来。对于有些问题，调研人员可能无法确定是否穷举了问题的答案，那么可以在答案中增加一个“其他”选项，并让用户自行填写选项外的其他功能。
- 通过问题，筛选用户。如果采用半结构化问卷，调研人员可以先通过一些封闭式问题了解用户的背景信息，以便对不同类型用户的答案进行分析。调研人员还可以在问卷选项中设置跳转逻辑，用以区分用户。此外，为了使获取的数据更准确，调研人员还可以通过设定一些明显错误的答案来排除胡乱作答的用户。

5. 问卷调查的优缺点

问卷调查的最大优势就是可以不受空间限制，在短时间内进行大范围调研来收集大量数据。问卷调查简单易用，有很多问卷平台可以实现问卷的制作和回收，并生成数据图表。通过结合开放式问题和封闭式问题，问卷调查既可以进行定量调查，又可以进行定性调查。而且相对其他调研方式，问卷调查更省时省力。其不足之处在于，通过问卷收集的数据未必完全真实，尤其对于封闭式问卷，调研人员可能无法了解一些答案背后的原因。而且，总是会有一部分问卷是无法回收的。基于以上原因，问卷调查通常会结合其他调研手段一起使用，以帮助调研人员更深入地洞察用户。

6.6.5 焦点小组

1. 焦点小组概述

焦点小组是采用座谈会的形式，邀请 6～10 位用户在主持人的引导下花一两个小时来探讨某个主题（这个主题就是焦点）。在焦点小组中，主持人的作用是引导访谈按计划进行，避免跑题。每个用户都可以公开分享意见，调研人员记录这些想法。与用户访谈不同的是，焦点小组允许用户就讨论的话题进行互动。焦点小组的目的是通过倾听一组参与者的想法，获取一些意想不到的发现。

2. 焦点小组的分类

焦点小组有多种形式。比如，由四五个人组成的焦点小组叫作小型焦点小组。配备两位主持人的焦点小组叫作双主持人焦点小组。基于互联网进行的焦点小组叫作在线焦点小组。还有一种焦点小组叫作双向焦点小组，它包含两个独立的小组，小组 A 首先进行讨论，小组 B 进行观察，待小组 A 讨论结束后，小组 B 基于从小组 A 获取的洞察，进行更深入的讨论。

3. 焦点小组的一般流程

焦点小组活动通常可以分为以下 5 个步骤。

- 明确焦点小组活动的目标。招募用户之前首先要明确焦点是什么，为什么要进行焦点小组活动和想从焦点小组活动中获取哪些信息。通常，调研人员进行焦点小组活动的原因有 3 种：第一种是获取用户需求，第二种是验证某些假设，第三种是了解用户对同类型产品的看法。
- 焦点小组活动前期准备。根据焦点小组活动的目标和原因，调研人员可确定焦点小组中的用户所需具备的特征。目标用户特征越聚焦，调研人员越能获取有效的信息。确定用户特征后，调研人员即可开始招募用户。在招募用户过程中，调研人员遇到的问题与用户访谈类似。调研人员应针对各种情况做好充足的准备。理想的焦点小组活动场景是圆桌会议和观察室，以便调研人员进行观察和记录。关于主持人，要求其具有良好的沟通技巧，能够引导访谈顺利进行。
- 制定焦点小组活动问题提纲。根据焦点小组活动的目标，调研人员开始设计焦点小组活动的问题提纲。问题提纲应多采用开放式问题，这样更有利于激发用户进行讨论。问题的设计应由浅入深。每个问题的设定都要考虑该问题的答案是如何支持活动目标的，对达成活动目标有什么作用。提纲中的问题不需要全都问，围绕主题框架进行即可。调研人员可以灵活地对用户进行追问，并合理计划好各部分问题讨论的时间。

- 开展焦点小组活动，并做好记录。该阶段的流程与用户访谈类似，这里不再赘述。焦点小组的目标是尽可能从用户那里听到不同的声音。
- 整理和分析焦点小组活动的记录，得出结论。该阶段的流程与用户访谈类似，这里不再赘述。

4. 焦点小组的注意事项

在开展焦点小组活动时，调研人员除应注意营造融洽的氛围、主持人提问的问题应简单易懂、避免提问引导性问题外，还应注意把握好讨论的节奏。这是焦点小组活动成败的关键。主持人要引导每个用户积极发言，对于沉默的用户予以鼓励，通过巧妙的询问引导其表达看法。对于发言积极甚至主导讨论方向的用户，主持人应适时打断，一方面要保证讨论不偏离主题，一方面要控制其对其他用户意见的影响。用户之间如果出现争论僵持不下的情况，主持人应适时干预，引导各个用户轮流发言，不要乱作一团。

5. 焦点小组的优缺点

好的主持人能够引导焦点小组的用户进行积极且有效的讨论。主持人和用户之间会相互启发，从而得到更多信息，可能会有意想不到的收获。相对于用户访谈，焦点小组能够更快地收集数据。此外，当焦点小组中出现几类特征不同的用户时，调研人员可以直观地观察到不同类型的用户在态度上的差异。其不足之处是，招募多位参与者的难度较大，用户之间会相互影响，而且焦点小组的成功很大程度上取决于主持人的引导技巧。焦点小组得到的结论无法进行定量的分析，所以通常会配合问卷调查一起使用。

6.7 本章小结

在本章中，我们了解了客户之声、市场调研、用户研究等基本概念，并掌握了用户研究的常见方法，比如用户反馈研究、观察法、用户访谈、问卷调查、焦点小组等。

- 客户之声是用户对产品或服务的看法、态度和期望的描述，能够帮助企业了解用户到底想通过产品完成什么目标，获取何种价值。企业可以通过实施客户之声计划，并将客户之声与企业提供的产品或服务的现状可视化，来洞察用户期望与现状的差距。
- 市场调研有助于分析目标市场状况、了解市场当前发展趋势以及市场规模和竞争态势，为洞察用户需求、预测市场行为、设计产品、判定营销决策等提供决策依据。
- 市场调研可以分为一级市场调研和次级市场调研。一级市场调研指收集原始数据进行整理和分析的过程，次级市场调研指整理和分析二手数据的过程。一级市场调研又可以分为定性调研和定量调研。定性调研帮助企业了解目标用户为什么购买，定量调研帮助企业了解多少用户会购买。
- 用户研究指通过多样化的定性和定量的方法来理解用户的需求、行为、经验和动机的过程。用户研究不是一次性的工作，而是一个持续迭代的过程。用户研究和它所发挥的价值贯穿于产品的整个生命周期。信息收集方式的选择通常取决于信息收集的目的、项目资源、产品生命周期阶段等因素。
- 在产品开发周期的不同阶段，为了达到不同的目的，调研人员需要使用不同的用户研究方法。
- 用户研究一般包含 4 个关键步骤：确定要收集的信息和调研目标、制定有效获取信息的调研计划、执行调研计划并收集和分析数据、输出调研报告并解释调研结果。
- 调研收集到的数据是碎片化的、感性的，通常没有多大意义。这些数据需要经过整理和仔细分析后，才能产生价值。
- 研究用户反馈的重点是，通过持续关注用户对各种问题反馈的数量占比、对比产品不同版本的反馈问题比例来不断优化产品。收集用户反馈的方式通常有通过企业内部运营数据库获取、通过社交媒体获取以及通过市场调研活动获取。

- 观察法通常包括自然观察法、实验观察法、掩饰观察法以及参与观察法。
- 根据问卷的载体划分，问卷调查可分为纸质问卷调查和电子问卷调查。根据问卷的填写者划分，问卷调查可分为代填式问卷调查和自填式问卷调查。根据问卷的问题结构划分，问卷调查可分为结构化问卷调查、非结构化问卷调查、半结构化问卷调查。
- 调研人员在制作调查问卷时应注意：提前对问卷进行测试、保证问卷中的问题简单易懂、避免引导性问题、每次只问一个问题、尽量减少用户的答题成本、封闭式问题的答案要互斥和穷举、通过问题筛选用户。
- 焦点小组的目的不是就讨论的话题达成共识，而是通过倾听参与者的看法，获取一些意想不到的发现。
- 焦点小组的形式通常有小型焦点小组、双主持人焦点小组、在线焦点小组、双向焦点小组等。
- 调研人员在开展焦点小组活动时应注意：营造融洽的氛围、主持人提问的问题应简单易懂、避免提问引导性问题、把握好讨论的节奏。

第 7 章 CHAPTER

用户画像：创建典型用户的虚拟形象

在第 6 章中，我们讨论了如何通过用户研究来获取用户信息。在获取了大量用户相关信息后，我们可以基于这些信息建立典型的用户画像，以便更好地了解用户，更好地做决策。本章将介绍用户画像的概念、用户画像的价值以及创建用户画像的具体步骤。

7.1 用户画像概述

产品研发团队犯的常见错误之一是对用户没有足够的了解，就开始提需求或设计产品。在收集到大量用户信息后，产品研发团队需要通过这些信息创建目标用户的画像，以便更深入地了解用户，进而实现以用户为中心设计产品。

在用户研究领域，用户画像的对应英文单词有两个，分别是 User Profile 和 Persona。为了便于区分，我们将 User Profile 翻译成用户描述，将 Persona 翻译成用户画像。

7.1.1 用户描述的定义

用户描述通常是对真实用户信息的客观描述，可能包含用户的名字、照片、人口统计特征（年龄、职业、工作、收入等）、地理特征（国家、城市等）、心理特征（社会阶层、生活方式等）、行为特征（生活习惯、行为习惯等）。也就是说，其既包含用户的自然属性，也包含用户的社会属性。

看到这里，你是否觉得这些信息有些熟悉？没错，这些内容在前面的章节中出现过。在进行市场细分时，我们就是基于人口统计、地理、心理、行为这 4 个范畴对用户进行细分的。在市场细分阶段，我们就已经对目标市场中的用户属性有所了解，所以在当前阶段已经建立了初步的用户描述。

在产品发布后，随着产品被更多用户所使用，用户描述会逐渐变得丰满。因为每个人在使用产品时都会留下其行为相关的数据，这一系列行为数据可以当作用户的标签。比如，我们发现用户 A 在浏览短视频时，对美食相关视频会从头看到尾，甚至反复看几遍，而在舞蹈类视频上没有任何停留，这时我们也许就可以给用户 A 贴上“喜欢美食”“不喜欢舞蹈”的标签。这样，每个用户的用户描述都会越来越完善。

创建用户描述的过程，其实是用户建模的过程，即用多维度的行为标签来描述用户的过程。所以，用户描述多应用在个性化推荐（电商、内容类产品）、风险控制、行为预测等领域。比如，电商 App 的“猜你喜欢”界面会展示一些用户可能感兴趣的商品，这就是将用户标签与商品标签进行智能匹配而得出的结果。

另外，由于人的自然属性和社会属性在一定客观因素下会发生变化，比如居住地更换、饮食习惯改变、消费习惯变化等，因此，用户描述是动态的，需要我们有计划地对其进行更新。

可以看出，用户描述是用多维度的标签来描述一个真实存在的目标用户。如果将它作为设计工具，作用不大。但用户描述可以帮助产品研发团队准确定位目标用户（寻找具备相同标签 / 特征的用户），进而快速明确用户研究时要招募的用户的类型。

7.1.2　用户画像的定义

创建好用户描述之后，我们就可以根据它来展开用户调研，进而创建用户画像。用户画像是基于用户描述虚构出来的具有代表性的用户，用于帮助产品研发团队做出假设并进行验证。用户描述侧重于描述目标用户的自然属性和社会属性，而用户画像侧重于探索目标用户的需求、动机、决策方式。图 7-1 为用户画像示例。

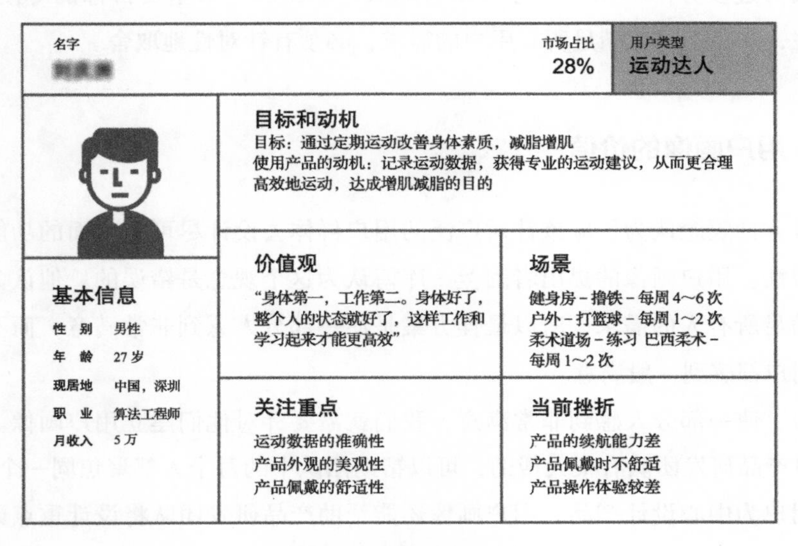

图 7-1　用户画像示例

用户画像的概念最早由著名的软件开发先驱阿兰·库博在1991年提出。它是描述目标用户、挖掘用户需求、规划产品方向的有效工具。用户画像不是一个真实的用户，而是目标用户群体的虚拟代表。它的特征是从用户调研中抽离出来的，包含目标用户的需求、行为模式等，汇集了广泛的目标用户群体的关键特征。

产品为谁设计？用户画像会给我们答案。它使目标用户的形象更加具体，让产品的使用场景更加真实和立体，使产品研发团队能够基于鲜明的用户形象去设计产品或制定市场营销策略。

好的用户画像都是基于真实可靠的数据的，这些数据是在之前定性和定量的市场调研中收集的，比如用户访谈。由于我们无法单独了解每个潜在的目标用户，且不同的目标用户群体可能出于不同的原因购买和使用产品，所以我们可能需要创建多个用户画像，以此来代表特征各不相同的目标用户群体。每个用户画像应该包括基本的人口统计信息、行为、目标、痛点、购买模式及背景等典型特征。

值得注意的是，Google和Amazon都是资源极其丰富的公司。为了应对不同领域的业务需求，它们有能力建立多样的用户画像。但这不是每个企业都可以效仿的，所以企业要量力而行。建议创建的用户画像数量最好限制在5个以内，因为过多分散的用户画像可能会降低产品团队对最重要目标的专注程度。要记住，产品不可能满足所有用户的需求，必须有针对性地取舍。

7.2 用户画像的价值

有一种观念认为，应该针对广泛的用户群体去设计尽可能全面的功能并保持灵活性。用户画像的提出者阿兰·库博认为这个观念是错误的。他认为产品无法满足所有人的需求，所以最佳方案是使一部分人感到非常满意，而不是让全部用户都感到一般满意。

为了使一部分人感到非常满意，我们就需要针对他们建立用户画像。用户画像对产品研发团队有很大帮助，可以帮助团队中的每个人都聚焦同一个目标，即以用户为中心设计产品。用户画像还能帮助产品研发团队将设计重点聚焦于目标用户最有可能遇到的情况，而不是目标用户通常不会遇到的少数情况。用户画像的价值包括：加深产品研发团队对用户需求的理解；帮助产品研发团队以用户为中心进行设计；避免争论，帮助决策；预测目标用户的行为；更好地排列产品需求优先级；提升效率，节省时间等。

1. 加深对用户需求的理解

用户画像将用户的信息完整地呈现给产品研发团队，这有助于团队成员了解目标用户。产品研发团队对目标用户越了解，能挖掘出的用户需求越多，对用户的行为预测就越有把握，进而创造出既能满足用户需求又符合用户特征的设计方案。

2. 以用户为中心进行设计

用户画像清晰直观地展示了目标用户的目标、需求和动机，这将使产品研发团队围绕真正的用户需求进行产品设计。产品研发团队输出设计方案时首先会思考该方案是如何满足用户需求的。总之，用户画像有助于产品研发团队真正以用户为中心展开设计，是产品设计方向的指南针。

3. 避免争论，帮助决策

产品研发团队常犯的错误是经常从自身的角度思考："如果遇到这个问题我会怎么做？我会喜欢这个设计吗？我能轻松地使用产品解决问题吗？"然后给出各种不同的设计方案。这时，分歧就产生了，到底哪个设计方案是最好的？如果产品研发团队建立详细的用户画像，在发生分歧时，就会首先考虑诸如此类的问题："目标用户会喜欢这个设计吗？目标用户能接受这个价格吗？这个设计方案对目标用户来说足够简单易用吗？"这种视角的转变可以帮助产品研发团队消除偏见和分歧，快速做出合理的决策。

4. 预测目标用户的行为

用户画像帮助产品研发团队了解用户的喜好、动机、目的、需求、习惯等，进而从一定程度上对用户行为进行预测。这有利于产品研发团队做出更好的设计方案，而不用针对每个设计方案都进行可用性测试。

5. 更好地排列需求优先级

有了用户画像，产品研发团队对目标用户的需求把握会更准确。面对需求时，团队会更加清楚这个需求是高频的还是低频的，是重要的还是不重要的，是大众的还是小众的，等等。这将帮助产品研发团队对需求的优先级进行排列，从而将精力聚焦在更关键的需求上。

6. 提升效率，节省时间

上面已经提到，用户画像使设计方案以用户为中心，避免设计出无用的产品而造成浪费。除此之外，用户画像减少了无休止的会议，提高了决策的效率，而且减少了针对设计方案进行可用性测试的次数，大大节约了产品研发团队的时间，提高了工作效率。

7.3 创建用户画像的 5 个步骤

我们的目标是根据市场调研信息完善用户描述、建立用户画像，并对用户画像进行优先级排序，找到产品最主要的用户画像，以此指导产品设计。

创建用户画像通常分为 5 个步骤：收集用户数据、整合用户画像、完善用户画像、选择主要用户画像、分享用户画像。

下面将对各个步骤进行详细的介绍。

7.3.1 收集用户数据

虽然用户画像是虚构的，但它是根据真实用户的数据而创建的。假设我们在做市场细分的时候已经建立了用户描述，通过用户描述对目标用户群体有了一个初步的了解，比如谁是用户，他们有哪些特征，他们之间的差异是什么。接下来，我们要开始寻找具备目标用户群体特征的人，并通过调研问卷、用户访谈、日志记录以及焦点小组等方式，进行更深入的用户研究工作，以便使用户描述更加丰满。在此过程中，高质量的用户研究具有重要意义，切记不要虚构目标用户的特征。

为了创建详尽的用户画像，产品研发团队需要制定多种类型的问题。关键问题可能涉及性别、年龄、城市、职业、收入、购物习惯、兴趣以及生活习惯等。产品研发团队应根据实际情况删除或增添一些匹配产品目标的问题，重点是要基于产品类型和使用场景去制定有针对性的问题。如果设计的是B端产品，那么产品研发团队要更多地关注企业相关情况，比如企业规模、行业、营收等；如果设计的是运动类产品，产品研发团队可能会关注用户每天的运动时长和运动频次等信息。

下面列出了一些可能所有产品的用户画像都会涉及的问题。

- 你通常在什么情况下会遇到问题A？（产品要解决的问题。）
- 你目前通过什么方式来解决问题A？
- 你觉得目前这个解决方案怎么样？
- 你期望的结果或者目标是怎样的？
- 你（或家庭、企业）的收入水平怎么样？
- 你了解这类产品的途径有哪些？
- 你在购买这类产品时主要考虑哪些因素？
- 你是通过什么渠道购买这类产品的？

注意，用户可能并不了解自己行为背后真正的驱动因素。比如，用户买一副Beats耳机的原因是当作“炸街”装备，但他可能会说购买的理由是产品音质比较好。所以在这个阶段，产品研发团队除了了解用户的一些基本信息外，还要深入挖掘以上问题，通过多问“为什么”了解用户行为背后的深层动机。

在某些情况下，我们没有充足的时间和资源与目标用户面谈。但是，我们可以通过对竞争对手产品的洞察来创建用户画像，具体渠道包括电商产品页下的评论、同类产品相关社区以及社交媒体上相关产品的话题。

7.3.2　整合用户画像

用户调研之后，我们已经得到初步的用户画像。通过数据分析，我们可以找出各个目标用户群体的共性，比如他们面临的问题、解决问题的方案、目标和动机、期望的结果、关注点等，可能会发现有些用户极度相似——他们面临着同样的问题，具备同样的目标和动机，甚至使用同样的词汇来描述问题，这些数据极具价值。

在此阶段，产品研发团队最关键的任务是对具备相似特征的用户画像进行合并。通常，最有效的方法是优先考虑对具有同样目标和动机的用户画像进行合并。比如，对于一款智能穿戴硬件产品来说，用户画像 A 中的学生 Bill 用它来记录自己的运动状况，用户画像 B 中的上班族 Mike 也用它来记录自己的运动状况，用户画像 C 中的上班族 Jasen 用它来查看健康体征数据。我们可以看到，对于该智能穿戴硬件产品来说，Bill 和 Mike 的目标是一致的，即记录个人运动数据，所以他们是同一类用户，应该进行合并。而 Jasen 虽然也是上班族，和 Mike 的背景极度相似，但因为其目的与 Mike 完全不同，所以 Jasen 被归为另一类用户。

这个步骤简化了逐个对比分析初步用户画像的过程。但即便如此，我们仍无法根据当前所有用户画像中的用户设计产品。所以，我们接下来要完善用户画像，并对其进行优先级排序。

7.3.3 完善用户画像

一旦完成了对用户画像的整合，我们就可以进一步完善用户画像，确保每个用户画像都有一个名称和详细描述，以使用户画像更加真实。用户特征列表不能代表用户画像，用户画像是某类用户群体的真实描述。例如，我们可以用 Jane 来代替“喜欢运动的 30 岁女性”，因为 Jane 比“喜欢运动的 30 岁女性”更加真实和贴近生活，其代表了这类用户群体，便于产品研发团队将其而不是一系列特征的集合当作一个人来思考和设计产品。我们希望一提到 Jane，产品研发团队就能想到 Jane 的喜好和习惯。

一般来说，用户画像应包括以下内容。

- 名称：可以是真实的用户名称，也可以是虚构的用户名称。每个角色都应该拥有唯一的名称。

- ❑ 照片：要为用户画像中的角色上传其代表照片。同名字一样，照片既可以是真实的，也可以是虚构的。它使用户画像更加真实和贴近生活，可以被产品研发团队轻松地识别出来。
- ❑ 座右铭：有助于完善人物个性，使其看起来更真实。
- ❑ 人口统计信息：包括年龄、性别、收入、地理位置等信息。考虑到产品本身的属性和价格，职业和收入是十分值得关注的。
- ❑ 个性特征：理论上讲，这类信息应该使用MBTI[㊀]人格理论或者五大人格理论来描述，但因为研发人员很难有时间和精力去做这方面的工作，所以一般基于从用户访谈得到的对用户的了解进行主观描述。
- ❑ 动机：动机可以帮助设计人员理解用户的想法。例如，用户是否愿意购买能够记录其健康信息的相关产品？问题的答案往往取决于用户是否具备某些动机。因此，研发人员要写清楚用户使用同类产品的主要动机是什么。
- ❑ 使用习惯和场景：描述用户的使用习惯和使用场景，比如用户习惯于使用某类产品或App，他们的操作习惯是怎样的，他们在什么地点或情况下会使用产品等。
- ❑ 目标和挫折：与使用习惯和使用场景一样，了解用户的目标和挫折可以帮助研发人员更好地以用户为中心设计产品。
- ❑ 当前解决方案和问题：研发人员需要了解用户为了实现目标目前都在使用哪些产品或解决方案，在使用其他产品时遇到了哪些问题。
- ❑ 了解产品的途径：如果研发人员知道用户是通过哪些途径接触到同类产品的，比如社交媒体、电视广告、搜索引擎、朋友推荐等，就知道通过哪些渠道可以更有效地触达目标用户。
- ❑ 对产品的关注点：不同用户对产品的关注点有所不同，但总会有很多重叠的部分，比如外观、价格、安全、质量、易用性等。了解用户群体对产品的关注点，有助于研发人员在设计中更好地权衡各方面因素并有所侧重。

㊀ MBTI是英文Myers-Briggs Type Indicator的缩写，中文名为“迈尔斯－布里格斯个性分析指标”。——编辑注

注意，上述内容只是提供了一个参考，研发人员可以根据实际情况或产品的类型对用户画像的内容进行自由调整。在完善用户画像时，利益干系人应尽可能多地参与进来，因为他们对用户画像的接受和认可是非常重要的，否则可能会在后面的产品功能定义阶段产生分歧。

7.3.4 选择主要用户画像

现在，我们要选择一个用户画像作为主要的用户画像，把它当作产品的重点服务对象。产品研发团队要针对主要用户画像设计产品，因为不可能为所有类型的用户设计。所以，我们要对所有用户画像的关键特征进行分析，找到一个具备绝大多数用户特征的用户画像，并将它作为主要用户画像。

针对主要用户画像而设计的产品，通常应满足其他用户画像的大部分需求。这些需求没有得到完全满足的用户画像可以进一步整合，得出若干个具备代表性的次要用户画像。每一个用户画像（每一类用户）都对产品有一些特定的需求，不同的用户画像对产品的需求可能存在一些重叠。有时，我们可以选择忽略某些次要用户画像。虽然他们也会使用产品，但是设计方案不必故意迎合他们。注意，如果需要针对次要用户画像设计产品，采用的设计方案要避免对主要用户画像所采用的设计方案产生干扰，避免由于为次要用户画像的用户提供便利而影响到主要用户画像的用户的操作效率或体验。

比如，针对一款入门级3D建模软件，Kim的需求可以完全覆盖数量众多的3D建模新手用户群体，比如基本操作相关需求，而Jim的需求可能是少数的专家级用户才会涉及的高级设置相关功能。所以，我们会将Kim作为主要用户画像，将Jim作为次要用户画像。软件界面会优先满足主要用户画像中的用户需求。

如果产品研发团队中有人符合目标用户的特征，那将会是一个巨大的优势。因为我们对用户的了解越深入，产品研发的成功率就越高。团队中有真实的目标用户，产品研发团队就不用对目标用户的特征和需求盲目地猜测和验证，这会极大地提高产品设计效率。所以，如果条件允许，产品研发团队可以找一名目标用户建立好关系，让他成为团队的顾问。

7.3.5 分享用户画像

最后，与尽可能多的利益干系人分享用户画像。我们要尽早将用户画像分享给那些产品设计团队之外的人，包括未来将参与进来的人以及外部合作伙伴，目的是让大家对目标用户是谁、用户目标是什么等达成一致，时刻提醒大家从目标用户的角度去思考问题。

要注意，用户画像并不是一成不变的，我们可以随着对用户了解的深入，不断进行调整。比如，新手用户一开始关注的是产品的易用性，如操作界面是否简洁美观、是否具备足够的新手引导、每个功能的交互是否清晰易懂等。但随着他不断地使用产品，逐渐从新手用户变为专家用户，这时候他关注的可能是产品的效率，如常用功能是否都有快捷键、操作步骤是否精简等。所以，不要想一次性建立完美的用户画像。

值得注意的是，用户画像的应用不限于用户调研阶段，而是贯穿整个产品研发过程。它应当成为企业制定所有决策的出发点。比如：产品应优先开发哪些功能？放弃哪些功能？通过哪些渠道销售产品？通过哪些渠道发布产品广告？这需要多个部门达成一致意见。用户画像的确立使一切变得很容易，因为只要从用户角度出发，这些问题的答案就是显而易见的。

7.4 本章小结

通过本章的学习，我们了解了用户描述与用户画像的概念，并深入理解了建立用户画像对产品研发的意义和价值。最后，我们学习了建立用户画像的 5 个步骤。创建了用户画像之后，在接下来的章节中，我们将学习如何将用户的反馈和需求转化为用于支撑产品设计的产品需求，以及如何定义产品的功能和规格。

- 收集到大量用户信息后，我们需要通过这些信息来创建目标用户的用户画像，以便加深对用户的了解。
- 用户描述可能包含用户的名字、照片、人口统计特征（年龄、职业、工作、收入等）、地理特征（国家、城市等）、心理特征（社会阶层、生活方式等)、行为特征（生活习惯、行为习惯等）。其既包含用户的自然属性，也包含用户的社会属性。

- 随着产品被更多用户所使用，用户描述会逐渐变得丰满。因为每个人在使用产品时，都会留下其行为数据，这一系列行为数据可以形成用来描述用户的标签。
- 用户描述是用多维度的标签来描述一个真实存在的目标用户。它是动态的，需要我们有计划地对其进行更新。
- 用户描述侧重于描述目标用户的自然属性和社会属性，而用户画像侧重于探索目标用户的目标、动机、决策方式。
- 用户画像不是一个真实的用户，而是目标用户群体的虚拟代表。它的特征是从用户调研中抽离出来的，包含目标用户的需求、目标以及行为模式等，汇集了广泛目标用户群体的关键特征。
- 由于我们无法单独了解每个潜在的目标用户，且不同的目标用户群体可能出于不同的原因购买和使用产品，因此我们需要创建多个用户画像，以此来代表特征各不相同的目标用户群体。
- 用户画像能够提供很多帮助，比如：加深产品研发团队对用户需求的理解；帮助产品研发团队以用户为中心进行设计；避免争论，帮助决策；预测目标用户的行为；更好地排列产品需求优先级；提升效率，节省时间等。
- 我们要做的不是为所有用户建立用户画像。
- 用户画像一般包括名称、照片、座右铭、人口统计信息、个性特征、动机、使用习惯和场景、目标和挫折、当前解决方案和问题、了解产品的途径、对产品的关注点等。产品研发团队可以根据实际情况或产品的类型对用户画像内容进行自由调整。
- 要尽早将用户画像分享给那些产品设计团队之外的人，包括未来将参与进来的人以及外部合作伙伴。
- 用户画像的应用不局限于用户调研阶段，而是贯穿整个产品研发过程。

第 8 章 | C H A P T E R

需求解析：定义产品的功能和规格

在前面的章节中，我们了解了如何通过用户研究，获取用户的信息并建立用户画像。本章介绍如何将获取的信息解析为产品需求，以及如何定义产品的功能和规格。通过本章的学习，你将了解到为什么直接听取用户建议有可能导致产品失败，并认识到需求解析的重要性。

8.1 需求的3种概念

需求经常被用来指代以下3种概念：用户反馈、用户需求以及产品需求。经过前期的用户研究，产品研发团队已经获取到大量的用户反馈和需求，接下来面临的挑战是如何将用户反馈转化为在开发过程中的具体目标——将用户反馈全部解析成产品需求。有效解析真实的用户需求，是定义出合适的产品需求的前提条件。而定义出合适的产品需求，是产品成功的基础。用户反馈、用户需求以及产品需求，这三者之间有着本质的区别。下面以笔记本电脑和智能门铃产品来说明这三个概念的差异。

1. 用户反馈的概念

用户反馈，也称为原始需求，是指获取的用户原始信息。产品出现问题时，用户会给出可以避免问题的建议。这个建议不是用户需求，也不是产品需求，只是用户的真实感受，或者用户自己想出的障碍解决方案。比如，智能门铃的用户说想要摄像头可以定时拍照的智能门铃并能在App中查看。

2. 用户需求的概念

用户需求是指用户想要的东西，或用户想要达成的某种目标。比如，笔记本电脑的用户所需要的是在一定范围内可以上网，智能门铃的用户想要知道有谁拜访过或经过。

3. 产品需求的概念

产品需求是指产品需要实现的功能或特性，是产品最终要达成的目标。通过产品需求的实现，来满足用户的需求。比如，笔记本电脑可以通过Wi-Fi上网者，智能门铃具备移动侦测功能，当有人从其前方经过时，会自动拍照并通过App推送信息给用户。

8.2 用户需求的分类

按照需求来源划分，用户需求可分为外部需求和内部需求。外部需求是指用户、销售渠道、合作伙伴等来自企业外部的需求。外部需求比较好理解，即用户想要达成的目标。与外部需求相反，内部需求是指来自企业内部的需求。这些需求可能来自运营、生产、测试等部门。比如为了运营产品，企业内部有统计产品使用情况的需求，如果没有考虑运营需求，可能会导致无法获得产品使用情况的数据，进而导致无法展开运营工作；为了保证产品顺利生产，企业内部有易于组装和制造产品的需求，如果没有考虑装配和生产需求，可能会导致产能过低、不良品率过高，进而增加制造成本，影响产品的市场表现。所以，内部需求通常是企业根据经验制定的一些规范。内部需求和外部需求一起构成了完整的需求。

无论是内部需求还是外部需求，我们都可以使用用户故事进行描述。用户故事是指从用户的角度来描述用户想要达成的目标。通常，一个典型的用户故事包含3个要素。

- 角色：要实现某个目标的人。
- 活动：需要执行的动作。
- 价值：为什么需要这个活动，能带来什么价值。

用户故事通常按照以下格式表述：作为一个<角色>，我想要<进行某种活动>，以便于<获得某种价值>。例如，作为一名运动爱好者，我想要记录我的运动状况，以便于能够制定更好的运动计划来锻炼身体。这样，我们就可以将用户需求描述清楚了。

不过，典型的用户故事没有对用户需求发生的场景进行描述。场景通常包括时间、地点和境遇。在描述用户需求时，我们应考虑用户需求发生的场景，因为往往是场景触发了用户需求。而且，在满足用户需求的时候，同一种方式在不同的时间、地点、境遇下，效果往往不同。例如，作为一名白领，我想要手机能够在他人来电时通知我，以便于能够及时接收到他人的信息。如果只看这个用户故事，那么对应的产品功能可以设为“手机响铃”功能。如果这个事件发生在自己家里，设为“手机响铃”功能完全没有问题；但如果发生在开会的时候，设为“手机响铃”功能可能就不大合适了。为了满足这个场景下的用户需求，产品可能要提供“震动”或“静音”功能。由此可见，不同的场景会触发用户的不同需求，不同场景下的用户需求需要不同的产品功能来满足。

因此，我们有必要在描述用户需求时，对典型的用户故事进行改进，增加对场景的描述，保证任何需求都不会脱离场景而存在。改进后的用户故事包含4个要素。

- 角色：要实现某个目标的人。
- 场景：角色所处的时间、地点、境遇。
- 活动：需要执行的动作。
- 价值：为什么需要这个活动，能带来什么价值。

改进后的用户故事可以按以下格式表述：作为一个<角色>，当我处于<某个时间、地点或境遇>，我想要<进行某种活动>，以便于<获得某种价值>。例如，作为一名<宠物主人>，当<晚上在公司加班，想念我的猫咪时>，我想要<看到我的猫咪在干什么>，以便于<我能了解猫咪的情况，并安心加班>。我们只有知道用户需求发生的场景，才能够针对场景来定义产品功能，进而为用户创造更好的体验。

8.3 产品需求的分类

产品需求，通常指产品应具备的能力。产品经理从用户需求中解析出产品需求，确定产品应提供哪些功能和属性以满足用户需求。产品需求主要有两种，即功能性需求和非功能性需求。

8.3.1 功能性需求

功能性需求描述了产品应该做什么。它定义了产品应该提供的功能和服务、产品应如何响应用户的操作和输入，以及产品在满足某些条件或特定情况下的行为方式，等等。也就是说，功能性需求定义了产品必须实现的功能。在某些情况下，功能性需求可能还需要定义产品不应该做什么。

例如，对于智能水杯来说，“产品应能容纳液体，而不发生泄漏”这项功能性需求定义了产品应该提供的功能；“在用户触碰产品的杯盖时，杯盖应能显示杯子中的实时水温”这项功能性需求定义了产品应如何响应用户的操作；“在产品电量不足时，杯盖应亮起红灯提示用户充电”这项功能性需求定义了产品在满足某些特定条件时的行为方式。

8.3.2 非功能性需求

非功能性需求描述了产品是什么样子，是指那些与产品向用户提供功能或服务没有直接关系的那一类需求。非功能性需求定义了产品所提供功能和服务的相关约束条件。简而言之，非功能性需求描述了产品如何表现以及对产品功能和服务有何种限制。

通常，非功能性需求是隐性的，常常被忽视。非功能性需求主要包括确定产品质量特征的各种软件、硬件质量属性。常见的软件非功能性需求包括性能、可用性、可靠性、可扩展性、可维护性等，常见的硬件非功能性需求包括尺寸、重量、颜色、材质、工艺、安规认证等。因此，非功能性需求通常用于描述整个产品，而不是个别的功能或服务，与产品总体特性相关。

仍以智能水杯为例，产品的功能性需求定义这款水杯必须可以容纳液体而不发生泄漏。这项功能对应的非功能需求可能会是“产品容积应大于等于300毫升”，描述了智能水杯所提供的功能——容纳液体的约束条件。智能水杯的功能性需求定义了在用户触碰水杯后，杯盖要显示水温。这项功能对应的非功能性需求是“触碰产品后，杯盖显示水温的响应时间不应超过1秒”，即用户触碰水杯后，杯盖应在1秒内显示水温。

通过这个例子我们可以看到，非功能性需求会影响用户体验。而且某些非功能性需求往往比个别的功能性需求更加重要。假设一款产品没有满足某项功能性需求，但只要不是核心功能，用户可以找到办法去克服这类缺陷。但如果产品没有满足某项非功能性需求，可能会导致整个产品无法使用。例如，如果汽车没有蓝牙音箱，用户仍然可以驾驶它，可以使用手机播放音乐；但如果汽车的可靠性存在问题，那么它不会通过出厂测试。因此，产品研发团队应重视经常被忽略掉的非功能性需求。

8.4 解析用户需求

8.4.1 解析用户需求的意义

缺乏经验的产品经理常犯的错误之一是忽略需求解析——即把用户反馈解析为产品需求。他们往往会直接将用户的反馈当作产品需求，这很可能导致产品设计失败。日本的川崎汽船公司曾因此吃过苦头，公司在发布水上摩托（早先的水上摩托是站立式的，没有座位）之后，进行了大量市场调研来收集用户对产品的反馈。川崎公司了解到，用户想要在水上摩托的两侧增加填充材料，这样驾驶水上摩托时感觉会舒适。然后，川崎公司直接按照用户反馈改进了这款水上摩托。但川崎公司的竞争对手却没有这样做，而是研发出了类似的水上摩托并在水上摩托上安装了一个座位。结果不言自明，川崎公司的市场份额被其竞争对手大肆掠夺。原因是用户更喜欢坐着驾驶水上摩托，而不是站着驾驶，哪怕川崎公司完全按照用户的意愿在水上摩托两侧增加了填充物料。

为什么听取了用户反馈，按照用户建议改进产品，仍然会失败？问题并不在于川崎公司听取了用户的反馈，而在于其没有解析用户的反馈。在这个案例中，用户反馈是“在水上摩托的两侧增加填充材料”，而用户需求是“提升驾驶水上摩托的舒适感”。川崎公司得出的产品需求是“在水上摩托的两侧增加填充材料”，其竞争对手得出的产品需求是“在水上摩托上面增加座位”。可以看到，产品需求是为了满足用户需求而提出的解决方案，无论是在水上摩托两侧增加填充材料，还是为水上摩托增加座位，都是为了提升驾驶水上摩托的舒适感，满足用户需求的方法并不唯一。所以，产品需求没有唯一的正确的答案。我们只能基于当前情况，采取更合适的方案。川崎公司之所以失败，是因为它满足用户需求的方式（产品需求）不如竞争对手的方式受欢迎。

8.4.2 解析需求的 3 个步骤

解析用户需求的过程，一般可以分为 3 个步骤：将用户反馈解析为用户需求，过滤掉毫无价值的用户需求，将用户需求解析为产品需求。

下面详细介绍各个步骤。

1. 将用户反馈解析为用户需求

福特汽车创始人亨利·福特曾经说过："如果我问顾客想要什么，他们可能会说自己想要一匹快马。"苹果公司联合创始人史蒂夫·乔布斯有句名言："顾客根本不知道自己想要什么。"他们为什么这么说？因为当你问用户想要什么的时候，他们一般会基于自己的认知来描述所知道的东西，而不会给出创造性的解决方案。所以，在没有汽车的时代，用户会告诉你他需要更快的马；在没有智能手机的时代，用户会告诉你他需要功能更多的手机。

所以，用户反馈往往是基于自身认知给出对当前问题的解决方案，我们在听取用户反馈时，要认真思考以下问题：用户的画像是怎样的？他们具有哪些显著的特征？用户使用产品的场景是怎样的？用户使用产品的什么功能？用户要解决什么问题？用户希望的结果是什么？简单来说，我们弄清楚：谁在什么样的情况下想要使用产品的什么功能来解决什么问题。只有把这些问题弄清楚，才能有效地解析用户反馈，并挖掘出真实的用户需求。

2. 过滤掉毫无价值的用户需求

有的需求对于产品本身而言毫无意义，产品价值也不会有所提升，有时反而会削弱产品价值，甚至模糊产品的定位。所以，在此阶段，我们应过滤掉这类无价值的用户需求。

首先将用户需求罗列为一份表单，然后针对每个用户需求进行以下思考。

- ❑ 这个需求是否符合产品的定位？不符合产品定位的需求会弱化产品的定位，可以直接删掉。
- ❑ 提出这个需求的用户是否符合目标用户画像？如果不是产品想要服务的目标用户的需求，可以直接忽略，没必要为了非目标用户浪费资源。

- 这个需求是否是目标用户普遍的需求？产品无法满足所有用户的需求，对于个别的特殊需求，也不必耗费资源去满足，而且还有可能因为提供给个别用户便利而影响了产品主流用户的操作体验。
- 这个需求能否通过现有技术实现？如果该需求明显不具备技术可行性，我们可以直接将其过滤掉。

3. 将用户需求解析为产品需求

现在，我们已经得到一份经过过滤的、用户真实需求的清单。接下来，我们要将各个用户需求解析为产品需求。用户需求描述了用户的目标，产品需求则是帮助用户达成目标的解决方案。例如，如果用户的需求是“了解自己的健康状况，以调节自身的运动量”，那么经过解析后的产品需求可能是一个功能性需求，也就是提供给用户的产品功能，可能是产品可以检测用户的心率和血压等健康数据，并生成日报、周报、月报和运动建议。再举个例子，如果用户的需求是“快速获取 3D 打印模型”，那么经过解析后的产品需求可能是一个非功能性需求，可能是“3D 打印的速度不应低于 100 毫米 / 秒”。

将用户需求解析为产品需求后，我们会得到一份类似表 8-1 的需求管理清单。它记录了用户需求和与之对应的产品需求，并标记了产品需求的类型，即这个产品需求是属于功能性需求还是非功能性需求。如此一来，我们得到了一份包含用户需求、产品需求、需求类型、需求来源、需求提出者的清单。对于需求较多的产品，我们也可以将功能性需求和非功能性需求分别用一个需求清单进行描述。这样做既有助于产品研发团队加深对用户需求和产品需求之间关系的理解，又便于产品需求的管理和追溯，同时也为后续的产品需求优先级排列工作提供了便利。

表 8-1 需求管理清单

序号	用户需求	产品需求	需求类型	需求来源	需求提出者
1			功能性需求	内部需求	
2			非功能性需求	外部需求	
3					

8.5　定义产品功能

8.5.1　产品功能概述

1. 什么是产品功能

前文已经讲过，产品的功能性需求定义了产品应该做什么。这可以用产品功能来描述，产品通过提供功能来帮助用户实现目标。通常情况下，产品的功能定义是比较清晰和具体的。习惯上总是用“产品应该能够……”这样的句式对产品功能进行描述，比如产品应该能在来电的时候通过声音或震动通知用户；产品应该能提供键盘，以便让用户输入文字。这些都是从用户需求或用户故事中解析出的帮助用户达成目标的解决方案。它可以帮助产品研发团队明确产品的设计目标以及如何设计产品。产品功能可以从一个故事、一个场景或者与目标用户相关的一系列目标开始。比如，对于一名宠物主人想在上班时看到宠物在家里的情况的需求，产品研发团队推断用户可能需要一款智能摄像头，它的核心功能可能是“用户可以通过手机端 App 查看智能摄像头所拍摄的景象”。

2. 定义产品功能的时机

通常，对于行业内比较成熟且有着通用标准的产品来说，产品研发团队在开发的早期阶段就可以确认绝大部分产品功能，并以此为目标进行设计和开发。比如，对于智能摄像头产品，绑定手机 App、连接 Wi-Fi、图像传输等功能是同类产品必须具备的，所以其主要功能在开发的早期阶段就可以基本确认。另外，对于基于旧产品优化新产品，产品研发团队一般可以在开发的早期阶段就确认产品功能，因为产品研发团队已经有旧产品开发的经验，对需要优化或增减的产品功能心中有数。

但对于一款全新的智能硬件产品来说，产品研发团队是无法在开发的早期阶段就确定产品功能的。全新智能硬件产品的功能确认至少需要进行两次。第一次产品功能确认发生在解析用户需求生成产品需求之后。这时，产品经理需要确认的是产品的目标功能，即理想中的产品功能。之所以称之为目标功能，是因为一方面它是产品研发团队设计和开发的目标，另一方面，产品在设计和研发的过程中，有些产品功能能够很好地实现，有些产品功能可能无法实现，有些产品功能可能实现得不尽如人意，需要进行改动，因为产品研发团队在当前阶段也不知道产品功能可以实现到什么程度，不知道会遇到哪些技术问题，所以这些产品功能要等到产品研发团队在预研过程中经过技术可行性验证，并在确认最终的产品概念后才能最终确定，因此当前阶段的产品功能只是产品研发团队期望达成的目标。

第二次产品功能确认发生在产品概念测试结束，并确认了最终产品概念后，即确定了产品的最终形态和设计方案后，对产品功能定义进行修正。这部分内容不在此展开，将在概念选择章节进行讲解。接下来，我们了解一下设定产品目标的常规步骤。

8.5.2 定义产品功能的 3 个步骤

产品功能必须是先将用户需求加以解析，再制定出解决方案，最后进行产品设计和开发。在此阶段，产品研发团队需要对比竞争对手的解决方案，并根据开发时遇到的问题不断进行调整。通常，智能硬件类产品的功能丰富程度与用户对产品的价值感知有很大关系。成功的产品通常会在关键功能上覆盖同类竞争产品，并在操作流程或体验上进行提升，以保证产品更具市场吸引力。

定义产品功能一般可以分为以下 3 个步骤：列出能够满足用户需求的功能清单，列出竞品的功能清单，设定产品的目标功能清单。

下面详细介绍各个步骤。

1. 列出能够满足用户需求的功能清单

前面已经说过，产品功能通过帮助用户实现其目标来为用户创造价值。所以，定义产品功能的第一步是针对用户需求，定义能够满足用户需求的产品功能，并列成清单。用户需求和产品功能的关系可能是一对一、一对多或多对一。也就是说，有些情况下，一项产品功能可以满足一个用户需求；有些情况下，一项产品功能可以同时满足多个用户需求；还有些情况下，多项功能才能满足一个用户需求。列功能清单的最佳方式是，在用户需求列表中，研发团队针对与功能性需求相关的用户需求，思考解决方案并定义可以满足该需求的产品功能。通常，功能清单包括功能名称和功能描述。有些功能之间存在互相依赖或互相排斥的关系。比如想要实现手机 App 远程控制智能硬件功能，至少要先实现手机 App 和智能硬件的连接功能，也就是连接功能是远程控制功能的前置条件。所以，在定义产品功能时，研发团队应综合考虑它们之间的关系。

在最初定义产品功能的时候，产品研发团队应尽量避免定义产品功能是如何设计和实现的。比如，产品功能可以被定义为“产品应在用户输入开始指令后开始工作”，而不应该被定义为“产品应在用户点击产品上的按键后开始工作”。很明显，这完全是两个概念。在当前阶段，产品概念还没有确定下来，即产品上是否具备按键还没有确定。这时就定义产品有按键显然是不合适的，因为用户可以通过 App 输入“开始”指令，也可以通过产品上的触控屏输入“开始”指令。正是因为产品概念还未最终确定，该产品功能的设计和实现方案有很多种。所以，为了避免在产品定义阶段限制产品概念，此时的产品定义应只描述产品的外部行为和对操作上的限制，不应涉及产品功能的设计和实现的相关信息。这样，产品功能定义通常需要等到选择了产品概念之后才最终确定。在产品概念未确定之前，产品只是一个黑盒子，只能定义用户输入什么给产品以及产品输出什么给用户。

不过，产品功能定义的时机也和产品类型有关。对于相对成熟的产品来说，产品研发团队对产品概念或产品功能的实现方式已经基本达成共识，所以在当前阶段是可以进行详细定义的。但对于一款全新上市或创新元素较多的产品来说，产品研发团队在当前阶段不应该定义产品功能的设计和实现方式，只需定义产品要提供怎样的功能给用户以帮助其实现目标，告诉团队成员产品应如何响应用户的行为和对操作上的限制。

2. 列出竞品的功能清单

除了关注用户需求，产品研发团队还应向竞争对手学习。凭空定义产品功能无法保证产品在市场上的竞争力，因此了解竞争对手的产品功能就显得尤为重要。在产品开发的早期阶段，产品研发团队已经明确了产品相对于竞争对手的市场定位，而产品功能的定义必须能够支撑产品的定位策略，所以在此阶段需要收集竞争对手的产品功能信息。

列出竞品功能清单的最佳方式是，建立一个表单，在第一列列出上一步列出的产品功能，在第一行列出竞争对手的产品名称，然后将竞争对手是否具备该产品功能的信息填入表格。当竞争对手提供了产品经理没有定义的功能时，将这个功能添加至表格的第一列。这样，一份竞品功能对比清单就完成了，如表 8-2 所示。

表 8-2　竞品功能对比清单

功能 / 产品	产品 A	产品 B	产品 C	产品 D
功能 1				
功能 2				
功能 3				
……				

对于有些产品功能，竞争对手会对外公布，产品研发团队可以在产品说明或其官网上找到，而对于有些产品功能，竞争对手没有对外公布，产品研发团队可能需要花费一些时间收集这类信息。通常，产品研发团队会购买一些竞争对手的产品，分析其产品功能的设计和实现原理，梳理每个功能的操作流程和分析产品体验的不足之处，并对一些关键功能进行反复测试。这个过程通常比较耗费财力和精力。但为了产品成功，这些都是值得去做的。在此过程中，产品研发团队有两件事需要注意。

- 第一件事是，有时竞争对手公布的一些产品功能并不准确，如果条件允许，产品研发团队应对各项功能进行测试并核实其准确性。
- 第二件事是，在选择竞争对手时，不要选择差的竞争对手，因为对差的产品进行产品功能的设计和实现原理的分析几乎得不到有价值的信息，只会使产品研发团队产生虚假的优越感，所以要关注市场上强有力的竞争对手，分析其取得成功的关键，将它作为超越的对象。

在此需要注意的是，在分析竞争对手的产品功能时，没必要对其一味地模仿跟进。一方面要了解用户对这些功能的看法，只有用户觉得好的功能才有必要去分析；另一方面要对这些功能进行分析并思考：竞品为什么会设计这个功能？这个功能满足了什么场景下哪类用户的何种需求？考虑清楚这些问题后，再来判断自家的产品是否需要实现这个功能。当然，实现这个功能可能有很多种方式，也许可以通过比竞品所采用的更好的方式。不过，这要等到确认了产品概念之后才可以进行定义。

3. 设定产品目标功能清单

截至目前，我们已经创建了产品功能清单和竞品功能清单。接下来，产品研发团队就可以基于这两个清单确认产品需要具备哪些功能了。对于产品的目标功能清单，我们可以设定两个范围。

- 第一个范围叫作理想范围，即理想情况下产品上市时应该实现的产品功能的范围。理想范围的功能的实现意味着产品充分地满足了用户需求或在市场吸引力上超越了竞争对手，所以理想范围对设计和研发资源的要求是相对较高的。
- 第二个范围叫作可接受范围，指为了保证产品获得成功，至少要在产品上市时确定需要实现的产品功能的范围。很明显，可接受范围对设计和研发资源的要求是相对较低的。设定可接受范围的原因在于，设计和研发资源总是有限的，可能无法如期完成理想范围内的所有产品功能，所以这时需要设定可接受范围。只要实现了可接受范围内的产品功能，我们就认为产品可以上市了。

理想范围和可接受范围在后续的概念选择阶段会起到指导性的作用，未能实现可接受范围内所有功能的产品将不被允许上市，所以在进行产品概念选择时产品研发团队应重点考虑产品功能的实现难度和开发周期。在建立产品目标功能清单前，产品研发团队应首先要了解如何描述产品功能。

8.5.3　描述产品功能的 3 种方式

一般来说，我们可以通过以下 3 种方式来描述产品功能。

1）使用用户故事描述。

2）从产品角度描述。

3）从用户角度描述。

下面将详细介绍各个方式。

1. 使用用户故事描述

第一种方式是使用用户故事来描述产品功能。前文已经讲过，用户故事是从用户的角度来描述用户想要达成的目标。一个典型的用户故事包含3个要素：角色，指要实现某个目标的人；活动，指需要执行的动作；价值，指为什么需要这个活动，能带来什么价值。典型的用户故事没有对用户需求发生的场景进行描述，往往是场景触发了用户的需求，所以在这里应加入对场景的描述。引入场景描述后的用户故事，通常可以按照以下格式来表达：作为一个<角色>，当我处于<某个时间、地点或境遇>，我想要<进行某种活动>，以便于<获得某种价值>。比如，作为一名<运动达人>，当我在<健身之后>，我想要<了解我的运动状况>，以便于<能够制定更好的运动计划来锻炼身体>。

这种表达方式关注用户需求以及用户想要做什么。不过在描述产品功能时，我们更关注产品能提供怎样的特性或服务，所以在描述产品功能时可以把用户故事中对活动的描述转换为对产品功能的描述。修改后的用户故事表达格式为：作为一个<角色>，当我处于<某个时间、地点或境遇>，我想要<某种产品功能>，以便于<获得某种价值>。比如，作为一名<运动达人>，当我在<健身之后>，我想要<在App上查看我的运动状况>，以便于<能够制定更好的运动计划来锻炼身体>。通过这样的用户故事，我们就可以将产品功能的使用者、产品功能的描述、产品功能的使用场景以及产品功能的用户价值描述清楚了。

2. 从产品角度描述

第二种方式是从产品的角度来描述产品功能。这种方式从产品的角度来描述其功能，表达格式为：如果<某种条件>下发生<某个事件>，产品应该<响应行为>。比如，如果<产品获取到了用户的运动数据>，在<用户查看运动数据时>，产品应该<将运动数据显示出来>。还有一种更简单易行的表达格式：产品应该使 < 用户角色 > 能够完成 < 某件事 >。比如，产品应该使 < 运动达人 > 能够 < 查看自身的运动情况 >。

3. 从用户角度描述

第三种方式是从用户的角度来描述产品功能。这种方式的表达格式为：< 用户角色 > 应该能够使用产品完成 < 某件事 > 比如，< 运动达人 > 应该能够使用产品 < 查看自身的运动情况 >。

我们可以看到在描述产品功能时，常常会用到“应该”这个关键词。有些人倾向于使用“必须”“应该”“可能”等词语来进行描述，这些词表达了需求的优先级。比如，“必须”代表着一定要有的功能，“应该”代表着期望要有的功能，“可能”代表着可有可无的功能。但这样的描述可能会引起读者理解的困难，首先要求读者懂得这些词意味着什么，其次产品需求的优先级是动态变化的，今天的“可能”也许明天就变成了“必须”，所以为了使表述易于理解，应该尽量避免这种表述方式，统一使用“应该”来表述产品功能。

8.5.4　描述产品功能的注意事项

值得注意的是，描述产品功能的目的是和产品研发团队达成对产品需求的一致理解，一方面文档的阅读者对产品需求的理解应该是一致的，另一方面文档阅读者理解的意思和产品研发团队想表达的意思也应该是一致的。所以没必要过于纠结产品功能的表达方式，产品功能的撰写没有固定的套路。我们的目的是有效地表述，在实际工作中，可以根据用户反馈来不断修正产品功能描述，使其尽量简洁易懂。掌握了产品功能的描述方式后，我们就可以完成产品目标功能清单了。产品目标功能清单示例如表 8-3 所示。

表 8-3　产品目标功能清单示例

	产品功能	功能描述	用户故事	需求来源	需求提出者
1					
2					
3					

8.6 定义产品规格

8.6.1 产品规格概述

1. 什么是产品规格

产品的非功能性需求可以用产品规格（Product Specification）来描述。通常情况下，用户需求是比较模糊的，比如可以获取智能手表佩戴者准确的位置、可以快速更换 3D 打印机的核心部件、可以清楚地看到智能相机拍摄的画面等，这些都是用户对产品期望的主观描述。这些描述虽然能够帮助产品研发团队了解用户的真实需求和期望，但无法帮助产品研发团队明确产品的设计目标以及如何设计产品。这时，我们就需要通过定义产品规格，从客观的角度来定义用户需求，使产品研发团队对产品的设计目标达成共识。

有些需求通常是比较模糊的，需要我们将其转化为准确的产品规格。比如，"可以获取智能手表佩戴者准确的位置"这一需求对应的产品规格可能是"定位误差不应超过 50 米"，"可以快速更换 3D 打印机的核心部件"这一需求对应的产品规格可能会是"更换 3D 打印机喷头的平均耗时应少于 15 秒"，"可以清楚地看到智能相机拍摄的画面"这一需求对应的产品规格可能是"拍摄出的图像像素应不低于 800 万"。通过这些例子可以发现，产品规格就是将需求中主观的形容词描述转化为客观的度量指标和数值描述，比如，将"准确的位置"转化为"定位平均误差不超过 50 米"，其中"定位平均误差"是度量指标，"不超过 50 米"是数值；将"快速更换"转化为"更换喷头的平均耗时少于 15 秒"，其中"更换喷头的平均耗时"是度量指标；将"清楚地看到"转化为"拍摄出的图像不低于 800 万像素"，其中"拍摄出的图像像素"是度量指标，"800 万"是数值。我们应尽量使非功能性需求得到量化，从而使其能够被客观地验证。比如将易用性以培训的时间进行量化，将可靠性以平均失败时间、失败发生的概率进行量化。由于产品规格描述包含着多种度量指标和数值描述，所以产品规格也被称为工程需求、技术规格等。产品规格由多个单规格构成。

2. 确定产品规格的时机

通常，对于行业内比较成熟且有着通用标准的产品来说，产品研发团队在开发的早期阶段就可以进行产品规格确认，并以产品规格为目标进行设计和开发工作。比如，对于软件类产品，其主要规格如响应时间、延迟时间、资源利用率等指标都是有行业标准的，所以在开发的早期阶段就可以基本确认。

但对于发展迅速且形态各异的智能硬件产品来说，产品研发团队是无法在开发的早期阶段就确定产品规格的。智能硬件产品的规格确认，一般至少需要进行两次。第一次产品规格确认发生在解析用户需求生成产品需求之后。这时，产品研发团队需要确认的是产品的目标规格，即理想中的产品规格。之所以称之为目标规格，是因为一方面它是给产品研发团队一个设计和开发的目标，另一方面是产品在设计和研发的过程中，有些规格可能会达到目标值，有些规格可能无法达到目标值，还有些规格可能会超出目标值。因为产品研发团队也不知道产品最终要做成什么样子，也不知道会遇到哪些技术问题，所以这些规格的最终值要等到产品研发团队在进行技术可行性验证，并在确认最终的产品概念后才能确定下来，所以当前阶段的产品规格只是一个产品研发团队期望达成的目标值。

第二次产品规格确认发生在产品概念确认阶段，即确定了产品的最终形态和方案后，对产品规格进行修正。这部分内容不在此展开，将在概念选择章节讲解。接下来，我们了解一下设定产品目标规格的常规步骤。

8.6.2　定义产品规格的 3 个步骤

产品的目标规格必须是先将用户需求加以解析，再将其量化，最后再应用到产品的设计和开发中，并在此过程中不断验证和调整。通常，产品的目标规格是基于竞争对手的产品而设定的。成功的产品通常会将优秀的同类竞争产品规格整合到产品开发中，以更具竞争力的产品规格作为产品研发团队的目标。这意味着产品研发团队认为能够达成目标产品规格的产品在市场上是具备竞争优势的。定义产品目标规格一般可以分为以下 3 个步骤。

1）列出产品的度量指标清单。

2）列出竞品的度量指标清单。

3）为每个度量指标设置理想值和可接受值。

下面将详细介绍各个步骤。

1. 列出产品的度量指标清单

前面已经说过，产品规格是将需求中主观的形容词描述转化为客观的度量指标和数值描述，所以设定产品目标规格的第一步就是列出产品的所有度量指标。每个度量指标都对应着用户需求，它们之间的关系可能是一对一、一对多或多对一。列出度量指标清单的最佳方式是，在用户需求列表中，将其中的各个非功能性需求转化为能反映用户需求满足程度的可度量指标。通常，度量指标清单包含产品重量、尺寸、表面处理、材质等信息。这些度量指标往往是互相依赖的关系。比如，产品的材质和尺寸会影响其重量，所以在考虑度量指标时，产品研发团队应综合考虑它们之间的关系。同时，产品重量无法直接定义，因为它取决于对产品材质和尺寸等其他方面的选择。

值得注意的是，不同类型的产品的度量指标会有所不同。对于相对成熟的产品来说，其一般会有一个市场普遍认可的度量指标标准。用户在购买这类产品时会重点考量一些度量指标。以汽车为例，它属于具备市场普遍认可的度量指标标准的产品。它的主要度量指标可能包括百公里加速、续航里程、座位数量、储物空间等。此外，有些非功能性需求是难以用度量指标来衡量的，像“产品应能使用户产生自豪感”这类与用户情感相关的需求就难以用度量指标衡量，但可以在产品概念测试阶段通过调研问卷来判断其是否满足了用户的情感需求。

2. 列出竞品的度量指标清单

除了关注用户需求，产品研发团队还应向竞争对手学习。在产品开发的早期阶段，产品研发团队已经明确了产品相对于竞争对手的市场定位。产品目标规格的设定必须能够支撑产品的定位策略，所以在此阶段产品研发团队需要收集竞争对手的产品规格信息。

列出竞品规格清单的最佳方式是，建立一个表格，在第一列列出上一步列出的度量指标清单，在第一行列出竞争对手的产品名称，然后将竞争对手的度量单位填入表格。这样，一份竞品规格对比清单就完成了，如表 8-4 所示。

表 8-4　竞品规格对比清单

规格 / 产品	产品 A	产品 B	产品 C	产品 D
重量				
尺寸				
材质				
……				

对于有些度量指标，竞争对手会对外公布，产品研发团队可以在产品说明或其官网上找到；而对于有些度量指标，竞争对手没有对外公布，产品研发团队可能需要花费一些时间收集这类信息。通常，产品研发团队会购买一些竞争对手的产品，进行逆向工程，即对产品进行拆解，查看其内部堆叠结构，了解其包含哪些元器件，列出材料表（BOM），分析其成本和性能，并对重要的度量指标进行测试。这个过程通常比较耗费财力和精力，但为了产品成功，这些都是值得去做的。

3. 为每个度量指标设置理想值和可接受值

现在，我们已经建立了产品度量指标清单和竞品规格对比清单。接下来基于这些信息，我们需要设定产品的目标规格。对于产品目标规格，我们可以设定两个值。

第一个值叫作理想值，即理想情况下产品可以达到的最好结果。实现理想值就意味着充分地满足了用户需求或在这一点上超越了竞争对手，所以理想值的标准是相对较高的。

第二个值叫作可接受值，是指为了保证产品在市场上获得成功，至少需要达到的一个最低值。很明显，可接受值的标准是相对较低的。

理想值和可接受值在后续的产品概念选择阶段会起到指导性作用。达不到可接受值的产品概念将被直接淘汰。度量指标值的表达方式有以下几种。

- 不大于 *A*：*A* 值定义了度量指标的上限。通常，我们希望该值越小越好。比如，3D 打印机喷头装配的平均时间可能要求不超过（不大于）20 秒，3D 打印机的整机重量可能要求不超过 20kg。
- 不小于 *A*：*A* 值定义了度量指标的下限。通常，我们希望该值越大越好。比如，3D 打印机的工作速度可能要求不小于 200mm/s，产品的整机使用寿命可能要求不低于（不小于）两年。
- 介于 *A* 与 *B* 之间：该值同时定义了度量指标的上限 *B* 和下限 *A*。通常，只要该指标值在这个范围内就好。比如，智能空气净化器的风量可能要求在 300～500m^3/h 之间，当风量小于 300m^3/h 时，智能空气净化器的净化效果可能会显著下降，而当风量大于 500m^3/h 时，智能空气净化器的噪音会显著提升。
- 明确的数值 *A*：该值定义了度量指标的特定值。通常，我们希望度量指标准确无误地达到这个值。否则，产品性能或功能就会出现问题。比如，3D 打印机的 *X*/*Y*/*Z* 轴垂直度要求为 90°，如果高于或者低于 90°，那么就会影响产品性能，导致其打印精度不佳。一般来说，实现一个精确的目标值是有难度的，约束性较大。如果不是非精确值不可，我们应尽量避免使用这种方式定义度量指标，采用上述三种表达方式会更合适一些。
- 一组离散值：这组值定义了度量指标可取的某些特定值。比如，智能门铃产品中摄像头的像素可能包括 200 万像素、500 万像素、800 万像素、1200 万像素等。

掌握了度量指标值的表达方式后，我们就可以逐个设定每个度量指标对应的产品目标规格了。首先列出度量指标清单，然后为每个度量指标设定理想值和可接受值，如表 8-5 所示，这样，产品目标规格就设定好了。当然，这些目标规格并不精确，因为很多规格本身就没有进行精确的定义，而是用范围来描述。只有在选定了最终的产品概念之后，产品目标规格才能确定下来。在设定目标值的时候，产品研发团队要权衡多方面因素，比如产品的市场定位、竞争对手的产品性能、此类产品的发展趋势、未来此类产品的性能，以及用户眼中的理想值等。此外，如前文所述，度量指标之间会存在依赖关系，比如重量、材质、规格之间的关系。产品研发团队在设定产品目标规格时要充分考虑这些因素。

表 8-5　产品目标规格清单

	度量指标	重要度	单　位	可接受值	理想值
1					
2					
3					
……					

8.7　高质量产品需求的 8 个特征

高质量的产品需求通常具备以下 8 个特征：可行性、准确性、一致性、优先级、可验证性、可修改性、可追溯性、完整性。产品可能永远都无法完美地使每个需求都具备上述这些特征。但是在撰写和评估需求时，如果产品研发团队能够以这些特征为出发点，将提升研发效率，减少不必要的成本（沟通、返工等），从而得到更高质量的需求和产品。下面对高质量产品需求的各个特征进行介绍。

1. 可行性

需求必须是能够在一定条件下实现的。可行性意味着，需求能够在项目给定的时间内完成，能够在项目给定的预算内完成，能够通过现有的技术实现。比如，需求是“软件不能有任何缺陷”，这就是不具备可行性的需求，因为软件不可能不存在任何缺陷。要求需求具备可行性，就是要求产品研发团队在进行需求评估时，要综合考虑项目的时间范围、预算和技术可行性。产品研发团队如果发现需求的可行性存在问题，要么砍掉此需求或降低需求标准以保证其可行性，要么将其标注为风险进行跟踪和监控，否则就是在浪费时间和精力。

2. 准确性

需求必须能够准确地描述产品应具备的特性或功能，并保证该特性或功能是能够满足目标用户需求的，且保证每个人对需求的理解都是一致的。准确性意味着，需求正确地描述了产品的特性或功能，且该需求的语言描述无二义性。比如，需求是“产品的运行速度必须快”。这就是不具备准确性的需求，因为产品研发团队中的每个人对“快”的理解可能完全不一致。

3. 一致性

所有需求的描述应保持一致，需求与需求之间不能发生冲突。一致性意味着，在文字描述层面，需求中的某个事物不能出现两种不同的描述，一种描述下也不能出现两个事物。在需求逻辑层面，产品不能对同样的输入产生不一致的输出，不应有逻辑矛盾存在。比如，不应该在需求A中将鼠标图标描述为“鼠标”，而又在需求B中将其描述为“指针”，这样会影响产品研发团队对需求的理解，产生不必要的沟通成本；也不应该在需求A中描述“产品应每隔10分钟自动获取位置信息并上传至服务器”，又在需求B中描述“在App中可主动获取产品端的实时位置信息”，这两个需求就是互相矛盾的，由于产品每隔10分钟采集一次位置信息并上传到服务器，因此App从服务器获取的数据总是延时的位置信息。

4. 优先级

并非所有需求都同样重要，有些需求必须实现，否则可能会导致项目失败；有些需求应该实现，它们能够增加产品的竞争力或带来更好的用户体验；有些需求可以实现，它们有实现的意义，但没有也无关紧要；还有些需求，完全不必实现，实现了这些需求反而可能对产品造成不好的影响。需求应该具备优先级，这样当项目的时间、预算或其他因素发生变化时，就知道如何对需求进行取舍。需求具备优先级能让产品研发团队始终都聚焦在当前对完成项目而言最有价值的需求上，避免浪费时间和精力在不重要的需求上。

5. 可验证性

需求必须是能够被验证、检查、演示和测试的。可验证性意味着，测试人员能够根据需求来撰写测试用例，以验证需求是否被实现了。比如，需求是“启动应用程序后，应能快速加载主界面”，这就是不具备可验证性的需求，因为“快速”是人们主观来判断的，无法进行测试，所以无法判断需求是否已实现。要求需求具备可验证性，就是要求产品研发团队进行需求评估时，检查需求的可验证性，思考该需求能否生成对应的用例或测试方案。不完整、不一致、不可行的需求基本上是不可验证的。产品研发团队在进行研发工作之前，应对需求的验证标准达成一致。

6. 可修改性

需求必须是能够修改的。需求不是静态的，而是动态的，通常处于一种不断更新的状态。需求总是会被删除、修改、增加。为了使这一过程高效且顺利完成，产品研发团队应对需求进行管理。可修改性意味着清楚地记录了各个需求，比如前置需求、后置需求等的联系，并能够被独立地标识出来。一份需求的修改记录应该被维护，要能够使产品研发团队清楚地看到需求之间的联系。通常，修改某个需求还可能会对一系列需求产生影响，甚至导致变更，这时如果不清楚需求之间的联系，可能就无法修改需求。

7. 可追溯性

需求必须能够向上追溯到其来源，向下追溯到其子需求、设计元素和用例等一切跟此需求相关的研发资料。可追溯性意味着，通过一个需求可以查找到它的上一级需求，甚至原始的用户需求。如果无法追溯需求，一方面将无法判断该需求的实现可能对产品造成何种影响，另一方面则无法了解该需求的必要性。撰写需求时，避免将多个需求合并，应对需求进行编号，记录其来源和层级关系，这样就能够保证需求的可追溯性，能够让产品研发团队知道需求来源。比如，该需求是内部业务需求还是用户反馈，如果每个需求都能够关联到原始需求，那么产品研发团队可以清楚地了解需求实现将会达成的业务目标。

8. 完整性

需求必须是完整的，不能缺少任何必要的信息。完整性意味着，该需求的描述中包含了所有与该需求有关的信息。以功能性需求为例，它应该提供正常情况下的产品状态以及非正常情况下的产品状态。比如，需求定义了“如果用户输入的信息与数据库信息相匹配，则显示应用程序的主界面”，这就是不完整的需求，因为它没有定义“如果用户输入的信息与数据库信息不匹配，产品应该做何反应”。要求需求具备完整性，是要求产品研发团队在需求评估时，仔细审查需求是否缺失了必要的信息，是否描述了所有可能发生的操作下产品的反应（尤其是非正常状态和非常规操作）。如果发现需求不完整，产品研发团队则应将其补充完整后再进行开发。如果需求不完整，可能导致最终的产品对异常情况的处理很糟糕。

8.8 绘制产品状态转换图

8.8.1 状态转换图概述

绝大多数智能硬件产品是一个包含状态转换、数据操作和功能执行的综合系统（这个系统的状态是有限的），它在任何时刻都处于众多状态中的某一种状态。只有当某个特定的事件发生或某个被定义的标准被满足时，系统的状态才会发生转换。比如，当处于“关闭”状态的电灯的开关系统接收到用户的指令时（用户按下开关即是“事件”），电灯从“关闭”状态变为“开启”状态。

8.8.2 状态转换图的价值

当我们用文字来描述一系列复杂的状态转换逻辑时，很可能会忽略某些关键的状态变化过程，导致重复某些状态变化和新增一些本不该出现的状态变化。

这就是需求不清晰，从而导致文档的阅读者（通常是工程师）无法全面地理解系统的行为变化。

这时，我们就需要引入UML中的状态转换图来展示系统状态的全貌。状态转换图（State Transition Diagram，STD），简称状态图，属于事件驱动模型，表示系统对外部事件的响应方式，能清晰地描述系统状态之间的转换顺序和状态之间的关系，在节省大量文字描述的情况下帮助产品研发团队更好地理解需求和讨论设计思路，避免开发时出现状态转换逻辑错误。系统实现后，状态转换图还可用来论证系统的结构和操作。状态转换图明确地定义了状态发生转换时必要的触发事件和影响状态转换的关键因素，有利于在开发过程中避免非法事件。绘制状态转换图，还可以帮助产品研发团队检测系统是否存在缺陷。状态转换图既可以表示系统循环运行过程，也可以表示系统单程生命期。所以，绘制状态转换图这项技能对产品研发是至关重要的。

8.8.3　状态转换图的组成要素

状态转换图表示系统状态和引起状态改变的事件，包含3个关键元素，分别是可能的系统状态、允许的状态转换以及导致状态发生转换的事件。图8-1为状态转换图示例。

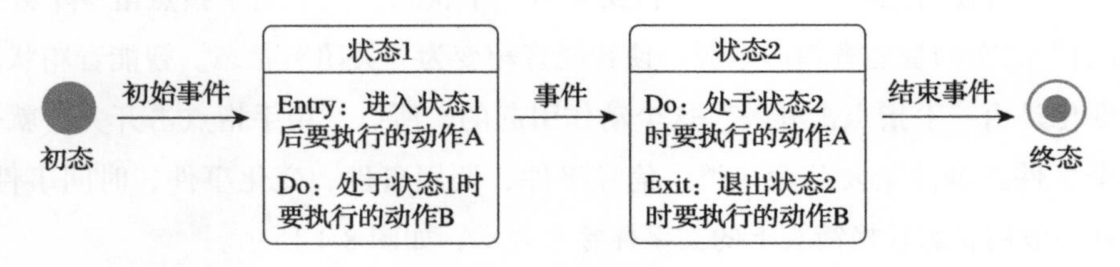

图8-1　状态转换图示例

1. 可能的系统状态

系统在任何时候都会处于某种状态，一个状态代表系统的一种行为模式。比如手机具备“待机”“通话中”“关机”等状态，处于“关机”状态的手机无法接听电话（消息），而处于“待机”状态的手机则可以接听电话。这说明系统所处的状态决定了系统对事件的响应方式或所接收的消息。

状态转换图中定义的状态主要有初态（即初始状态）、终态（即最终状态）和中间状态。一张状态转换图中只能有一个初态，可以有 0 至多个终态。如图 8-1 所示，系统状态一般用圆角矩形表示，其中可能还包括处于该状态时将要执行的非原子动作（可中断），以 Do 引出，动作完成后状态就结束，然后触发一个从当前状态出发的转换。状态还可能包括进入动作和退出动作。进入动作指进入状态时执行的原子动作（不可中断），以 Entry 引出，比如手机进入“充电”状态后屏幕就显示充电图标。退出动作指退出状态时执行的原子动作，以 Exit 引出，比如手机退出“充电”状态后屏幕就不再显示充电图标，进入“待机”状态。

2. 允许的状态转换

允许的状态转换，是指状态之间的转换关系，比如电脑可以从“待机”状态转换为“睡眠”状态。状态的转换一般用连接两个圆角矩形的箭头表示，如图 8-1 所示。

3. 导致状态发生转换的事件

事件可使得系统从一个状态转换为另一个状态，比如用手指点击一个处于“开启”状态的智能音箱的电源，使智能音箱变为“关闭”状态。智能音箱状态的变化是由“手指点击开关”这个动作引起的，所以“用手指点击开关”就是一个事件。事件主要分为 4 类：信号事件、调用事件、变化事件、时间事件。事件一般用状态转换箭头上的文字标签来表示，如图 8-1 所示。

在绘制状态转换图（系统建模）时，图形符号的使用通常是非常灵活的，不必严格遵守符号的形式和细节，比如描述系统状态，不管是圆角矩形还是圆形都是可以的。但需要注意的是，对同一事物的描述要使用相同的符号，以保证表述的一致性。

8.8.4　绘制状态转换图的步骤

产品状态转换图绘制一般可以分为以下 4 个步骤。

1）列出产品 / 系统的所有状态。

2）列出每个状态下必须执行的动作。

3）确认并绘制出引起状态发生转换的事件。

4）标注初态和终态并细化状态图。

下面将详细介绍各个步骤。

为了便于理解，我们以一个简化了的智能洗衣机控制系统来分析绘制状态图的方法。这款智能洗衣机具备：一个用来显示按钮和设备设置的触控屏；一个用来选择洗涤模式的按钮（可以选择强力洗涤和超快洗涤两种方式）；一个用来设置水量的数字键盘；一个能控制开始 / 停止的按钮，以及安全锁（在没关闭洗衣机仓门时洗衣机不会工作，工作中打开盖子洗衣机会暂停工作，且工作完成后洗衣机会发出提示音提示用户来取衣物）。

假设该智能洗衣机的操作步骤如下。

- 选择洗涤模式：强力洗涤或超快洗涤；
- 用数字键盘设置本次洗涤所需水量；
- 点击“开始”按钮，使用相应洗涤模式和水量开始洗涤。

产品逻辑梳理清楚之后，下面开始绘制状态转换图。

1. 列出产品 / 系统的所有状态

梳理产品逻辑后，列出产品 / 系统（洗衣机）可能出现的所有状态，如图 8-2 所示。

图 8-2　洗衣机的状态

2. 列出每个状态下必须执行的动作

在状态名称下方列出该状态下所包含的所有动作，即用 Entry、Do、Exit

分别标注进入动作、执行动作和退出动作，如图 8-3 所示。

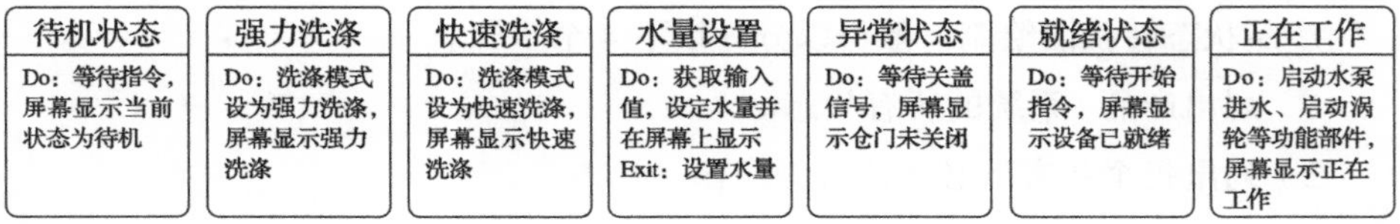

待机状态	强力洗涤	快速洗涤	水量设置	异常状态	就绪状态	正在工作
Do：等待指令，屏幕显示当前状态为待机	Do：洗涤模式设为强力洗涤，屏幕显示强力洗涤	Do：洗涤模式设为快速洗涤，屏幕显示快速洗涤	Do：获取输入值，设定水量并在屏幕上显示 Exit：设置水量	Do：等待关盖信号，屏幕显示仓门未关闭	Do：等待开始指令，屏幕显示设备已就绪	Do：启动水泵进水、启动涡轮等功能部件，屏幕显示正在工作

图 8-3　洗衣机的状态及对应的动作

3. 确认并绘制出引起状态发生转换的事件

事件可以通过状态表来梳理。状态表能确保遍历所有的状态转换事件。首先，在表格的首行和首列分别列出系统的所有状态。单元格表示列状态到行状态之间的转换是否有效，如果是有效的转换状态，在单元格中写出引起转换的事件；如果是无效的转换，则可以使用“\”或“无”表示。填写好的洗衣机状态表如表 8-6 所示。这样的状态表能保证我们对所有的状态转换没有遗漏，帮助产品研发团队直观地理解可能存在的转换顺序。

表 8-6　洗衣机的状态表

	待机状态	强力洗涤	快速洗涤	水量设置	就绪状态	异常状态	正在工作
待机状态	—	强力洗涤	快速洗涤	—	—	—	—
强力洗涤	—	—	快速洗涤	水量设置	—	—	—
快速洗涤	—	强力洗涤	—	水量设置	—	—	—
水量设置	—	—	—	输入数字	仓门关闭	仓门开启	—
就绪状态	—	—	—	—	—	—	运行
异常状态	—	—	—	—	仓门关闭	—	—
正在工作	停止 / 完成	—	—	—	—	仓门开启	—

使用状态表梳理出所有引起状态发生转换的事件后，就可以通过箭头连接可以发生转换的状态，并在箭头上标注引起该状态转换的事件或条件，如图 8-4 所示。比如：系统处于“待机”状态时，用户可以点击“强力洗涤”按钮进入“强力洗涤”状态或点击“快速洗涤”按钮进入“快速洗涤”状态。当用户改变想法时，可以点击其他洗涤模式的按钮。设置好水量并且关闭仓门后，点击“开始”按钮，智能洗衣机就会开始一个工作周期。一个工作周期完成后，

系统回到“待机”状态。

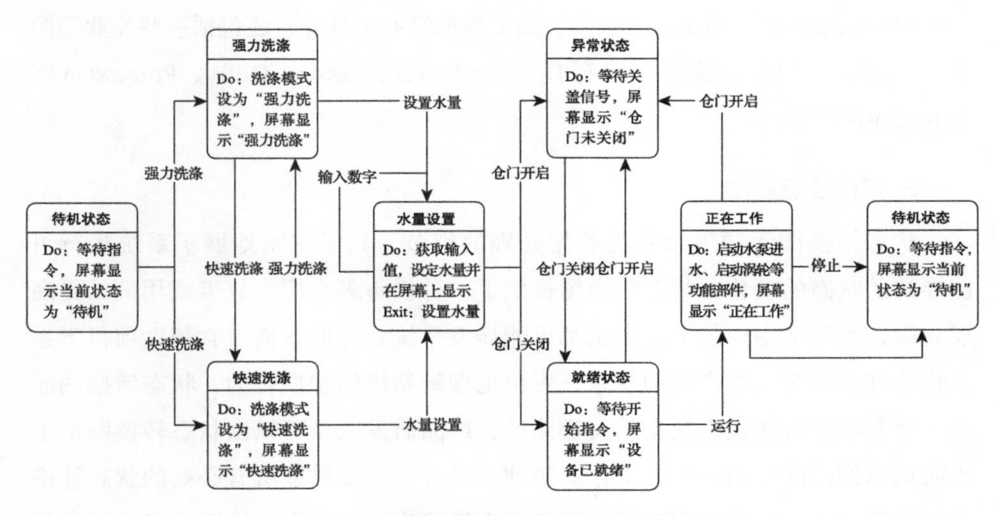

图 8-4　根据状态转换表绘制并标注事件

4. 标注初态和终态并细化状态图

在步骤 3 的基础上标注初态和终态，一份完整的状态转换图就完成了。此外，系统状态和系统事件方面的更多细节，可以用表格的形式进行展现。

8.8.5　绘制状态转换图的注意事项

1. 超态与子状态的概念

由于智能硬件的系统越来越复杂，系统的状态数量急速增加。因此，对于比较复杂的系统模型，我们需要隐藏一些系统处理细节，仅展示系统状态的变化，这就需要引入超态和子状态。它们是一种嵌套关系，超态中嵌套了两个或两个以上的子状态。这两个概念的引入可以帮助我们更好地绘制和解释复杂系统的状态转换关系。

以智能洗衣机为例，它在工作开始前会检测系统状态，如果一切正常则启动涡轮开始洗涤，洗涤完成后声音模块播放提示音，然后设备进入“待机”状态；如果检测到异常，则声音模块播放报警提示音，然后设备进入“异常”状态。

2. 绘制状态转换图的工具

绘制状态转换图的工具有很多，除了原型绘制工具外，还包括一些专业绘图工具。比较简洁易用的绘图工具有 Diagram Maker、Cacoo、Gliffy、ProcessOn 以及 Microsoft Visio 等。

3. 其他注意事项

状态转换图无须展示系统数据处理的细节，只需完整地展示系统运行可能导致的状态的变化。状态转换图提供了一种横跨多个用户故事或用例的更高层视图，且每个用户故事或用例都可能涉及系统状态的转换。它帮助项目干系人快速理解系统状态之间的联系，更快地理解系统的预期行为。状态转换图涵盖了所有状态可能发生变化的关键路径，产品研发人员可以由状态转换图衍生出测试用例，使早期的测试工作更顺利地展开。若要保证所有必要的状态转换和事件都完整、准确地在产品功能需求中描述出来，状态转换图是必不可少的工具。

8.9 本章小结

在本章中，我们了解了需求的概念，包括用户反馈、用户需求以及产品需求，然后学习了将用户需求解析为产品需求的方法，以及定义产品功能和产品规格的方法，最后学习如何描述需求，并对高质量的需求有了一定的认识。

- 需求泛指 3 种概念：用户反馈、用户需求以及产品需求。用户反馈是指从用户那里获取的原始信息。用户需求是指用户想要的东西或用户想要达成的某种目标。产品需求是指产品需要实现的功能或特性，是产品最终要达成的目标。
- 在需求解析的过程中，用户反馈首先要被解析成用户需求，还需要将用户需求解析为产品需求。解析出真实的用户需求，是定义合适的产品需求的前提条件。而定义合适的产品需求，是产品成功的基础。
- 按照需求的来源，用户需求可以分为内部需求和外部需求。无论是内部需求还是外部需求，都可以使用用户故事进行描述。

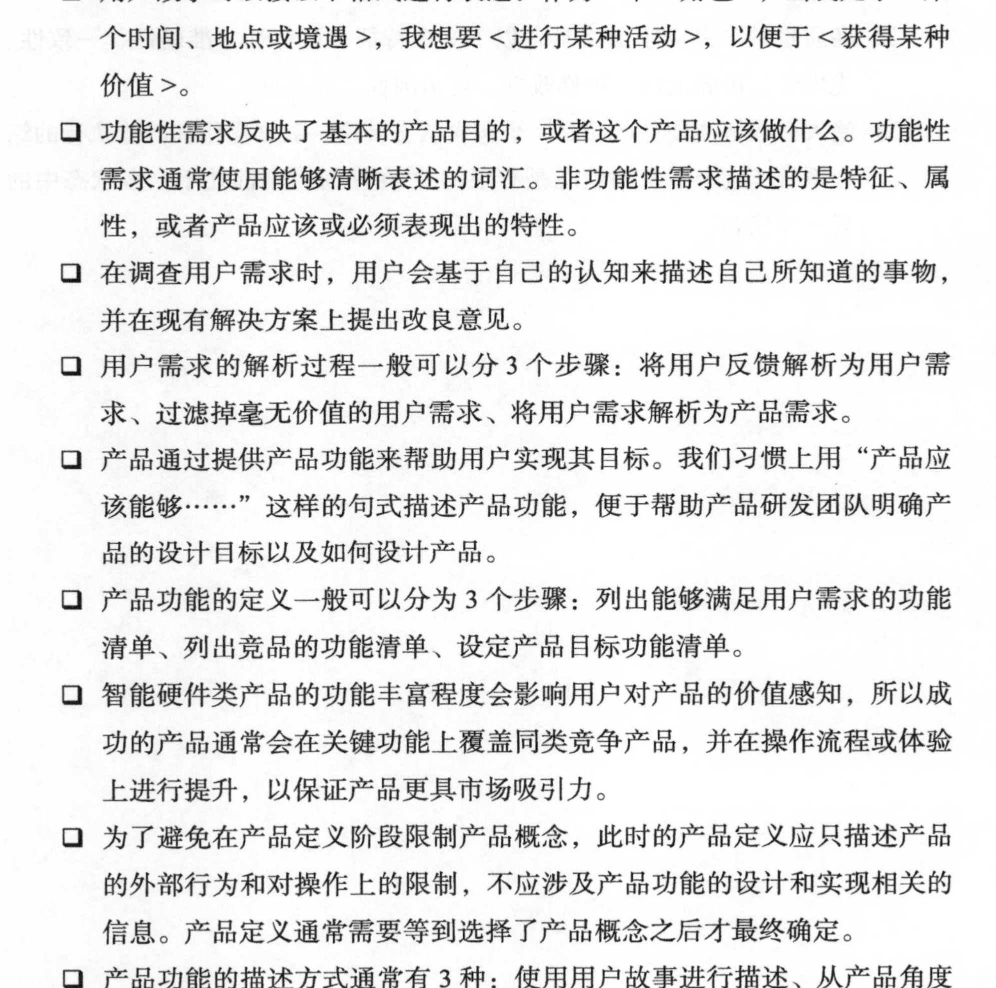

- 用户故事可以按以下格式进行表达：作为一个 < 角色 >，当我处于 < 某个时间、地点或境遇 >，我想要 < 进行某种活动 >，以便于 < 获得某种价值 >。
- 功能性需求反映了基本的产品目的，或者这个产品应该做什么。功能性需求通常使用能够清晰表述的词汇。非功能性需求描述的是特征、属性，或者产品应该或必须表现出的特性。
- 在调查用户需求时，用户会基于自己的认知来描述自己所知道的事物，并在现有解决方案上提出改良意见。
- 用户需求的解析过程一般可以分 3 个步骤：将用户反馈解析为用户需求、过滤掉毫无价值的用户需求、将用户需求解析为产品需求。
- 产品通过提供产品功能来帮助用户实现其目标。我们习惯上用“产品应该能够……”这样的句式描述产品功能，便于帮助产品研发团队明确产品的设计目标以及如何设计产品。
- 产品功能的定义一般可以分为 3 个步骤：列出能够满足用户需求的功能清单、列出竞品的功能清单、设定产品目标功能清单。
- 智能硬件类产品的功能丰富程度会影响用户对产品的价值感知，所以成功的产品通常会在关键功能上覆盖同类竞争产品，并在操作流程或体验上进行提升，以保证产品更具市场吸引力。
- 为了避免在产品定义阶段限制产品概念，此时的产品定义应只描述产品的外部行为和对操作上的限制，不应涉及产品功能的设计和实现相关的信息。产品定义通常需要等到选择了产品概念之后才最终确定。
- 产品功能的描述方式通常有 3 种：使用用户故事进行描述、从产品角度进行描述以及从用户角度进行描述。
- 产品规格是将需求中主观的形容词描述转化为客观的度量指标和数值描述。由于产品规格描述包含着多种度量指标和数值描述，所以产品规格也被称为工程需求、技术规格等。
- 产品目标规格的定义一般可以分为 3 个步骤：列出产品的度量指标清

单、列出竞品的度量指标清单、为每个度量指标设置理想值和可接受值。

- 高质量的产品需求通常具备以下 8 个特征：可行性、准确性、一致性、优先级、可验证性、可修改性、可追溯性、完整性。
- 绝大多数智能硬件产品是一个包含状态转换、数据操作和功能执行的综合系统（这个系统的状态是有限的），在任何时刻都处于众多状态中的某一种状态。

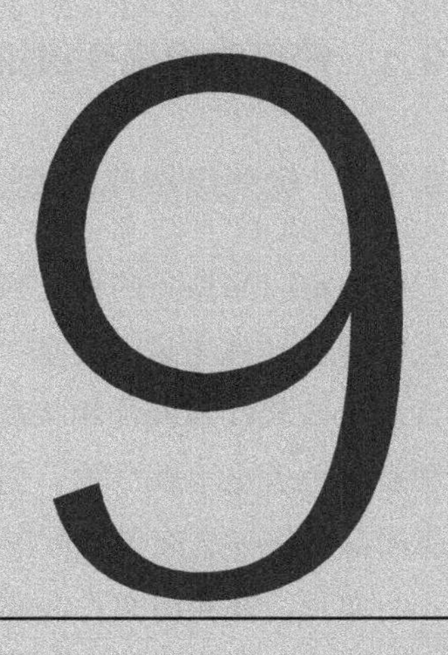

|第 9 章| C H A P T E R

优先级：排列产品需求的实现顺序

在第 8 章中，我们了解了如何将用户反馈和用户需求解析为产品需求，并以此为依据定义产品的功能和规格。在定义好了产品的功能和规格之后，产品研发团队需要决定哪些产品需求是要优先实现的，哪些产品需求可以后续实现，即对产品需求进行排序。本章将介绍产品需求优先级的概念以及排列产品需求优先级的意义，还将介绍几种排列产品需求优先级的常见方法。通过本章的学习，你将发现排列产品需求优先级的工作并不简单，需要综合考虑很多方面的因素才能做出合适的决策。

9.1 产品需求优先级排序

9.1.1 优先级排序的概念

确定产品需求的优先级是产品需求管理的主要任务之一。对于稍微复杂一点的智能硬件来说，比如“硬件 + 软件 App+ 云平台”这种模式的产品拥有成百上千的软件和硬件相关需求并不罕见，想要一次得到具备所有功能的产品的利益相关者也不在少数。但通常情况下，项目预算和紧迫的发布期限让产品研发团队无法一次交付所有用户想要的产品功能。

而且，并非所有产品需求都是同等重要的。产品核心操作流程中的需求肯定比非核心操作流程中的需求更重要。但如果没有明确的需求优先级评估机制，每个项目干系人都觉得自己的需求最重要，就会产生冲突。因此，产品研发团队在此阶段需要确定：哪些产品需求在最初的几个版本里就要有，哪些产品需求可以等到后续迭代再提供。

9.1.2 优先级排序的意义

在《精益创业》中，埃里克·莱斯倡导一种基于精益思维的产品开发模式，主要分为 3 个步骤。

- 首先，快速发布最小可行性产品。最小可行性产品（Minimum Viable Product，MVP），是指以最低成本、最快速度、最简单的方式建立一个可用的产品原型。它的用途是使用户直观地了解到产品的核心功能和主要交互流程，这有助于获取用户的反馈意见。
- 然后，通过用户反馈快速验证产品需求的正确性。通过向用户展示或让用户使用最小可行性产品，收集用户反馈，了解用户喜欢哪些功能、不喜欢哪些功能、想要添加哪些功能或者交互的改进方式等，这样能使产品研发团队了解产品应该朝哪个方向研发。
- 最后，基于用户反馈快速迭代产品。快速迭代是指针对用户的反馈，以最快的速度对产品进行调整，以使其更加符合用户真实需求。在当今时代，快速响应用户不断变化的需求十分重要。比起一次性满足一大批用户需求，快速迭代更有效率。因为一次性实现一大批用户需求可能会花费更多的时间，在漫长的研发周期中，也许市场环境或用户需求发生了变化，但可能直到产品交付到用户手中的那一刻，产品研发团队才会发现：有些产品功能并不值得开发，有些功能并不是或者已经不是用户想要的了，而用户当前真正想要的功能却没有开发，这就会造成极大的资源浪费和用户的不满。所以，快速迭代保证了开发的产品功能与用户需求的契合度，从而避免了资源的浪费。

如果想要通过上述精益思维来开发产品，那么首先需要产品研发团队对产品需求或用户需求的相对优先级达成共识。最高优先级的产品需求或用户需求归为一类，需要尽快实现；其他的产品需求则可以稍微缓一缓。这样做能够有效解决有限的资源与大量的需求之间的矛盾。优先级排序使项目在受到各种资源约束的情况下，能够尽快交付最重要的、具备最大价值的产品功能，以便提升用户满意度。在商业环境或产品需求发生变化时，优先级更高的需求很可能会出现，这时就需要舍弃优先级较低的需求或者将其推迟到后续版本中实现。因此，产品需求优先级的排列是一个持续的、动态的管理过程。排列产品需求优先级的意义在于，能够提高用户满意度、降低浪费的风险、更好地管理项目进度以及把握研发资源的投入。

9.2　优先级排序的思路

9.2.1　从产品定位与产品原则出发

产品需求的优先级排序通常由产品研发团队给出，然后邀请各利益干系人参与产品需求优先级评审。各利益干系人包括用户、项目管理者、研发人员以及其他跨部门人员。评审的目的是使各个利益干系人能够对产品需求优先级达成一致，以保证后续研发工作的顺利进行。最好的做法是，列出每个优先级评审会参与者都认可的判定产品需求重要性的一系列条件，以便判断某个产品需求的优先级或重要性是否高于另一个产品需求，这样才有可能使所有人对产品需求的优先级排序达成共识。如果这些干系人无法对产品需求的优先级达成一致，那么就需要产品经理来做最终的决策。

其实，在定位产品的时候，通过绘制和分析自家产品与竞争对手产品的雷达图，产品研发团队已经对产品的哪类属性应该做到行业及格线，以及产品的哪类属性应该做到极致，了然于胸了。这样，产品研发团队就已经在某种程度上对一些需求的优先级达成了共识：为了实现产品定位而应该做到极致的这类产品需求的优先级是最高的，只需做到行业及格线的产品需求的优先级是较低的。因此，在判定需求优先级时，向产品研发团队和利益干系人重新宣读一次产品定位声明是有必要的，以便于指导他们做出正确的决策和取舍。

有时候，只是说明了产品定位可能还不够，还要建立产品原则，它是做出决策的依据。例如，所有用户都希望产品安全、易用、价格便宜。那么对于我们来说，哪个属性是最重要的？这时如果定义出安全第一、易用第二、价格第三这样的原则并和研发团队达成一致，那么在后续的产品研发过程中，我们就能有效避免一些决策困惑，比如实现需求 A 会降低安全性，但会提升易用性，需求 A 该不该做。

如果缺少了产品定位和产品原则，可能会由于缺少评估标准，而导致产品研发团队的每个人对产品目标和产品需求优先级的理解有所差异，进而降低沟通的效率。所以，制定决策的过程和依据有必要完全透明，不要让人觉得产品经理只是凭自己的主观感觉在做判断。

9.2.2 影响优先级的 14 个关键因素

在整理出产品需求后，产品研发团队应尽快设定产品需求的优先级。随着业务需求的变化，大部分长期项目的产品需求优先级会发生变化，所以产品需求优先级的排列需要在研发过程中不断重新评估，以便让产品研发团队将时间和资源投入高价值的产品需求上。在还未确定某个产品需求是否可有可无之前就大费周章地去实现，会造成不必要的浪费并打击团队士气。

有效的需求优先级排列对产品的成功至关重要。如果产品需求全部是高优先级的，或者完成优先级排列后，几乎所有产品需求的优先级都相同，那么就相当于没有排优先级。有限的项目资源使研发团队无法一次交付所有产品需求，有效的需求优先级排列确保了项目资源始终投入在最重要的事件上，并且使产品研发团队明确对于当前阶段的产品来说什么是最重要的。

在评估产品需求优先级时，有很多问题需要考虑，比如：产品需求的价值、成本、投资回报、风险、实现难度、紧急程度、需求之间的依赖关系、与产品的战略匹配程度、资源可用性等。通常，在排列产品需求优先级时，我们会单独抽出几项因素，并根据该因素所占权重综合评估产品的优先级。下面简单介绍一下这些可能会影响产品需求优先级的因素。

- 价值：指实现这个产品需求能给用户提供的用户价值以及满足用户价值后给公司带来的商业价值。一般来说，用户价值越高的产品需求，商业价值也相对越高。在对产品需求优先级评估的过程中，产品研发团队应重点关注该产品功能满足用户哪些需求、为用户创造了什么价值、给用户带来何种利益以及用户愿意为此付出多少等，以便于确认产品需求的价值。除了直接的商业价值，有些产品需求使产品提升竞争力或强化产品定位，这些需求具有长期的战略价值。
- 成本：指实现产品需求所需要的资源投入量，包括实现产品功能的硬件成本、产品功能开发的人力成本以及产品功能日常运营和维护的成本等。不同的产品需求实现需要投入不同的成本。在对成本进行评估时，如果是硬件类产品需求，要综合考虑硬件成本和研发资源的投入成本；如果是软件类产品需求，则只需考虑研发资源的投入成本即可。通常，在评估了产品需求的价值和成本后，我们会重点关注该产品需求实现的投入产出比。投入产出比越高的需求优先级越高。优先级最高的产品需求能提供最大比例的产品价值，并投入最小比例的实现成本。
- 投资回报（ROI）：投资回报的数学公式非常简单，价值 / 工作量（成本）= 优先级。价值指实现这个产品需求能给用户提供的价值以及满足用户价值后给公司带来的商业价值。工作量是公司为了实现这个产品需求所需要的资源投入量。我们可以针对价值高低与工作量大小建立一个2×2的矩阵，将产品需求以圆点的形式放置在矩阵中，以便于帮助我们对产品需求更好地组织和排序。

- 风险：产品需求的风险是产品需求无法创造预期价值的概率或者产品需求无法实现的概率。产品研发团队要充分考虑产品需求的风险，并进行有效的风险管理，即制定产品需求无法实现或未达预期目标时的解决方案。根据产品需求的风险来确定其优先级可能是有意义的。比如，研发团队可以优先实现高风险的产品需求，以便在产品开发早期尽快排除项目风险；也可以优先实现较低风险的产品需求，以便在开发高风险的产品需求之前不浪费研发资源并使产品需求的实现数量最大化。
- 实现难度：与按风险和成本确定产品需求优先级相关的是，按研发预估的产品需求的实现难度来确定产品需求的优先级。研发团队可以优先实现最困难或最简单的产品需求，这通常取决于项目所要达成的目标。如果项目前期有充足的时间，产品研发团队可以先实现复杂的产品需求；如果项目前期时间紧迫，那么产品研发团队可以优先实现简单的产品需求，避免资源浪费的同时保证产品需求的实现数量最大化。
- 紧急程度：不同产品需求发布的紧急程度是不同的。根据产品需求的紧急程度来考虑需求的优先级是比较合理的。每个产品需求都有其目标发布日期，比如有些产品功能要在发布会上进行演示，那么这些要被演示的产品功能优先级相对较高。所以，在确定产品需求优先级时，发布时间的紧急程度可能是一个重要因素。
- 需求之间的依赖关系：有些产品需求之间会存在一些依赖关系，某些需求的实现往往依赖于其他的需求（往往是基础组件或基础架构组件的实现），这些需求可能必须放在一起实现或者按照某种特定的顺序实现。比如，有些高级功能A的实现依赖于某个更底层的基础功能B，所以这两个功能需求的优先级应该是一致的，需要一起实现。因此，产品研发团队必须充分考虑产品需求之间的依赖关系，根据需求的最佳实现顺序来考虑产品需求的优先级，这样才能保证产品需求优先级排序的合理性。

- 与产品战略的匹配度：产品战略用于指导产品的发展方向，包括对产品的市场定位、目标用户、竞争策略等产品发展方向相关的内容定义。在评估产品需求的优先级时，产品研发团队需要考虑其与产品战略的匹配程度。另外，处于产品不同生命周期的产品战略是不同的，也就是说产品战略是根据市场环境动态变化的，所以需求优先级与产品战略的匹配度的评估是具有实效性的。比如，一款设计工具最初的产品策略是简单易用，让新手也能快速上手，因此在此阶段一些简单易学的产品需求与产品战略更匹配，优先级更高。但最初的小白用户会逐步发展成专业用户，这时他们需要更专业的功能，此时就需要引入一些专业复杂的产品需求来匹配产品战略，因此在此阶段简单易学的产品需求的优先级没有专业复杂的产品需求的优先级高。所以，每个阶段实现的产品需求要匹配当前的产品战略，实现当前的产品目标。
- 资源可用性：资源通常指项目经费、人力资源甚至技术水平。考虑产品需求的优先级时，产品研发团队要根据实际可调配的资源进行调整，使产品研发团队的工作量尽量饱和，以保证整体资源的最大化利用，避免和减少不必要的资源浪费。优先开发资源占用高的产品需求还是优先开发资源占用低的需求，往往取决于项目当前状况。
- 损失：与排列产品需求优先级时首先考虑其价值完全相反，损失考虑的是产品需求没有实现所带来的后果。损失可能包含用户满意度的下降、产品竞争力的下降、产品可用性的下降、产品定位的偏移、法律法规的处罚（硬件产品有些安规需求必须满足）等。为了避免因产品需求没有实现而带来的损失，在考虑产品优先级排列时，产品研发团队应重点关注可能带来重大损失的产品需求。
- 法律法规：不同国家和地区有着不同的法律法规、行业标准或安规认证要求，如果这类要求没有达到，产品是不符合行业标准甚至无法在相关国家和地区出售的。为了满足产品目标销售地区对产品的监管要求，某些产品需求必须设定为最高优先级。比如，智能硬件产品不具备 CE 认证，就无法供应欧盟市场。所以，与法律法规相关的产品需求通常会被赋予最高的优先级。

- 确定性：指产品需求的变动风险。后续可能不会发生修改的产品需求的变动风险小，则确定性高；后续可能会发生修改的产品需求的变动风险大，则确定性低。如果在产品需求开发过程中改变产品需求，一方面会造成不必要的研发资源浪费，另一方面会引起研发人员的不满。所以，为了最大限度地减少不必要的返工和浪费，产品研发团队应当优先实现确定性高的产品需求，为更有效地实现未来的需求打下基础；然后将确定性低的产品需求推迟到后续的发布计划中或待其确定性升高时再进行开发，以免将来还要对程序进行重大调整。
- 使用频率：产品需求（功能）的使用频率由两个因素决定，一是会使用该产品功能的用户数量，二是每个用户使用该产品功能的频率。通过产品功能的预期使用频率或产品功能的真实使用频率来判断其优先级是比较合理的。通过产品功能的使用频率，产品研发团队可以得知哪些需求是用户不需要的、偶尔需要的和经常需要的。将使用频率较高的产品需求判定为较高优先级是比较可取的。
- 来源：指需求的提出方。通过评估需求提出方的重要性，产品研发团队可以评估产品需求的重要性。通常，如果需求来源于产品的目标用户，那么其优先级应高于来自非产品目标用户需求的优先级。如果需求来自产品主要用户画像的用户，那么其优先级应高于产品次要用户画像用户所提的需求。所以，需求来源也是判断产品需求优先级时需要考虑的因素。

尽管在排列需求优先级时，产品研发团队需要考虑需求开发的方方面面，但在做需求优先级决策时，首先要考虑驱动项目运作的首要目标。一旦产品经理创建了一个产品各利益干系人都认同的需求优先级排列机制，并形成了优先级排序的习惯，当研发中途突然插入其他需求或者偶尔出现延迟发布的情况时，也可以解释清楚为什么有的需求要优先实现。另外，对于初步的需求优先级排序结果，产品研发团队可以通过抽样调查的方式与目标用户进行确认，了解用户是否认同产品需求优先级的排列。

实际上，对所有的产品需求进行优先级排列是小题大做。因为对于比较复杂的产品来说，其常常有成百上千个需求，由于预算限制、时间紧迫、可行性限制等，产品研发团队无法在一个版本中实现所有需求。产品研发团队会根据版本或者目标发布时间把大量产品需求划分为多个需求集合，对需求集合进行优先级排序，并分批次加以实现。

9.2.3　排列需求优先级的 4 种方法

排列产品需求优先级的常用方法通常有以下 4 种。

1）马斯洛需求层次理论。

2）设计需求层次理论。

3）KANO 模型。

4）MoSCoW 方法。

下面将详细介绍各个需求优先级的排序方法。

9.3　马斯洛需求层次理论

马斯洛需求层次理论是由美国心理学家亚伯拉罕·马斯洛于 1943 年在《心理学评论》期刊上的论文“人类动机理论”中所提出的。马斯洛将人类的需求由低到高分为 5 个层次，分别是生理需求、安全需求、情感需求、尊重需求以及自我实现需求，如图 9-1 所示。在自我实现需求之上，还有自我超越需求，但其不作为马斯洛需求层次理论中必要的层次，通常会与自我实现需求归为同一层次的需求。

马斯洛需求层次理论指出，只有当低层次的需求被满足时，人们才会产生更高层次的需求。假如一个人同时缺乏食物、安全、情感、尊重、自我实现，通常对食物的需求是最强烈的，以致其他的需要显得不那么重要。此时，人的意识几乎被饥饿所占据，所有能量被用来获取食物。只有当其生理需求得到满足，才可能有更高级的需求，比如安全需求。下面介绍马斯洛需求层次理论中的各个需求。

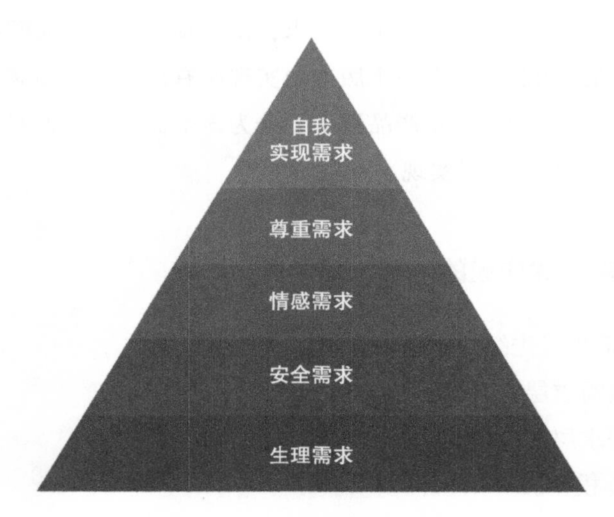

图 9-1　马斯洛需求层次理论

1. 第一层次：生理需求

生理需求，是指人类生存的基本需求，比如食物、空气、水、睡眠、性等。这些需求中（除了性之外），只要有一项得不到满足，人类的生理机能就无法正常运转，由此可能会使生命受到威胁。所以，生理需求被归为人们最基本的心理动机，是推动人们行动的首要激励因素。马斯洛认为，只有满足了维持生命所必需的生理需求，其他的需求才能成为人们行动的动力。那时，这些已经被满足了的生理需求就不再是人们行动的激励因素了。

2. 第二层次：安全需求

安全需求，是指与人身安全、健康保障、财务保障、职位保障以及需要安全防范相关的需求。这类需求在生理需求得到满足后产生，主要激励因素是人们想要感到安全和稳定，免受自然因素或其他潜在威胁的危害。财务保障的缺乏会增加人们对职位保障的偏好，而人身安全或健康保障的缺乏可能会导致人们出现心理问题，比如心理创伤或压力过大。只有安全需求得到满足，人们才会感到安心。当然，这些需求被满足后，就不再成为人们行动的激励因素了。

3. 第三层次：情感需求

情感需求，是指人们想要得到他人关爱和照顾的、与情感和归属感相关的需求，比如亲情、友情、爱情以及情感带来的归属感。人是社会性动物，需要在社会群体中获得归属感。在前两个层次的需求被满足之后，人们对情感和归属感的需求会成为行为的主要激励因素。值得注意的是，一个人的生理特征、经历、受教育程度和宗教信仰会对其情感上的需求有所影响。

4. 第四层次：尊重需求

尊重需求，是指与自尊、信心、成就、被他人尊重等方面相关的需求。人们都希望自己具备一定的社会地位，希望自己的能力和成就获得社会的认可和尊重。我们将人们希望在各不相同的情境中都具备实力、能够胜任、充满自信和自我认可的需求称为内部尊重；将人们希望具有社会地位、威信、受他人认可和高度评价的需求，称为外部尊重。只有尊重需求得到满足，人们才能够自信，对生活充满热情，感受到自身存在的价值。通常，如果尊重需求没有得到满足，可能会导致自卑或其他负面情绪。另外，人们的职业和爱好、偏好往往可以反映人们获得尊重（认可）的需求。

5. 第五层次：自我实现需求

自我实现，是最高层次的需求，是指与个人成长、实现个人理想和抱负、发挥个人能力等方面相关的需求。人们希望能够充分发挥个人潜力，使自己越来越接近自己想要成为的人。这类需求只有在满足前四个层次的需求后才会出现。如果人们感觉自己充分发挥了潜能，不断成长，就会感到极大的快乐。它们是因人而异的，因为每个人想要实现的成就是不同的，所以人们行动的激励因素也各不相同。比如有的人想成为最好的运动员，有的人想成为最好的家长等，无论这个目标是什么，它都是个人眼中的终极成就。

6. 马斯洛需求层次理论小结

根据马斯洛的说法，层次结构中较低层次的需求是高层次需求的基础。只有当某一层次的需求获得满足，更高层次的需求才会出现，成为人们行为的主要激励因素。同时，低层次的需求对人们的行为不再有激励作用。但任何一种需求都不会因为更高层次需求的出现而消失，高层次的需求出现后，低层次的需求仍然存在，只是对人们行为的影响程度急剧减小了。值得注意的是，在同一时期，只有一种需求占据主导地位，并成为人们行为的主要激励因素，而其他需求处于从属地位。

另外，这 5 种需求可以分为两类：一类是生理需求、安全需求和情感需求，它们处于较低的层次，这类需求通过外部条件就可以满足；另一类是尊重需求和自我实现需求，它们处于更高的层次，这类需求只有通过内部因素才可以满足，并且人们对于尊重和自我实现的需求是永无止境的。

不是每个人都赞成马斯洛的观点。虽然从直观的角度来看，需求层次理论是很有道理的，但其缺乏足够的实验证据来证明。马斯洛没有考虑到人们的精神层面，比如无私的行为、勇敢和善良的天性，而且它也无法解释诸如“饥饿的艺术家”之类的现象——即便是在他们的低层次需求（生理需求）没有得到充分满足的情况下，仍在追求更高层次的需求（自我实现需求）。

9.4 设计需求层次理论

需求层次理论告诉我们：在更高层次的需求（或更高级的行为激励因素）出现之前，人类的首要动力来源是底层的基本需求。较低层次的需求是较高层次需求的基础。它背后的理念是，人类的需求在不断地变化，低层次的需求被满足后，又会出现对更高层次需求的渴望。

需求层次理论同样适用于产品设计领域。为了使产品获得成功，产品设计必须在满足基本需求之后，再满足更高层次的需求。换句话说，无论一款蓝牙音箱看起来多么酷炫或有科技感，如果它不能播放音乐，那么基本上就不可能被出售。所以，一款产品必须首先具备基本功能。需求层次理论可以帮助产品设计者更加了解人类行为。产品设计者越是了解人类的行为，就越有机会创造出成功的产品。

在 2010 年，设计师史蒂文·布拉德利在 *Smashing* 杂志的文章“为需求层次设计”中，提出了设计的需求层次。在设计需求层次中，从低到高的层次结构依次是功能性、可靠性、可用性、熟练性和创造性，如图 9-2 所示。

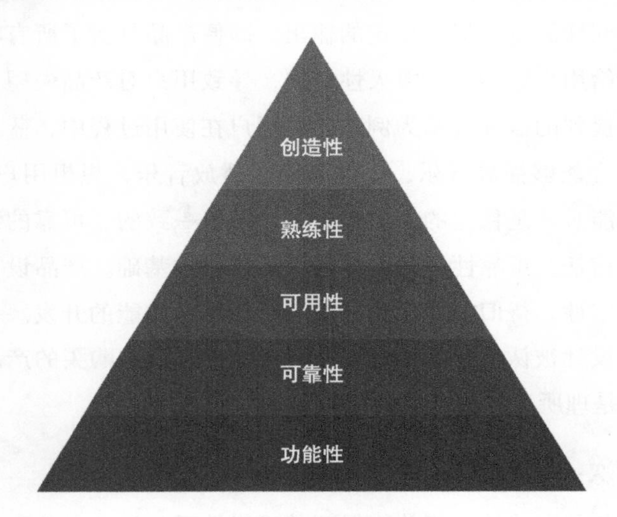

图 9-2　设计需求层次理论

下面逐个介绍每个设计需求层次。

1. 第一层次：功能性

设计需求层次结构中的最低层是功能需求。每个产品都具备一些功能。根据用户需求，功能又分为基本功能、辅助功能等。基本功能是一款产品的价值主张，包含产品的业务目标。如果基本功能无法实现或功能不完整，产品可能无法使用。比如一款可以通过语音交互的蓝牙音箱，如果它出现无法连接蓝牙、识别语音或播放声音的状况，即功能无法实现或不完整，那么这款产品注定无法获得市场认可。所以，基本功能的设计应该优先于其他任何设计。产品设计者要始终将用户故事或用户使用产品的完整过程中的关键功能列为第一优先级。另外，修复现有功能缺陷的优先级可能会大于实现新功能的优先级。值得注意的是，仅满足基本功能需求的设计被认为是几乎没有价值的，所以产品需要满足更高层次的需求。

2. 第二层次：可靠性

当产品满足了产品功能需求后，设计者就要解决产品的可靠性需求。可靠性要求产品对同样的输入提供稳定的输出。即便产品具备了所有功能，但若可靠性不佳，会给用户体验造成毁灭性打击，导致用户对产品失望，产生不信任感。仍以前面提到的蓝牙音箱为例，如果用户在使用过程中，蓝牙连接时不时断开，导致一会能够播放音乐，一会又无法播放音乐，想想用户会做何反应。所以，产品性能必须是稳定的，保证给用户带来一致的、可靠的结果，这样才能获取用户的信任。可靠性是迈向卓越用户体验的基础。产品设计者应尽量保证旧功能的稳定性，待旧功能达到标准后再考虑新功能的开发。另外，仅满足可靠性需求的设计被认为是低价值的。对于用户来说，购买的产品能够始终如一地稳定工作是理所当然的事情。

3. 第三层次：可用性

当产品具备了完善的功能并能保证其可靠性后，设计者就要在产品的可用性上下功夫了。可用性是指，产品的设计应易于用户理解和使用，便于人们清楚如何操作和使用产品。如果用户操作错误，产品应具备一定容错能力和错误预防能力。比如，蓝牙音箱的蓝牙连接过程是否简单方便，用户能否轻而易举地使其播放想听的音乐，切换歌曲的操作对用户来说是否简单。可用性很大程度上决定了一款产品的用户体验，它的价值无须多言。产品设计者应在多个阶段对产品进行可用性测试，通过提升产品的可用性，不断优化用户体验。

4. 第四层次：熟练性

接近设计需求层次结构顶层的是能力需求，它是指用户对产品操作熟练后而产生的需求。产品需要具备以前无法实现的、高于基本操作的扩展功能。该层次的产品设计可以提升用户的使用效率，使产品不断完善和突破。快捷键就是一个典型的例子。熟练掌握产品操作流程的用户可以通过快捷键快速地实现原本需要几步才可完成的操作，提升了用户的使用效率。再比如，蓝牙音箱原本需要在手机 App 上进行选歌、切歌等操作，后续的设计为产品嵌入了语音识别模块，使用户可以直接通过说话进行选歌、切歌等操作，让用户能更容易地做更多的事情。产品设计者需要在该阶段多在功能流程上与竞品进行对比，思考如何让产品帮助用户做得更多、更好。

5. 第五层次：创造性

在满足上述所有需求后，产品设计才能进入创造力或者说创意需求阶段。创意需求通常指设计以美学、直观交互或创新为特色的产品，满足用户需求。通过满足创意需求，可以使产品以新的方式与用户互动，创造和扩展产品本身不具备的功能或形式，给用户带来惊艳的感觉。比如，蓝牙音箱的语音识别加入了声纹识别功能后，可以只对用户本人的声音做出反应，而对他人的声音不做任何反应，或做出用户预先设定好的反应，这创造了卓越的用户体验。满足创意需求的设计是最高级别的，它通过为用户创造卓越的用户体验，使产品更具差异化，提升了用户的忠诚度。产品设计者要考虑如何为产品加入创意元素，使其为用户创造独特、极致的体验。

9.5 KANO 模型

KANO 模型由东京理工大学的质量管理教授狩野纪昭博士于 1984 年提出。他在研究提升用户满意度和忠诚度因素的时候创建了这个模型。KANO 模型是对用户需求分类和需求优先级排序的高效工具，是一个典型的定性分析模型，主要用于分析产品功能（或用户需求）对用户满意度的影响，展现了产品功能与用户满意度之间的非线性关系。

对于用户而言，产品的每个功能的价值并不是相同的，有些产品功能并不会让用户的满意度得到提升。KANO 模型可以帮助产品设计团队将收集到的用户需求进行分类，帮助产品设计团队了解用户对产品功能的看法，并识别出哪些产品功能能够使用户满意，从而确定需求开发的优先级。

9.5.1 KANO 模型的需求分类

KANO 模型根据不同的产品功能与用户满意度之间的关系，将影响满意度的产品功能或用户需求划分为5个类型，包括基本型需求、期望型需求、兴奋型需求、无差异型需求、反向型需求。KANO模型的示意图如图9-3所示。下面对KANO模型中的各类需求进行详细的介绍。

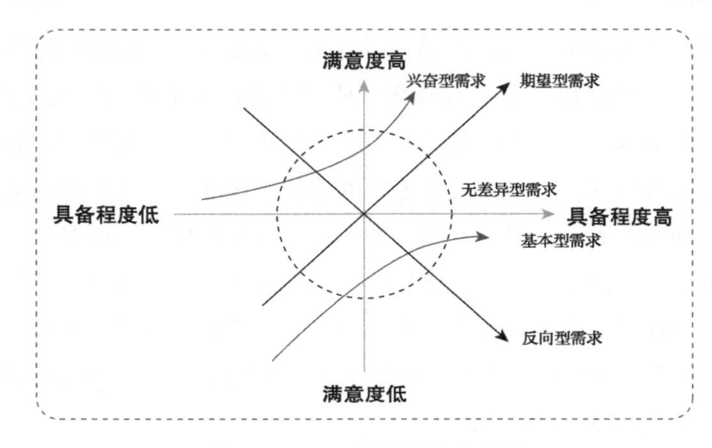

图9-3 KANO模型的示意图

1. 基本型需求

基本型需求，也可以称为必备型需求，是产品必不可少的功能。基本型需求是用户认为产品必须具备的功能。当产品功能/性能不足或缺失（无法满足基本型需求）时，用户会极度不满；当产品功能/性能充足（可以满足基本型需求）时，用户会觉得这是理所当然的，满意度并不会有所提升。对于这类需求，产品只要稍有差池，就会导致用户的不满。对于用户而言，这类需求是必不可少、理所应当的。所以，基本型需求是产品设计团队应该谨慎评估的。

2. 期望型需求

期望型需求，也可以称为意愿型需求，它是和用户的满意度密切相关的需求。当期望型需求得到满足或表现良好时，客户的满意度会显著提升。反之，当期望型需求未得到满足或表现不佳时，用户的满意度会显著下降。期望型需求是和用户满意度成正比的，仍以智能摄像机为例，其显示出的画面清晰度属于一个期望型需求。画面清晰度越高，用户满意度越高；画面清晰度越低，用户满意度越低。

期望型需求是用户希望产品能够做得好的功能。当产品功能 / 性能达到用户期望或超出用户期望时，用户的满意度会显著提升；当产品功能 / 性能未能满足用户期望时，用户的满意度会显著下降。产品满足了期望型需求，就保证了用户的满意度。一个产品的期望型需求是其竞争力所在。因此，产品设计团队应该重点关注期望型需求，力求比竞争对手更好地满足这类需求。

另外，在用户研究中，用户所谈论的产品功能或需求通常都是期望型需求因为基本型需求是用户觉得理所当然的，几乎不会提起。而兴奋型需求并不在用户的期望之内。

3. 兴奋型需求

兴奋型需求，也可以称为魅力型需求，它和用户满意度的关系比较有趣。当兴奋型需求被满足时，用户的满意度会急剧上升。即使兴奋型需求没有被完全满足或没有被满足，用户的满意度也不会明显下降。比如智能摄像机的图像识别功能，当摄像机拍摄到人或动物时，可以显示出人物或动物的名称，这样的需求可能就是一个兴奋型需求。当智能摄像机具备此功能时，用户会为之兴奋。如果出现识别不准确的情况，用户仍会因其可以识别人物或动物而感到满意。即便智能摄像机不具备此功能，用户满意度也不会出现明显的下降。

兴奋型需求往往不在用户期望之内，而且它们也不是用户购买产品的理由，不是用户的核心期望。兴奋型需求往往是用户没提出的潜在需求。可以满足兴奋型需求的产品功能往往会成为产品的独特卖点。因此，产品设计团队应努力发掘兴奋型需求，以此来增加产品亮点，提升用户的满意度。

4. 无差异型需求

无差异型需求与用户满意度基本无关。无论产品是否具备这类功能，用户的满意度都不会因此改变。比如智能摄像机的螺丝是用十字螺丝还是用一字螺丝，这种问题用户不会关心。无论使用何种方式，都不会影响用户的满意度。对于这类需求，产品设计团队可不优先考虑。

5. 反向型需求

反向型需求，也可以称为逆向型需求，它只会使用户满意度下降而不会使用户满意度提升。反向型需求是会引起用户不满的需求，用户往往没有此类需求。产品增加这类功能，可能会妨碍用户正常使用产品，引起用户的抵触情绪。有些企业内部需求就是反向型需求。比如使用智能摄像机前要求用户输入手机号码进行实名注册，以便于企业收集手机客户信息并记录其操作习惯等，这种功能就会妨碍用户操作，并引发用户的不满情绪。所以，产品设计团队要注意避免设计反向型需求的功能。

6. KANO 模型的注意事项

KANO 需求的分类可以指导我们基于不同的需求类别对需求进行排序，如图 9-4 所示。

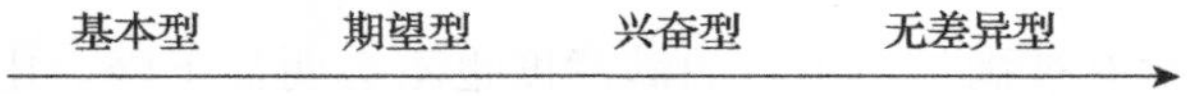

基本型　　期望型　　兴奋型　　无差异型
→

图 9-4　KANO 模型中的需求优先级排序

此外，在运用 KANO 模型时，我们应注意以下几点。

- 需求的类型因人而异，对于用户 A 来说是期望型的需求，对于用户 B 可能是基本型需求。这可能是由用户对此类产品的熟悉程度决定的。
- 需求的类型会随着时间而发生变化，目前对于用户 A 来说是期望型的需求，可能在一段时间后，就变成了基本型需求。这可能是因为科技进步了，或者用户对产品越来越熟悉了。
- 基本型需求的缺失是产品面临的最严峻问题，但如果产品只具备基本型需求，在市场上是不会具备任何竞争力的，满意度也会较低。
- 产品无法通过期望型需求和兴奋型需求来弥补基本型需求的缺失。期望型需求和兴奋型需求能提升用户满意度的前提是，基本型需求都已经完全满足。
- KANO 模型可视化，将现有或计划中的产品功能以图表的方式展示，这可以帮助产品设计团队聚焦于优先级更高的用户需求，避免资源浪费。

9.5.2 使用 KANO 模型的 4 个步骤

使用 KANO 模型的 4 个步骤如下。

1）针对产品功能向用户提问。

2）使用 KANO 需求分类矩阵分析用户的答案。

3）整理分析结果，确认需求的类型。

4）计算 Better-Worse 系数，使需求可视化。

下面将详细介绍各个步骤。

1. 针对产品功能向用户提问

对于每一个需要进行优先级排序的产品功能，我们需要向符合主要用户画像的用户询问两类问题。一类问题是积极型问题，例如：如果产品具备了此功能，你觉得怎么样。另一类问题是消极型问题，例如：如果产品不具备此功能，你觉得怎么样。供选择的答案选项是很喜欢、还不错、无所谓、不太好、不喜欢。被提问的用户数量控制在 15～20 名即可。

值得注意的是，我们要清楚地描述产品功能，确保用户可以理解。问题的表达形式应尽量从用户利益出发，而不是从产品角度出发。比如“如果智能摄像机在拍摄时可以自动增强照片的画质，您觉得怎么样”相对于“如果智能摄像机具备画质增强功能，您觉得怎么样”要好很多。如果有产品的原型进行演示就更好了。

答案的选项也应有充分说明，保证用户对各个选项的理解都是一致的，以便其准确地回答问题。比如：

- 很喜欢（Like)，让你觉得满意、兴奋、惊喜的功能；
- 还不错（Must Be)，你觉得是理所当然的、必备的功能；
- 无所谓（Neutral)，你没什么感觉的，可有可无的功能；
- 不太好（Live With)，你不喜欢，但可以勉强接受的功能；
- 不喜欢（Dislike)，你无法接受的，感到不满意的功能。

此外，针对每一个产品功能，我们还可以向用户提出一个问题：这个功能对您来说有多重要？用户可用 1～9 之间的数字来为功能的重要性评分，1 代表不重要，9 代表特别重要。一个 KANO 调查问卷如表 9-1 所示。

表 9-1　KANO 调查问卷

积极型问题	消极型问题
如果产品具备 XX 功能，您觉得怎么样	如果产品没有 XX 功能，您觉得怎么样
1）很喜欢，觉得满意 2）还不错，应该如此 3）无所谓，没什么感觉 4）不太好，但勉强能接受 5）不喜欢，无法接受	1）很喜欢，觉得满意 2）还不错，应该如此 3）无所谓，没什么感觉 4）不太好，但勉强能接受 5）不喜欢，无法接受

2. 使用 KANO 需求分类矩阵分析用户的答案

当我们收集到用户的答案之后，可以通过表 9-2 的 KANO 需求分类矩阵对产品功能进行分类。例如，如果产品具备 A 功能，用户觉得很喜欢；如果产品不具备 A 功能，用户觉得不太好。通过表格，我们就知道哪些需求是无关紧要、可有可无的，哪些需求是必不可少的，哪些需求是用户期望有的，哪些需求是超出用户预期的。

表 9-2　KANO 需求分类矩阵

产品需求		消极型问题				
		很喜欢	还不错	无所谓	不太好	不喜欢
积极型问题	很喜欢	Q	A	A	A	O
	还不错	R	I	I	I	M
	无所谓	R	I	I	I	M
	不太好	R	I	I	I	M
	不喜欢	R	R	R	R	Q

表 9-2KANO 需求分类矩阵中：

- M 代表 Must-be，是基本型需求；
- O 代表 One Dimensional，是期望型需求；
- A 代表 Attractive，是兴奋型需求；
- R 代表 Reverse，是反向型需求；
- Q 代表 Questionable，是可疑的结果；

- I 代表 Indifferent，是无差异需求。

除此之外，KANO 需求分类矩阵还能告诉我们，哪些需求是用户自己都不确定、自相矛盾的。当用户对两个类型问题的答案相同时，根据 KANO 矩阵，我们会得出一个可疑的答案。这就好比用户告诉我们，他既喜欢产品具备功能 A，又喜欢产品不具备功能 A，这样的答案是前后矛盾的。遇到这种情况时，我们应对该用户的所有答案保持怀疑态度。但如果多数用户都出现可疑的答案，那么可能是问题的描述存在问题。

3. 整理分析结果，确认需求的类型

对所有用户的答案进行分类之后，我们开始对结果进行整理。KANO 需求类型确认如表 9-3 所示。针对各个产品功能，选择最多用户认定的需求类型作为其最终类型。比如有 10 名用户的答案显示产品功能 A 是兴奋型需求，有 20 名用户的答案显示产品功能 A 是期望型需求，那么我们就将产品功能 A 视为期望型需求。

表 9-3　KANO 需求类型确认

	M	O	A	I	R	Q	类别
功能 A	54	35	8	3	0	0	M
功能 B	63	20	2	14	1	0	M
功能 C	25	20	48	7	0	0	A
功能 D	13	55	20	10	1	1	O
功能 E	14	28	15	43	0	0	I

4. 计算 Better-Worse 系数，使需求可视化

接下来，我们要将分析结果可视化，使产品研发团队中的每个人对需求的类型都能一目了然。可视化的第一步是基于第 3 步的统计数据，计算每个需求的 Better 系数和 Worse 系数。

- Better 系数：代表产品增加某个功能后用户的满意系数。Better 系数的值通常为正，表示产品如果提供某个功能，用户的满意度会提升。Better 系数的绝对值越大，表示该功能对用户满意度的影响越大。计算

公式：Better=(A+O)/(A+O+M+I)。

- Worse系数：代表产品删除某个功能后用户的不满意系数。Worse系数的值通常为负，表示产品如果不提供某个功能，用户的满意度会降低。Worse系数的绝对值越大，表示该功能对用户满意度的影响越大。计算公式 Worse=−(O+M)/(A+O+M+I)。

现在开始计算表9-2中每个需求的Better系数和Worse系数，比如：

- 功能A的Better系数=(A+O)/(A+O+M+I)=(8+35)/(8+35+54+3)=43%
- 功能A的Worse系数=−(O+M)/(A+O+M+I)=(35+54)/(8+35+54+3)=−89%

然后，我们以Better系数的绝对值为纵轴，Worse系数的绝对值为横轴，建立坐标系，并按图9-5所示将坐标系分为4个象限。

- 第一象限中Better系数值高，Worse系数的绝对值也高。这个象限的需求属于期望型需求。如果产品提供这类功能，用户的满意度会提高；如果产品不提供这类功能，用户的满意度会随之下降。
- 第二象限中Better系数值高，Worse系数的绝对值低。这个象限的需求属于兴奋型需求。如果产品提供这类功能，用户的满意度会显著提高；如果产品不提供这类功能，用户的满意度也不会有明显变化。
- 第三象限中Better系数值低，Worse系数的绝对值也低。这个象限的需求属于无差异型需求。无论产品是否提供这类功能，用户的满意度都不会发生变化。
- 第四象限中Better系数值低，Worse系数的绝对值高。这个象限的需求属于基本型需求。如果产品提供这类功能，用户的满意度不会有明显变化；如果产品不提供这类功能，用户的满意度会大幅降低。

对于每个产品功能，我们以Better系数值为纵坐标，以Worse系数值为横坐标，放置在坐标系中。表9-2中所有的功能及其坐标为：功能A(89%, 43%)、功能B(83%, 22%)、功能C(45%, 68%)、功能D(68%, 95%)、功能E(42%, 43%)。然后，在坐标系中标注每个功能的位置，如图9-6所示。

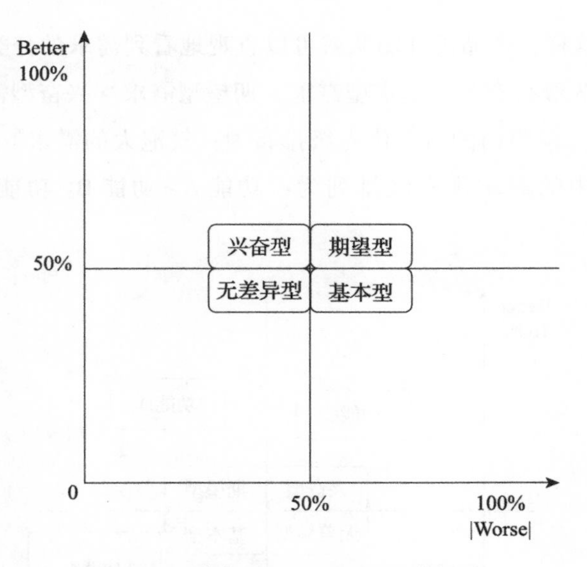

图 9-5　建立 Better-Worse 坐标系

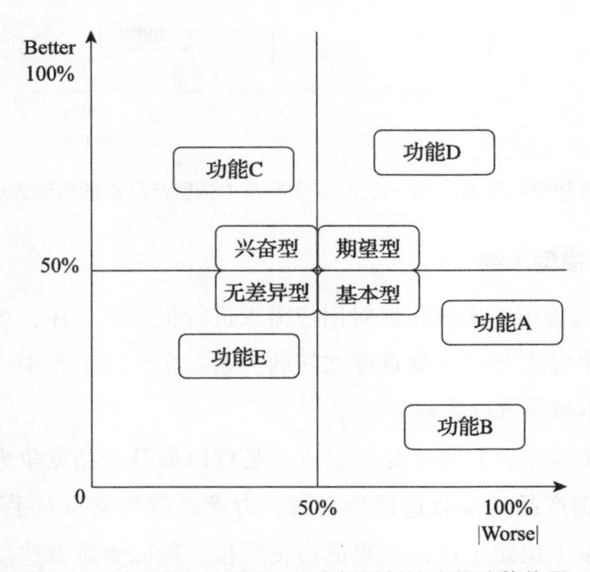

图 9-6　在 Better-Worse 坐标系标注产品功能位置

最后，根据用户对每个功能重要性的评分，将坐标系中的产品功能气泡进行放大或缩小，即用可视化的气泡大小来表示产品功能的重要程度，如

图 9-7 所示。这样，产品设计团队就可以直观地看到需求的分类和优先级的排布了。需求优先级排布为：基本型需求 > 期望型需求 > 兴奋型需求 > 无差异型需求。位于同一象限内的需求优先级排布为：气泡大的需求 > 气泡小的需求。因此，图 9-7 中的需求优先级排列为：功能 A> 功能 B> 功能 D> 功能 C> 功能 E。

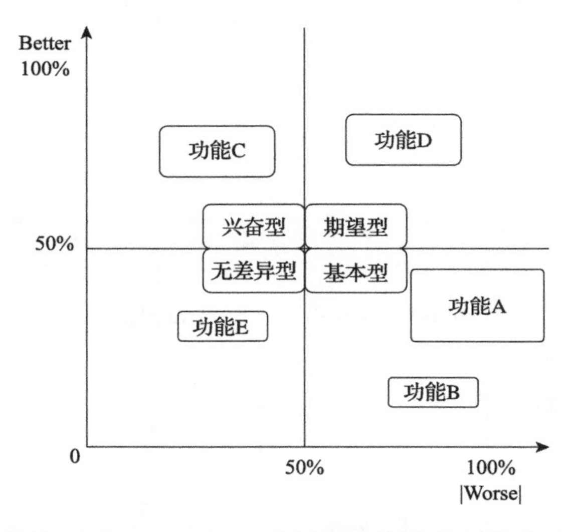

图 9-7　在 Better-Worse 坐标系中调整产品功能气泡大小

5. KANO 模型小结

KANO 模型适用于系统化地对用户需求进行优先级排序，可以帮助产品研发团队了解每个需求与用户满意度之间的关系。在实际工作中，产品研发团队应全力保障基本型需求的实现。

对于期望型需求，它是产品的卖点，是可以提升产品竞争力的需求。产品研发团队要根据产品定位有选择地去做，力求提供与竞争对手有差异的功能。期望型需求基本上决定了产品未来的市场定位，所以要做哪些期望型需求应该从产品的市场定位出发。需要注意的是，一个产品不能聚集过多的卖点，这样会使产品开发成本高、开发周期长。而且大量卖点也模糊了用户的记忆点和产品定位，因此产品卖点要保证和竞品加大差异，但不必过多。

对于兴奋型需求，如果资源允许，产品研发团队可选择一两个去努力做好，让用户为之雀跃，提升其忠诚度。另外，对于无差异型需求，产品研发团队尽量避免其影响用户体验，能不做尽量不做，没必要花费太多资源。

9.6 MoSCoW 方法

MoSCoW 方法，也称为 MoSCoW 优先级划分或 MoSCoW 分析。MoSCow 是一个用于确定时间紧迫的项目优先级的框架，由 Oracle 英国咨询公司的软件开发专家戴伊·克莱格创建。MoSCoW 方法是敏捷方法中的一项重要技术，旨在将有限的资源优先分配在具有最高商业价值的项目上，并使得关键利益干系人与产品研发团队对需要交付的每个需求的重要性都达成共识。

MoSCoW 是如下单词的首字母缩写。

- M：Must have，必须具备的。
- S：Should have，应该具备的。
- C：Could have，可以具备的。
- W：Won't have，不会具备的。

这 4 个字母分别代表着产品需求的 4 种类别，如图 9-8 所示。下面详细介绍 MoSCoW 方法中的 4 类需求。

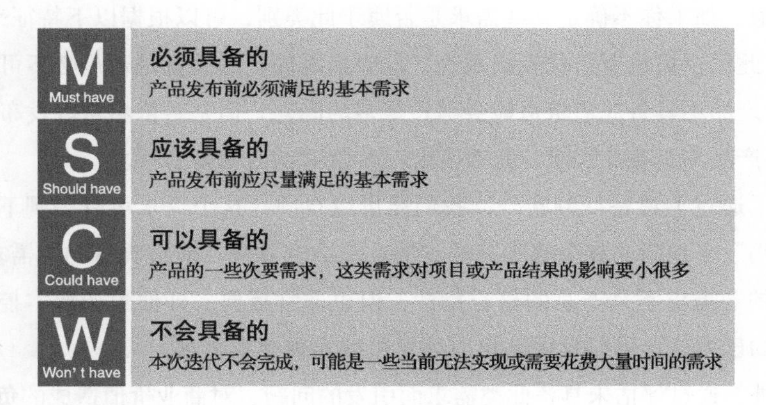

图 9-8　MoSCoW 方法中的 4 类需求

9.6.1 必须具备的

该类别中的需求会被产品研发团队视为必须完成的，是产品发布前必须满足的基本需求，比如产品核心功能。如果这类需求不满足，可能会导致项目失败，使产品无法使用。如果你不确定某些需求是否属于此类别，可以根据以下特征来判断。

- 项目不具备此需求，是否将无法按期交付；
- 项目不具备此需求，是否将不合法；
- 项目不具备此需求，是否将不安全；
- 项目不具备此需求，是否将无法实现商业模式；
- 产品不具备此需求，是否将无法正常工作；
- 产品不具备此需求，是否将变得没有意义。

如果其中某个问题的答案是否定的，那么这个需求很可能是“必须具备的”。

9.6.2 应该具备的

该类别中的需求被产品研发团队视为应该尽量完成的，比如提升产品性能、修复产品错误、增加产品新特性等。即使这些需求没有实现，项目也可以按期完成，产品也可以正常使用。但如果这些需求实现了，项目或产品会产生更可观的价值。如果你不确定某些需求是否属于此类别，可以根据以下特征来判断。

- 此需求很重要，优先级很高，但对最终的产品而言是否是必不可少的；
- 产品不具备此需求可能会引发很多的问题，但是否依然可以发布；
- 产品不具备此需求，是否需要一个临时的方案来替代。

除了通过上述特征判断外，我们还可以自问“这个需求可以等到下个版本再发布吗”来判断。如果答案是肯定的，那么它就是“应该具备的”需求。“应该具备的”需求不是产品的核心特性，但也非常重要。即便迫于成本控制和开发周期的压力，产品研发团队也应该尽可能实现此类需求。

此外，通过评估未具备此类需求而引发的问题、对商业价值造成的负面影响以及影响人数，我们可以判断出需求是属于“应该具备的”还是“可以具备的”。

9.6.3 可以具备的

该类别中的需求被产品研发团队视为时间充裕才会完成的，是产品的一些次要需求。与“应该具备的”需求相比，这类需求对项目或产品结果的影响要小很多，比如一些产品细节上的优化。如果不满足这类需求，对产品和项目也没有什么影响。即便满足了这类需求，项目或产品也不会产生很大的价值。如果你不确定某些需求是否属于此类别，可以根据以下特征来判断。

- ❑ 此需求是否有实现的意义；
- ❑ 如果不具备此需求，是否对项目和产品的影响很小（与“应该具备的”相比）。

除了通过上述特征判断外，我们还可以自问“如果开发周期紧张，可以删掉这个需求吗”来判断。如果答案是干脆而肯定的，那么它可能是“可以具备的”需求。因此，产品研发团队可在时间充裕的情况下，考虑这类需求，当项目存在问题或有无法按时交付的风险时，则不考虑此类需求。

9.6.4 不会具备的

该类别中的需求被产品研发团队视为（在本次迭代范围内）不会完成的，它可能是一些当前无法实现或者需要花费大量时间的需求。我们可以自问“目前，这些需求是不是几乎没有价值或者完全不重要”来判断。如果答案是肯定的，那么它就是“不会具备的”需求。“不会具备的”需求不是说这类需求一定不做，可能只是因为优先级很低或者当前时机不成熟而暂时搁置，可能会被规划到未来的某个迭代中。此类需求达成一致，有利于避免对项目范围的误解。

9.6.5 MoSCoW 方法小结

MoSCoW 方法的好处是，当对大量需求进行优先级排序时，高效且实用。它比其他优先级排序工具更加简便，因为有些优先级排序方法需要从多个维度来评价需求，并比较各个需求的优先级。而且，MoSCoW方法更易于产品研发团队理解和使用，能够使团队中的每个成员都参与进来。只要将需求按照MoSCoW方法分成4个类别，产品研发团队就会清楚地知道应该将精力集中在哪些需求的研发上。MoSCoW方法有效地减少了时间的浪费，以及对项目范围、需求重要性的争论和误解。

不过，MoSCoW方法也会存在一些问题。比如：它不利于在具有多个相同优先级的需求中做出选择；对于什么必须有、什么应该有、什么可能有的界限比较模糊。此外，其还可能存在一种完全不同的产品解决方案，导致需求发生变化，进而导致一些优先级也发生变化。

即便如此，我们只需要保证产品研发团队中的每个人都知道哪些需求是本次迭代中必须具备的，哪些是应该具备的，哪些是可以具备的，哪些是不会具备的。通过关注关键需求，产品研发团队最终可研发出符合最低需求的可销售产品。

9.7 本章小结

在本章中，我们了解了产品需求优先级排序概念和意义，以及排列产品需求优先级的4种常用方法，包括马斯洛需求层次理论、设计需求层次理论、KANO模型、MoSCoW方法，对排列产品需求优先级的重要性和方法有了一定的认识。

- 《精益创业》中提到一种基于精益思维的产品开发模式，分为3个步骤：快速发布最小可行性产品、通过用户反馈快速验证产品需求的正确性、基于用户反馈快速迭代产品。
- 优先级排序能够使产品研发团队在受到资源约束的情况下，尽快交付最重要的、具备最大价值的产品功能，以此提升用户满意度。
- 在判定需求优先级的阶段，我们有必要对产品研发团队和利益干系人重新宣读产品定位声明，以便于指导他们做出正确的决策。

- 随着业务需求的变化，大部分长期项目的产品需求优先级会发生变化，所以产品需求优先级的排列需要在研发过程中不断重新评估，以便应对不断发生变化的市场趋势、用户喜好、竞争环境等。
- 在评估产品需求优先级时，产品研发团队有很多要考虑的问题，比如产品需求的价值、成本、投资回报、风险、实现难度、紧急程度、需求之间的依赖关系、与产品的战略匹配程度、资源可用性等。
- 对所有的产品需求进行优先级排列是小题大做，因为比较复杂的产品常常有成百上千的需求。由于预算限制、时间紧迫、可行性限制等，产品研发团队无法在一个版本中实现所有的需求。
- 排列产品需求优先级通常有以下 4 种常用方法：马斯洛需求层次理论、设计需求层次理论、KANO 模型、MoSCoW 方法。
- 马斯洛需求层次理论将人类的需求由低到高分为 5 个层次：生理需求、安全需求、情感需求、尊重需求以及自我实现需求。在自我实现需求之上，还有自我超越需求。马斯洛需求层次理论指出，只有当低层次的需求被满足，人们才会产生更高层次的需求。较低层次的需求是较高层次需求的基础。
- 设计需求层次由低到高分为 5 个层次：功能性、可靠性、可用性、熟练性和创造性。功能性和稳定性是用户认为产品理所应当提供的特性，所以仅满足基本功能需求的设计或仅满足可靠性需求的设计会被认为是低价值的。
- KANO 模型将影响满意度的产品功能或用户需求划分为 5 个类型：基本型需求、期望型需求、兴奋型需求、无差异型需求、反向型需求。
- 当产品基本功能 / 性能不足或缺失时，会导致用户极度不满。当产品基本功能 / 性能具备时，用户觉得这是理所当然的，满意度并不会有所提升。
- 当产品功能 / 性能达到用户期望或超出用户期望时，用户的满意度会显著提升。当产品功能 / 性能未能满足用户期望时，用户的满意度会显著下降。

- 当兴奋型需求被满足时，用户的满意度会急剧提升。即使兴奋型需求没有被完全满足或没有被满足，用户的满意度也不会明显下降。
- MoSCoW 方法是敏捷方法中的一项重要技术，旨在将有限的资源优先分配在具有最高商业价值的项目上，并使得关键利益干系人与产品研发团队对需要交付的每个需求的重要性达成共识。
- MoSCoW 方法将产品需求分为 4 类：必须具备的、应该具备的、可以具备的以及不会具备的。

第 10 章 C H A P T E R

概念生成：构思满足产品需求的方案

在充分了解用户需求并将其解析为产品需求后，产品研发团队可基于产品需求构思能够满足产品需求的解决方案，即生成产品概念。本章将介绍产品概念的定义以及生成产品概念的步骤和方法。在此阶段，产品研发团队应尽可能多地构思能够满足产品需求的解决方案，包括机械、设计、硬件、软件等各方面的解决方案，以便在后期经过充分的对比和分析后，选出最佳的产品概念。

10.1 产品概念生成概述

10.1.1 产品概念生成的定义

产品概念是对产品形态、功能、技术工作原理以及如何满足用户需求的大致描述，即简要说明产品是什么样子的、用什么做的、可以做什么以及用户如何使用产品来满足需求。通常，我们可使用草图、三维模型以及文字进行描述，根据实际情况也可能会使用视频的形式进行更直观的描述。产品概念的质量很大程度上决定了产品是否能够满足用户需求和是否能够成功地实现商业化。所以，概念生成是产品研发过程中必不可少的一个阶段。产品概念生成的过程就是思考各式各样的产品解决方案的过程。

构思产品概念的目的是尽可能多地去探索能够满足用户需求的产品解决方案，然后从众多产品概念中选择合适的产品概念进行概念测试，即向产品的目标用户展示产品概念，以便了解目标用户对产品概念的兴趣和看法，最后从目标用户最感兴趣的产品概念中选出最佳的产品概念进行开发。先进行产品概念生成，再进行产品概念筛选，然后进行产品概念测试，最后进行产品研发，这样的流程极大程度地降低了在产品研发过程中才发现更好的产品解决方案或者被竞争对手做出更具优势的产品的可能性。此外，产品概念在很大程度上决定了产品的成本。所以毫不夸张地说，产品概念的质量基本上决定了未来产品的成败。所以，在概念生成阶段，产品研发团队在产品研发前期对产品概念进行的探索越全面，在后期研发过程中出现意外的可能性就越低。

最终的产品概念质量通常取决于产品研发团队的创造力、经验和技能。很多伟大的想法是通过对日常生活中的事物观察和进行批判性的改进而形成的。在产品概念生成过程中，最困难的是提出一个原始概念，即发明创造一款市面上不存在的产品，比如灯泡的发明，在提出灯泡这个产品概念之前，市场中只有蜡烛、火把、油灯等照明产品，几乎无从参考，所以原始概念的提出需要极大的创造力、经验以及技能。（耐心和开放的心态也是必不可少的，因为发明过程中需要大量尝试，不断经历失败。）不过，由于目前绝大多数产品的研发是针对市面上已存在的产品进行创新、改造，比如从手表到智能手表，从摄像头到智能摄像头，从单按键手机到全面屏手机，因此产品研发团队基本不需要提出原始概念，而是站在巨人的肩膀上进行探索，这使得生成产品概念的过程没有那么艰难。

10.1.2　概念生成中常见的问题

概念生成阶段，第一个常见的问题是缺乏深入地思考产品概念或问题解决方案，只考虑了较少的产品概念或问题解决方案就进入产品开发阶段。在思考产品概念的初期，产品研发团队会自然而然地想到一些解决问题的思路，比如设计师会本能地想到产品的形态应该是什么样子，工程师会本能地想到用何种技术实现某些功能，但这只是产品研发团队的想法，未必是用户想要的解决方案。很多成功的产品概念并非源自最初的想法，而是从几十个想法中筛选并迭代出来的，所以产品研发团队应该花些时间尽可能多地构思产品概念。

第二个常见的问题是对产品概念和问题解决方案的思考不够全面，比如仅考虑同类型产品的解决方案，想不到借鉴类似产品的解决方案，仅凭借有限的经验就决定了产品概念或问题解决方案。有时，产品研发团队可能被个人经验和技能所约束，导致在产品概念上没有新的突破，解决方案屈指可数，不尽如人意。虽然通过头脑风暴等概念生成方法，产品研发团队的成员能够互相启发新的想法和创意，但相比于客观存在的解决方案，仅凭团队数人的经验生成的想法就显得不够用了。因此，产品研发团队不能仅凭借个人经验构思产品概念，更不能傲慢地认为，凭借一个小团队的经验和智慧就能够发现绝佳的创意，其实还有很多外部资源值得去利用。

10.1.3　结构化的概念生成方法

为了避免在概念生成阶段出现上述问题，产品研发团队需要通过结构化的方法生成产品概念，从而避免仅凭灵感或个人经验就确定产品概念的行为。结构化的概念生成方法的一般流程为：首先，产品研发团队要明确问题（即产品需求），因为最终的产品概念必须是能够满足产品需求的。由于问题通常是较为广泛和复杂的，因此产品研发团队应将其分解成若干较为具体和简单的子问题。然后，通过建立在信息收集基础上的头脑风暴类创意生成方法来生成产品概念，也可以通过产品研发团队的经验和判断，结合设计原则和方法，生成有针对性的、适用于特定情况的产品概念。通过这两种方式，打造出大量产品概念，并不断构想不同的解决方案。接着，将所有子问题的解决方案整合在一起，从整体上协调和规划产品结构。最后，对得出的解决方案进行分析和反思。结构化的概念生成方法不但有利于拓展产品概念，还为产品研发团队提供了有章可循的概念生成方法。

结构化的产品概念生成过程，一般可以分为以下 4 个步骤。

1）澄清问题。

2）外部搜索。

3）内部搜索。

4）系统搜索。

下面将详细介绍结构化的产品概念生成步骤。

10.2 澄清问题

澄清问题，是指深入理解当前的问题，并在必要时将问题分解成若干个子问题。这里所说的“问题”就是在前面的章节中，由用户需求转换而来的产品功能需求和产品规格需求。在进入概念生成阶段之前，产品研发团队应先弄清楚产品的业务目标、产品的功能需求和产品的规格需求，综合考虑这三方面以生成产品概念。不过在确定最终产品概念后，这三方面内容可能还需根据实际产品概念进行修正和完善。

有些产品的功能通常比较复杂，以致很难将其直接作为一个问题来解决，这时候就可以将其进行分解，把一个完整的功能系统分解成若干个相对简单的子功能。比如，设计一款激光切割机时，产品研发团队可以将其分解为若干个简单的子功能，即激光控制系统（用于控制激光器发射激光）、水冷系统（用于给激光器降温）、运动控制系统（用于控制激光的运动轨迹）、烟雾净化系统（用于净化激光切割时产生的烟雾）等。

再举一个更贴近生活的产品的例子，比如设计洗衣机时，产品研发团队可以将其分解为若干个简单的子功能的组合，即机械支撑系统（包含整个箱体、底座、面板等，用于支撑洗衣机的整体结构）、电子控制系统（包含传感器、开关、操控面板等，用于控制洗衣机的工作）、洗涤系统（包含洗衣机的内筒、外筒等，用于承载和洗涤衣物）、动力控制系统（包含电机、皮带、离合器等，用于控制洗衣机的洗涤强度）、进排水系统（包含进水阀、排水阀、水管等，用于控制洗衣机的进水和排水）等。

不过有时候，某些问题很难分解成子问题或者没必要进行分解，比如动力控制系统，靠电机、离合器以及皮带等传动结构即可实现，很难再划分出子功能。所以，产品研发团队在分析产品功能时，只设法分解复杂的问题即可。对于非常简单的产品设计，分解功能的方式并不适用。

通常，我们可以使用功能建模、关键路径分析以及集中精力于关键子问题来澄清问题（进行功能分解）。下面将对这 3 种方法进行详细的介绍。

10.2.1 通过功能建模澄清问题

每款产品都有其独特的用途，功能就是用来描述产品用途的。比如，洗衣机的功能是洗衣服，微波炉的功能是加热食物，空调的功能是调节温度，这些描述的是产品的整体功能。整体功能由若干子功能和设计约束组成。设计约束是产品设计过程中的一些限制，比如成本约束，即为了解决某问题或实现某功能，花费的成本不能超过某个特定值。

分解问题的第一步就是将产品整体功能视为一个黑箱子。之所以称其为黑箱子，是因为产品整体功能的内部构造和原理被视为未知的。在黑箱模型中，我们可以将产品功能看成一个黑箱，它能够接受外界输入，外界输入经过整体功能处理后，再产生输出。相同的输入必须产生相同的输出。通常，我们可以用图像的形式描述黑箱模型，如图 10-1 所示。黑箱模型有助于产品研发团队将关注点放在当前最主要的功能上，避免在思考解决方案的时候被不重要的分支功能所干扰。

图 10-1　黑箱模型示意图

如果将洗衣机的整体功能（洗涤衣物）看作一个黑箱子，输入可能就是脏衣服、水和洗衣液等，输出就是干净的衣服和脏水等。不过，这样的描述并不太准确。因为产品在正常运作时通常需要利用物质、能量，可能还需要用户（或其他元器件）在开始工作前输入控制信号（告诉产品应该开始工作了），在工作结束后可能还需要向用户（或其他元器件）发出工作完成的信号（告诉用户工作完成了）。所以为了更严谨地描述产品功能，我们应该清晰地描述产品的输入和输出之间的关系，即输入什么事物（能量、物质、信号等）后，产品会输出什么事物（能量、物质、信号等）。仍以洗衣机为例，输入可能包括脏衣服、水、洗衣液、电能、控制信号，洗衣机接收这些输入并处理后，将输出动能、干净的衣服、脏水等。将洗衣机的整体功能用黑箱模型图像化后，即可得到图 10-2。

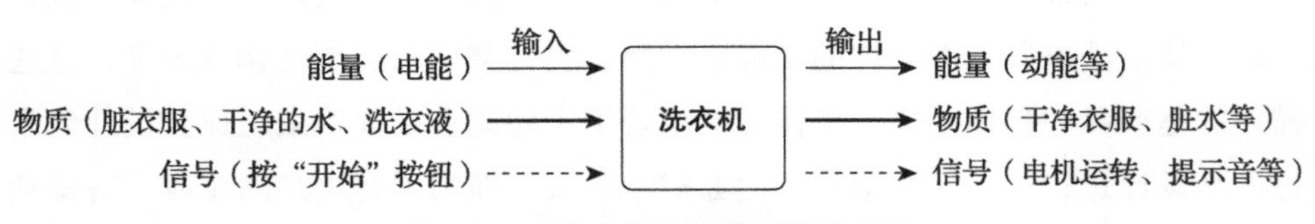

图 10-2　洗衣机的黑箱模型示意图

分解问题的第二步就是对黑箱模型进行分解。通常情况下，产品的整体功能可以分解为一系列简单的子功能。子功能是整体功能的组成部分。如同产品整体功能描述了产品能够完成的整体任务一样，产品的子功能描述了与之对应的各个子任务。通过对功能进行分解，我们可以了解到产品中的每个功能模块对实现整体功能起到的作用。类似于产品整体功能可以拆分为相互关联的子功能，任何一个黑箱模型也可以被拆分为相互关联的黑箱子。以洗衣机黑箱为例，对其进行拆解，即可得到图 10-3。

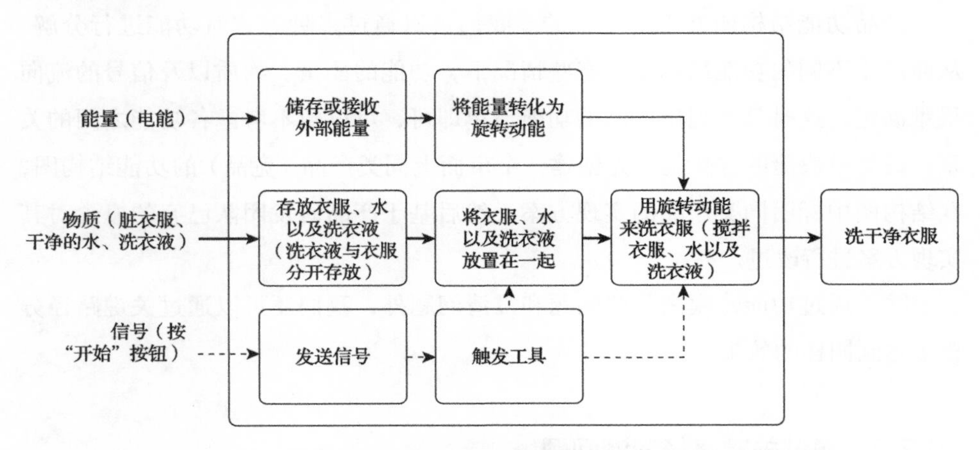

图 10-3 洗衣机的黑箱模型拆解示意图

从整体功能分解出的子功能通常还可以继续进行分解，就这样不断地对功能进行分解，直至产品研发团队能够轻易地构思出其解决方案。比如，“将衣服、水以及洗衣液放置在一起”这个子功能可能会被继续分解为“将衣服放置到特定位置”“将水放置到特定位置”“将洗衣液放置到特定位置”，分解到这样的程度后，思考其解决方案就变得简单了。又比如“将水放置到特定位置”的解决方案可以是通过水管、水阀、水位传感器和控制信号来实现，具体实现为接收到加水的控制信号后，水阀打开让外部的水从水管流入，直到水位传感器发出信号，关闭水阀停止加水。

值得注意的是，分解功能是为了描述产品的功能要素，加深产品研发团队对功能的理解，而不是为了描述产品具体的工作原理。所以在通过黑箱模型分解功能时，要避免写出任何功能的解决方案。产品研发人员在构思新产品概念时，应保持思维开放，考虑多种可能行，比如输入的能量不一定非电能不可，也可以是其他形式的能量。信号的触发也不一定通过按下物理按钮实现，可以通过触控屏发出信号，也可以通过手机 App 发出信号。每个功能的实现方案都不是唯一的，只有保持开放思维，充分寻求和发掘可能的解决方案，避免根据经验过早地陷入某种解决方案，这样才能为产品设计提供更多有价值的产品概念。

产品功能结构图并不是唯一的。我们可以通过多种方式对功能进行分解，从而产生不同的功能结构图。有些情况下，功能的能量、物质以及信号的流向很难确定，这时只要列出产品的功能清单即可，可以暂不考虑各功能之间的关系。最简单快捷的方式是，先创建一个市面上同类产品（竞品）的功能结构图，在结构图中标明同类产品的实现方案，然后基于产品研发团队已有的概念对其实现方案进行改进。

除了通过功能建模来分解问题和澄清问题外，我们还可以通过关键路径分析来达到同样的效果。

10.2.2　通过关键路径澄清问题

所谓关键路径，是指用户使用产品核心功能的操作流程。比如，用户使用洗衣机洗衣服的操作流程如图 10-4 所示。

开启电源→打开盖子→放入衣服→关闭盖子→选择洗涤模式→开始洗涤→等待洗涤完成→取出衣服→关闭盖子→关闭电源

图 10-4　操作洗衣机的关键路径示意图

绘制出关键路径后，我们可以对关键路径上用户需要执行的每个任务进行分析，从而将任务分解为一些子任务，得到一些设计目标。比如：在使用过程中用户需要开启盖子，那么盖子的设计可能需要能够单手轻易地打开和关闭，因为放衣服的过程中用户通常是一手拿衣服一手开盖子。

在洗涤过程中，用户通常会离开洗衣机去做其他事情，并时不时地查看洗衣机的运转情况以判断洗涤是否完成。经常会出现的情况是，衣服洗完很久，用户也没有来取出衣服。针对这个问题，我们可以找到一些设计方向：洗衣机应该能够向用户传达其工作状态。对于在洗衣机附近的用户，我们可以将盖子设计成透明或半透明，以便于用户直接观察洗衣机内部运作状态来了解其工作状态，也可以通过操作面板来显示其工作状态，并在工作完成后通过声音提示通知用户。对于不在洗衣机附近的用户，我们可以通过手机 App 来展示其工作状态，还可以在工作完成后推送消息提醒用户。

通过上述方式分析关键路径，可将整体功能分解为一系列简单的子功能，然后再对子功能进行分解，并通过特定解决方案来实现，这样就能够将复杂的问题进行简化，加深产品研发团队对产品功能的理解，从而构思出整体解决方案。

10.2.3　集中精力于关键子问题

完成问题分解后，产品研发团队可得到一份产品子功能清单。基本上每个子功能都对应着特定的用户需求和产品需求。由于在先前阶段已经对需求优先级进行排序，因此在此阶段产品研发团队可以集中精力和资源在优先级相对较高的子功能上，即具备更高价值、对用户来说必不可少的子功能。这意味着，有些不那么重要或者可有可无的子功能将被推迟到后续迭代进行处理。

仍以洗衣机为例，产品研发团队应将精力和资源放在“将衣服、水以及洗衣液放置在一起”“将能量转化为旋转动能”“用旋转动能来洗衣服”这三个子功能上，而将洗衣机如何接收和发送信号，以及其他人机交互相关的问题全都放在后面解决。因为前面说的这 3 点涉及洗衣机的工作原理，它们基本上直接决定了产品的形式，比如是搅拌式洗衣（通过搅拌棒和搅拌翼旋转来达到清洁效果）、滚筒式洗衣（通过内筒顺时针和逆时针转动来达到清洁效果），抑或是波轮式洗衣（通过波轮快速转动产生的强劲水流来达到清洁效果）。所以，产品研发团队应该先从产品可能用到的核心技术开始构思，然后再考虑如何根据产品形态应用这项技术，最后构思其他子功能的解决方案并将其整合在一起。产品研发团队应对子功能的优先级达成一致，然后开始构思解决方案。

10.3　外部搜索

外部搜索指的是从企业外部收集相关信息和资料的过程，目的是找到整体问题以及分解出的子问题的现有解决方案，即搞清楚当前有哪些现成的解决方案适用于解决产品研发团队遇到的问题。与研发新的解决方案相比，实施现有的解决方案可能更容易、更节省成本、更快。产品研发团队可以选择对现有解决方案进行优化和改进，还可以有选择性地针对部分子问题使用现有解决方案，或者由产品研发团队重新制定解决方案，进而产生更好的整体解决方案。因此，外部搜索的工作不但包含对竞争对手的产品进行解构和分析，还包含对其产品相关的子功能之间的联系以及所采用的技术解决方案进行深入研究。

搜索外部信息时，产品研发团队要尽可能广泛地收集与当前问题相关的信息，然后通过探索更具针对性的细节问题来聚焦搜索方向，这样可以更加有效地利用时间和资源。过度使用任何一种外部搜索方法都将影响外部搜索的整体效率。搜索外部信息的方法有很多种，常用的方法有领先用户研究、专家咨询、专利检索、文献检索、标杆管理等。下面详细介绍这5种常用的外部信息搜索方法。

10.3.1 领先用户研究

领先用户的概念是由麻省理工学院的埃里克·冯·希贝尔博士于1986年在出版的《管理科学》一书中首次提出的。领先用户研究，又称领先用户法，是一种市场研究工具，用于探索产品开发过程中的创新机会。所谓领先用户，其有几个特点：领先用户比普通用户更早地产生某些需求，这些需求领先于市场且是未来市场中会普遍存在的需求。如果需求得到满足，领先用户所获得的收益比普通用户获得的收益更大。领先用户有强烈的兴趣去创造新的解决方案。

领先用户往往比普通用户具备更丰富的相关经验和知识，使用更先进的产品和解决方案，但由于他们的需求早于市场中的普通用户，因此市场中当前存在的产品和解决方案通常不能很好地满足他们的需求。于是在生活或工作中，他们为了实现需求就需要自己动手优化现有产品和解决方案，这些改进可能极具创造性。这种情况在高科技领域十分常见。

比如，产品研发团队想要在显示器的设计上取得突破，会去找那些领先用户，可能有游戏玩家、设计师、软件工程师等。通过与他们沟通，发现他们觉得屏幕不够大，所以同时使用两个或更多显示器；想要显示器能够显示更多行，于是把显示器竖起来摆放；觉得显示器的角度有问题，所以在显示器底座下垫了其他东西。通过洞察这些领先用户改进现有产品的行为，产品研发团队做出了更大、可旋转、能任意调整角度的显示器。

由此可见，在产品概念生成阶段，产品研发团队有必要进行领先用户研究，使领先用户参与到产品概念生成过程中，这样就能够有效利用他们发现新的机会和构思出更具创造性的解决方案。

10.3.2 专家咨询

专家是指在某些学术或技术方面有高水平的专业技能或在某领域有丰富经验的人。专家可能包括该领域的关键意见领袖（Key Opinion Leader，KOL）、企业的专业人士、专业顾问、供应商的技术代表、渠道商的技术代表、大学教授等。具有某些特定领域知识和经验的专家，不但可以帮助产品研发团队开拓解决方案的思路，发现更多可能性，还有可能帮助其直接提出产品的整体解决方案或某些子功能的解决方案，并确定部分子功能之间的关联。因此，找到这些专家并向他们咨询问题就显得极为重要。

通常，产品研发团队可以通过以下几种方式来寻找专家：最常用和最靠谱的方式是从现有人脉入手，比如通过企业相关领域的同事认识业内的专家；也可以从网络平台入手，直接在一些社交媒体上联系一些相关领域的 KOL；还可以查找一些专业文献，查看并联系其作者；或者从咨询平台入手，比如在一些付费的咨询平台上直接预约专家。

值得注意的是，在寻找专家的过程中，供应商和渠道商这两个角色往往容易被忽略。看上去供应商只是销售产品给我们的人，而渠道商只是帮助我们销售产品的人。但实际上，供应商熟悉不同产品的使用场景。比如，产品研发团队的技术解决方案中要用到摄像头，那么提供摄像头的供应商可能生产适用于不同场景的摄像头，比如用于智能相机的、用于无人机的、用于手机的、用于手表的等。产品研发团队只需要和供应商说清楚想要如何使用摄像头，在什么情况下使用等关键问题，供应商就能提供多种有价值的解决方案以及各个解决方案的成本，因为他们希望产品研发团队确认解决方案后直接购买他们的产品，这要比产品研发团队自己去研发和实验高效多了。

渠道商也不只是卖我们的产品，通常会代理各式各样的同类型产品，不但了解同类型产品用了什么样的解决方案以及具有哪些特色，还了解各个解决方案目前存在的一些问题，因为它们可以直接获取很多客户投诉。这就是渠道商与供应商的不同之处，供应商更可能会告诉你各个解决方案的优势和适用场景，不太会告诉你它有什么缺陷和隐患；而渠道商能够告诉你各个解决方案的受欢迎程度以及它们存在的问题和缺陷。这都是产品研发团队难以获得的宝贵信息。

所以在构思产品概念和解决方案时，我们可以让企业的合作伙伴都参与进来，集思广益，共同创新。

10.3.3 专利检索

专利一般是政府机构根据申请而颁发的一种文件，记录了发明创造的内容（技术方案）。内容通常包含技术方案的名称、图纸以及描述性文字。一般情况下，获得专利的发明创造只有经专利权人许可才能被他人使用。简而言之，某个技术方案申请到专利之后，他人只能在得到专利权人的许可后或等到专利不在保护期内才能够使用这个技术方案。目前，我国的专利分为外观专利、实用新型专利和发明专利，其中外观专利和实用新型专利的保护期限为10年，发明专利的保护期限为20年。

美国商业专利数据库（IFI Claims）发布最新专利报告，公布了截至2020年1月2日的全球250个最大专利持有者，韩国三星电子以76638项专利位居全球第一，美国IBM以37304项专利紧随其后，日本佳能以35724项专利位居第三，美国通用电气以30010项专利位居第四，美国微软以29834项专利位居第五。由此可见，专利是个很庞大的技术方案数据库，可以成为产品研发过程中相关技术资料的来源。

因此，在构思产品概念时，产品研发团队可以先对专利进行检索，了解已经存在的一些解决方案。一方面可以避免重新发明轮子，因为没有人能够保证自己的想法是世界上独一无二的。经过检索，如果发现该想法已经被他人使用过了，要么调整解决方案，要么寻求专利授权，从而避免重复开发处于保护中的技术方案（侵权）。最糟糕的情况就是，产品发布后才发现侵犯了他人专利，从而不得不支付高昂的专利授权费，甚至导致产品禁售。另一方面，了解他人解决问题的思路并适当对其进行优化，有助于完善当前的解决方案，获得更好的效果。此外，通过查看已有专利，产品研发团队可以评估当前想法或技术方案的新颖性，进而判断当前的技术方案是否可以申请专利。申请专利的内容将在后面的章节进行详细介绍。此外，专利相关资料的查询可以寻求法务部门或专利工程师的协助，因为其资料的命名和描述方式专业性较强。

如果想要使用处于保护期的专利，企业需要获取专利发明人的许可和授权，这通常需要支付一笔授权费。值得注意的是，专利是有地域性的，一个国家或地区授予的专利仅在该国家和地区受到保护，对其他国家和地区不发生法律效应。

所以，专利检索是产品概念生成阶段很重要的一个工作，能够帮助产品研发团队避免二次开发，并了解当前已有的解决方案，帮助团队了解相关领域的技术与发展趋势，明确行业内的技术创新热点，对产品的技术方案创建和整体产品概念的生成有着重要的指导意义。

10.3.4　文献检索

文献检索就是根据需要搜集相关技术资料和文献的过程。文献是人们获取信息的重要媒介，是科学研究的基础。任何一项科学研究都必须经过广泛地收集相关文献。研发人员在充分查阅相关文献，分析各种信息之间的联系后，才能够进行更深入的研究。文献的形式多种多样，包括图书、期刊、论文、科研报告以及政府报告等。所以，在构思问题的解决方案和产品概念时，产品研发团队必须对现有文献进行充分的检索。

通过网络进行检索是最常用和高效的方式，不足之处是搜索到的信息未必准确。随着计算机技术的不断发展，不同形式的文献有专门的平台来承载，比如搜集科技相关论文可以到美国《科学引文索引》（SCI）、搜索书籍可以到图书网购平台等。产品研发团队应该具备搜索信息的技能，以便于更好地进行文献检索工作。

10.3.5 标杆管理

标杆管理，也称基准管理，产生于20世纪70年代末80年代初美国企业“学习日本经验”的浪潮中，由美国施乐公司首创。那时，在打印机市场处于世界垄断地位的施乐公司面临着日本佳能公司的全面挑战，市场份额从82%一路下降到35%。这时施乐公司开始对佳能公司对标研究和反击，最终夺回市场份额，由此形成了美国企业开展标杆管理的热潮。

如今，标杆管理已经成为企业制定战略计划的重要工具。据统计，全球500强企业中有近90%的企业应用了标杆管理。西方管理学界将它与企业再造、战略联盟合称为“20世纪90年代三大管理方法”。标杆管理具有较大的时效性和广泛的适用性，已经在市场营销、成本控制、人力资源管理等领域得到广泛应用。当然，它同样适用于新产品开发。

标杆管理的基本思想是以优秀的竞争对手为榜样，通过结构化的比较和分析，找出与榜样之间的差距，向其学习并赶超。标杆管理应用于概念生成阶段，可分为3个步骤。

- 第一步：立标，即确定标杆产品。产品研发团队对要做的产品进行分析，将其同类型的产品、相似的产品以及能够使用户达成同样目的的产品作为标杆。标杆可以不止一个，比如在子功能A的解决方案上以产品A为标杆，在子功能B的解决方案上以产品B为标杆，这样使产品集各家之所长。

- 第二步：对标，即设定各个子功能的基准，类似于前面章节所讲到的设定产品目标规格。产品研发团队应对标杆产品进行拆解和深入研究，了解其各个子功能之间的联系和解决方案，并思考这些解决方案是否有效地解决了问题，哪些解决方案值得我们借鉴，哪些解决方案需要我们舍弃，然后分析其他产品的效能数据，寻找差距和优劣，并选取关键数据作为自家产品要达到和超越的基准。
- 第三步：达标和创标。通过设计有效的解决方案来达到基准，然后通过不断迭代解决方案成为更好的解决方案，成为新的行业标杆。

值得注意的是，在第二步选择标杆时，不要只盯着同类型产品。比如，在设计洗衣机的盖门时，未必要去研究其他洗衣机的盖门，而是将盖门看成一个子功能，能实现打开和关闭，这样可供参考的产品就变得很多，比如冰箱门、微波炉门、车门、垃圾桶盖门等。所以在选择标杆时，产品研发团队应注意思考具备子功能解决方案的类似产品，这样才能发现更多可以用于新产品的解决方案，为产品概念提供更多思路。

10.4　内部搜索

内部搜索指的是从企业内部收集相关信息和资料的过程，主要是通过产品研发团队的经验和创造力来构思整体问题以及分解出的子问题的解决方案。内部搜索一般是通过产品研发团队进行头脑风暴并配合一些辅助工具来构思解决方案的，这是新产品开发过程中最具创造性的过程。它能够使产品研发团队的知识和经验汇聚在一起，碰撞出新的具有创造性的解决方案。值得注意的是，内部搜索可以由团队执行，也可以由个人独自执行。

搜索内部信息时，产品研发团队应保持耐心，避免过早地得出结论，同时要避免出现“完美主义”倾向。内部搜索的本质是对各种解决方案的可能性进行探索，应尽可能保持开放、减少约束，不要马上否定，也不要马上肯定，重点在于探索和尝试。常用的内部搜索方法和工具主要有头脑风暴法、SCAMPER方法、思维导图法、6-3-5方法等。下面详细介绍这4种常用的内部搜索方法。

10.4.1 头脑风暴法

1. 头脑风暴法概述

头脑风暴法是指一种无限制的自由讨论和联想的方法，用于产生新的想法或激发新的创意。头脑风暴法由美国创造学家亚历克斯·奥斯本于 1939 年首次提出，并在 1953 年出版的著作《应用想象》中正式发表。从那时起，各国创造学者对他的原始方法进行了实践和发展，至今已经形成不同形式的头脑风暴法。

头脑风暴法以激发想法为目的，通常将具有与某一主题相关经验和技能的 6～10 人组成一个小组，在 20～60 分钟内进行自由的集体讨论，从他人的想法中获得启发，源源不断地产生新的想法，进而得出问题的解决方案。头脑风暴法最适用于产品研发的早期阶段，可以生成各种具有创造性的想法。头脑风暴法主张数量胜于质量，并禁止批评或奖励任何想法，对所有想法保持开放的态度。它的好处在于使参与者处于轻松自由的环境中，可以尽情发散思维，提出乍看之下有些疯狂的想法。这些想法一方面能够直接被当作问题的解决方案，另一方面能够成为其他参与者的灵感来源，使其他参与者摆脱固有的思维方式、生成新的想法。头脑风暴法就是这样以想法引发更多想法和创意的方式，来扩大解决方案的范围。

2. 头脑风暴的 8 种类型

头脑风暴法通常可以分为以下 8 种类型。

- 团队思想映射方法。该方法是基于联想进行的，能够优化团队思想，不拒绝任何想法，目的是使所有参与者都能够真正参与其中。该方法要求所有参与者聚在一起介绍自己的想法，然后将想法结合在一起，组成一幅巨大的思维导图（称为想法图），接着对思维导图中的想法进行联想，以产生更多想法并将其补充到思维导图中，最后梳理出所有想法，明确优先级后，采取相应的行动。
- 逆向头脑风暴，是将逆向思维与头脑风暴法相结合的一种方法。首先询问参与者与主题相反的问题，然后由参与者提供此类逆向问题的想法和创意，最后以参与者提出的新奇想法作为实际问题解决方案的线索。此方法常用于分析潜在问题，排查风险。

- 标称小组技术。该方法是在传统头脑风暴法的基础上，要求每个参与者对自己的想法进行简短的解释，然后删除重复的解决方案。每个参与者要对众多想法进行投票，根据投票结果对所有想法进行排名，排名第一的想法作为最终解决方案。该方法的优势是通过匿名投票的方式快速进行决策，解决了参与者不愿对他人想法发表意见的问题；劣势是一次只能处理一个问题。
- 小组传递技术，参与者围坐在桌子旁，以快速的节奏生成想法。每个参与者都在纸上写下一个想法，然后按照顺时针或逆时针将写有想法的白纸传递给旁边的参与者，同时每个参与者在他人的想法下面写出自己基于这个想法衍生出的想法，如果没有想法产生，就写"通过"。通过不断重复此过程，能够获取很多想法。该方法的不足之处是带有强制性，可能导致参与者有一定的心理压力。
- 定向头脑风暴，可以面对面完成，也可以通过在线头脑风暴的形式完成。定向头脑风暴类似于小组传递技术，每个参与者要将想法写在纸上（或写在在线电子表单上），写完之后，所有参与者随机交换写有想法的纸，然后每个参与者在他人的想法下写出自己对该想法的优化或改进。通过不断重复这个过程，获得大量想法。
- 个人头脑风暴，指一个人独自进行头脑风暴的方法。它通常包括自由写作、单词联想和绘制思维导图等。多项研究表明，与集体头脑风暴相比，个人头脑风暴产生的想法更多、更好。其主要原因是在集体头脑风暴中，参与者或多或少会受到他人的影响，有时自己的想法和他人的想法重叠了，有时在等待发言的过程中忘记了当时的想法。当进行个人头脑风暴时，自己可以找一个安静、舒适的地方，这里不会有任何干扰因素和外在压力，只需要专注于眼前的问题，通过绘制思维导图可能就可以产生很多富有创造性的想法。思维导图的使用方法将在下一节介绍。
- 集体头脑风暴，指传统意义上的头脑风暴，即一群人进行头脑风暴，参与者可以自由思考，提出尽可能多的想法。集体头脑风暴利用所有参与者的经验和创造力，让每个参与者都觉得自己为最终解决方案做出了贡献，并提醒参与者可以从他人那里获取灵感。集体头脑风暴的质量与主持人是否专业、有经验有很大关系。

- 电子头脑风暴，即在线头脑风暴——用互联网工具取代线下面对面的头脑风暴。其好处是没有地理位置的限制，可以和来自不同国家和地区的人进行头脑风暴，所有参与者能够同时独立地输出想法，且所有想法都会直接被记录下来并对他人可见。因为可以匿名操作，电子头脑风暴避免了面对面头脑风暴过程中参与者产生心理压力的情况。

3. 头脑风暴法的步骤

头脑风暴法通常可以分为以下 4 个步骤。

1）明确头脑风暴的目标。

2）做好头脑风暴前的准备工作。准备工作包括明确头脑风暴时间、地点、参与者以及头脑风暴的方式和规则。

3）开始头脑风暴，并做好记录。

4）整理和分析观察记录，得出结论。

4. 头脑风暴的注意事项

在进行头脑风暴时，我们应注意以下 4 点。

- 自由思考，畅所欲言。在头脑风暴过程中，参与者应该自由思考，摆脱所有束缚，无须考虑解决方案的成本约束、工艺材料、研发方案等，无论想法看似多么荒诞、愚蠢、疯狂，都应该说出来，集中注意力，针对要解决的问题，尽情发挥创意，因为你可能会启发他人产生更好的想法。
- 禁止评论和批评任何想法。在头脑风暴过程中，对任何人提出的想法都不能予以批评或评论，无论是口头上的还是肢体语言上的，也不要自谦地进行自我批评，以免扼杀参与者的创造力。对怪异或疯狂的想法进行鼓励，比如“太棒了”“好主意”。一个疯狂的想法距离一个革命性的想法可能只隔着两到三个迭代而已。

- 不求质量，只求数量。头脑风暴的特点就是产生大量想法，重点是多，而不是精。
- 只提出想法，不深入探讨。为了节省时间，不要沉迷于任何想法，即不要对任何想法进行深入探讨。头脑风暴的目的在于在短时间内产生大量想法，参与者提出一个想法后，将其贴在白板上，然后迅速转到下一个想法。所有意见和评价都要等到会议结束后才能进行。原因是避免破坏畅谈的节奏和气氛，让参与者集中注意力针对主题提出想法。

5. 头脑风暴法的优缺点

头脑风暴法的优点是，能够产生大量想法和创意，因为参与者被鼓励尽情发表想法的同时还能够从他人的想法中产生新的想法。在传统会议中，参与者发言之前要深思熟虑，而头脑风暴不会评价和批评任何想法，参与者能够没有压力地提出任何看似荒诞或者不完美的想法，所以往往能够得出具有创造力的想法。此外，头脑风暴会营造出团队氛围，使参与者之间产生凝聚力，并从他人的想法中获益。不足之处是，参与者可能会被他人的想法所影响，或者担心自己提出的想法被他人评价，所以有一个经验丰富的主持人参加头脑风暴会议是很重要的。

头脑风暴通常会配合其他方法一起使用，以求最大化地激发团队创意。常与头脑风暴法一起使用的方法有 SCAMPER 方法、思维导图法、6-3-5 法等。

10.4.2　SCAMPER 方法

1. SCAMPER 方法概述

SCAMPER 方法是由头脑风暴的创造者亚历克斯・奥斯本在 1953 年提出的一个能够激发创造力的问题清单。它在当时被称为奥斯本清单，后来这些问题被教育管理者兼作家 Bob Eberle 在 1971 年使用 7 个字母 SCAMPER 进行归纳，以便于人们记忆。

SCAMPER 方法基于以下思想：所有的新事物都是对已经存在的旧事物的改进，即改进现有的流程和概念，而不是创造新的东西。SCAMPER 是几个单词首字母缩写，各个字母的意义如下：S，Substitute，替代；C，Combine，合并；A，Adapt，适应；M，Modify 或 Magnify，放大 / 修改；P，Put to other uses，其他用途；E，Eliminate，消除；R，Reverse 或 Rearrange，重新排列 / 反向。

2. SCAMPER 方法的 7 类问题

提出上述字母所表示的 7 类问题，可以帮助我们发散思维并拓宽解决问题的思路。在思考的过程中，如果遇到障碍迟迟不能产生想法，可以通过以下 7 种方式进行思考。

（1）S（替代）

替代是将一种事物替换成另一种事物。拿掉某个概念、产品、服务或流程等事物的某个部分，然后用其他事物替代被拿掉的部分，分析是否会带来改进，比如替换材料、流程、人物、想法等。

（2）C（合并）

合并是将两个或多个部分组合在一起而产生新的事物或对其做出改进。有时候，一个想法可能无法单独发挥作用，这时将多个想法合并可能会得到更有效的想法。智能手机就是将摄像头和其他传感器与手机合并在一起。

（3）A（适应）

适应是通过调整现有事物，比如想法、概念、产品或服务等，更好地适应当前环境，获得更好的效果。

（4）M（放大 / 修改）

放大 / 修改是针对现有事物的某个部分进行放大或改进，然后分析是否会带来新的价值或见解。

（5）P（其他用途）

用作其他用途与适应类似，是将现有的想法或概念用于其他的用途，即将 A 领域的解决方案挪到 B 领域去解决另一种类型的问题。

（6）E（消除）

消除是指将现有事物的某个部分进行删减或简化，旨在通过反复消除和简化，将资源利用在更重要的部分。

（7）R（重新排列或反向）

重新排列指将现有事物的组成部分重新进行调整，比如改变顺序或布局等，使想法或流程以不同的方式运行，以便从不同的角度看待事物。

10.4.3 思维导图法

1. 思维导图法概述

思维导图是由大脑和记忆专家东尼·博赞创造的一种表达发散性思维的图形工具。它简单有效，是一种实用的思维整理工具。思维发散的过程就是大脑思考和产生想法的过程。一方面，思维导图能够将这个过程以图像的形式呈现出来；另一方面，思维导图呈现的是大脑的发散性思维，观察思维导图能刺激大脑产生更多想法。它不但可以将各种想法以及它们之间的联系以图像的形式呈现出来，还可以呈现出各种想法之间的隶属关系和层级。因此，思维导图是公认的全面调动创造能力和分析能力的绝佳思考工具。

在思维导图中，每一个被大脑接收的信息都可以成为一个主题。通过这个主题，思维可以发散出成千上万的分支节点，每个分支节点又可以作为新的主题发散出成千上万个分支节点，而这些分支节点可以被视为人脑的神经元，互相连接。无论是个人头脑风暴进行思维发散，还是集体头脑风暴用于记录和整理想法，思维导图都是良好的工具。

2. 思维导图法的步骤

思维导图法通常可以分为以下 4 个步骤。

1）创建主题。首先确定绘制思维导图的主要目的并写下来。思维导图是由内向外扩散的，所以中心思想将作为思维导图的主题。思维导图的主题可以是要解决的问题、头脑风暴的项目、某些困难的概念等，且必须是清晰、具体的，比如“确定需求优先级”。

2）为主题添加分支节点。确定了主题之后，接下来要为其创建分支节点。首先围绕主题进行思考，包括基于主题联想到的事物以及与主题有关联的事物，然后将其添加为主题的分支节点。通过为主题添加分支节点，我们可以对主题进行更深入的探索。在研究需求优先级的例子中，分支节点可以是需求优先级的判定方法，分别是马斯洛需求层次理论、设计需求层次理论、KANO 模型和 MoSCoW 方法。

3）添加更多分支进行探索。以刚添加的分支节点为主题，发散思考，为子主题添加更多分支节点，完善思维导图的细节。

4）添加图像和颜色。对思维导图中不同层级的分支节点使用特定颜色标记，并将一些关键的分支节点替换成图片，这样能够使思维导图更加可视化，结构更加直观和清晰，便于记忆。

3. 思维导图法的优缺点

思维导图工具的好处是简单易用，每个人都能够绘制出简洁美观的思维导图，而且方便修改和分享。在产品研发过程中，思维导图除了可以用于激发创意生成新想法，还常被用于梳理软件产品的信息架构或功能架构。除产品研发领域之外，思维导图可以用于做笔记、会议纪要、读书笔记、演讲稿等。

但是从系统思维要求看，思维导图并不是一个理想工具。思维导图只是一个树形结构，无法真实体现现实中的复杂的系统结构。

10.4.4 6-3-5 方法

1. 6-3-5 方法概述

6-3-5 方法是一种著名的脑力写作方式，由德国营销专家伯恩德·罗尔巴赫于 1986 年在德国商业杂质 *Absatzwirtschaft* 中提出。脑力写作类似于头脑风暴，不同之处在于，它要求参与者在不与人交谈的情况下将其想法和创意写在纸上，然后将它们传递给其他人以启发更多想法。

6-3-5 方法名字的由来是，它要求 6 名参与者组成一个小组，他们需要在 5 分钟内在不同的表单（下面会介绍表单的样式）上写出 3 个想法或创意，然后将卡片传递给身边的参与者，鼓励参与者借鉴他人的想法以获得启发，从而写下更多想法。如此进行 6 个回合之后，小组就在 30 分钟左右产生了约 108 个想法。除了在产品研发领域用于生成想法，6-3-5 方法还被广泛应用于商业、市场营销、设计和写作等领域。

2. 6-3-5方法的步骤

6-3-5 方法通常可以分为以下 4 个步骤。

1）准备工作。前期的准备工作与头脑风暴一致，比如明确主题、招募参与者、准备会议室、确定主持人、向参与者介绍规则等。6-3-5 方法通常是与头脑风暴组合使用的。在介绍完规则后，主持人将提前设计好的表单发给参与者。

2）填写表单。6 名参与者开始填写表单，必须在 5 分钟内用完整简洁的句子写出 3 个想法。在写作过程中，参与者不许交流和讨论。

3）传递表单。步骤 2）进行 5 分钟后，主持人要求 6 名参与者停止写作，并将自己填好的表单传递给右侧的参与者。现在，每个参与者拿到的都是其左侧参与者已经写了 3 个想法的表单。然后，参与者应在 5 分钟之内对这些想法进行充分发散，并将新的想法填写到表单中。

4）整理分析。

上述过程持续 6 轮，直到每个工作表中写满了 18 个想法。接着，对所有想法进行汇总，合并重复的想法，对相似的想法归类。然后，参与者在主持人的引导下对所有想法进行评估，每个参与者选出表单中最佳的 3 个想法，根据最终票数得出最终解决方案。

3. 6-3-5方法的优缺点

6-3-5 方法的优势首先在于简单易学，也不需要富有经验和专业的主持人。其次，与传统的头脑风暴不同，它能够确保参与者不会有当众表达真实想法的心理压力，不会被某些强势的参与者主导话题方向，从而使参与者更积极地参与其中。此外，所有想法都直接记录在表单中，不需要记录员，而且方便找到想法的提出者。最后，对于头脑风暴，同一时间只有一名参与者在说一种想法，而 6-3-5 方法能够使所有人在同一时间写下想法，所以效率也会有所提升。其不足之处在于，参与者在阅读他人笔记时有可能不理解，但不能交流，可能会损失一些好的想法。此外，由于时间限制，参与者思考的质量会下降。

10.5 系统搜索

通过广泛地搜索外部信息和内部信息，产品研发团队将获得数十个或数百个能够解决产品各个子问题的概念。系统探索，就是通过对这些概念进行整理和分类，然后分析和筛选出针对各个子问题相对较好的概念，最后将这些概念组合形成最终的产品整体概念。

通常情况下，产品研发团队没有时间和精力去遍历所有的子功能解决方案，并尝试各个子功能解决方案的组合，而且这样做也不现实，因为工作量过于庞大。比如，洗衣机的产品研发团队最开始只关注 3 个最终要解决的子问题，经过内部搜索和外部搜索后，平均每个子问题产生了 10～20 种解决方案，那么这 3 个子问题的解决方案组合为 1000～8000 种，对如此多的产品概念组合进行验证是不太现实的。所以，为了有效地生成最终的解决方案，产品研发团队可以使用这两种工具进行解决方案的梳理，分别是概念分类树和概念组合表。概念分类树有助于厘清单个子功能的众多解决方案，从而更高效地对单个子功能的解决方案进行筛选。概念组合表则有助于系统地思考各解决方案的组合。下面将分别介绍概念分类树和概念组合表这两个工具。

10.5.1 概念分类树

概念分类树，是指以树状图（思维导图）的形式来表示产品子功能与其对应解决方案之间的关系。首先，选定一个产品子功能作为树状图的主题，然后将该功能的众多解决方案分类，将解决方案的各个类别作为子主题，最后将各个解决方案归类到对应的分类中。理想情况下，在头脑风暴的过程中，产品研发团队就能够绘制出概念分类树，并在会后加以梳理。

在洗衣机的产品功能分解案例中，信号流向的第一个子功能就是“发送信号”，这也是大多数智能硬件产品都需要具备的功能。下面以洗衣机为例绘制其概念分类树。首先以“发送信号”作为一个主题，经过内部、外部搜索后发现，“发送信号”这个功能的解决方案已经有很多了，比如“触摸屏幕”“手势信号”“声音信号”“温度信号”等。将这些解决方案按一定逻辑进行分类，比如按技术实现方式，将其分为“声音识别”“图像识别”“光学检测”“温度检测”“触控检测”。将这些类别作为主题“发送信号”的子主题，然后将各个解决方案添加到对应的类别中，用不同分支代表不同的技术实现方式，如图 10-5 所示。

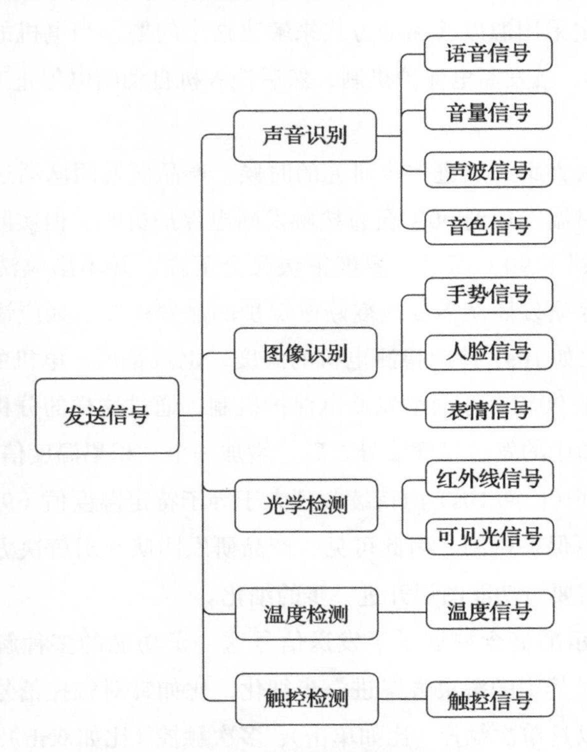

图 10-5 洗衣机的概念分类树示意图

通过概念分类树，产品研发团队能够直观地看到各类解决方案的分布情况。比如，图像识别和声音识别相关的解决方案相对较多，触控检测相关的解决方案则相对较少。对于这样的情况，产品研发团队可以考虑是否有必要对触控检测相关的解决方案投入更多精力。在对概念分类树进行整体观察后，产品研发团队可以对各分支进行删减，以便将精力集中于更有效的解决方案。如果发现多种互不干涉、具备可行性的解决方案，产品研发团队应对多种解决方案进行多维度的研究和比对，比如从效能维度、成本维度等对其进行评估。

有时，产品研发团队需要对某一特定解决方案展开进一步的分解。仍以前面提到的洗衣机产品为例，产品研发团队在研发洗衣机的过程中发现，当用户放入过多的衣物或者电压过低时，洗衣机电机的温度会不断攀升。电机是洗衣机的核心部件，能够将电能转换为动能，温度过高会导致电机损毁。所以，产品研发团队决定采用温度检测的方式来解决这个问题，当电机的温度达到某个值（比如 90℃），触发断电保护机制，然后洗衣机自动断电停止工作，避免电机损毁。

在对该解决方案开展进一步研究的时候，产品研发团队通过测试可能会发现，电机的瞬时温度达到 90℃会直接触发断电保护机制。但实际上，电机只是在某个瞬间达到了 90℃而已，温度很快又会下降，并不影响洗衣机的正常运转。所以，产品研发团队需要改变断电保护的触发机制，如应该在一个足够长的时间周期（比如 10s）持续检测电机的温度。也就是说，电机的温度在 10s 以内一直大于等于 90℃，才会触发断电保护机制。通过这样的分析后，产品研发团队应在功能图中的发送温度信号之后，增加一个“积累温度信号”的子功能，代表在一定时间（比如 10s）内持续收到大于等于特定温度值（90℃）的温度信号，则触发断电保护机制。由此可见，产品研发团队在对解决方案有更深入的了解后，往往需要对功能图展开进一步的细化。

图 10-5 所示的概念树展示了发送信号这一子功能的多种解决方案。产品研发团队可以对其中的解决方案进一步细化，比如针对触控信号进行细化，它的解决方案可以是单次触控（比如单击）、多次触控（比如双击）、短暂触控（比如短按）、长期触控（比如长按）等。所以，产品任一子功能的解决方案都能够进行细化并绘制出各不相同的分类树。一般情况下，如果某个子问题的解决方案严重影响了其他子功能的解决方案，就有必要针对这个子功能进行细化并绘制分类树。比如，信号检测方式的选择（声音识别、图像识别、光学检测等）决定了能否通过触控的方式来传递信号，而触控的方式（单击、双击、长按、短按等）对其他子功能的解决方案影响不大。因此，考虑哪个子功能会对其他子功能的解决方案造成重大影响并对其进行细分，是绘制分类树的有效方式。

10.5.2　概念组合表

另一种系统搜索的方式是使用概念组合表来促进产品概念的生成。概念组合表是通过列表的形式来展现产品各个子功能与其解决方案，以便产品研发团队系统地思考各子功能的解决方案的组合方式。

在概念组合表中，首先应在第一行列出产品的各个关键子功能，产品的关键子功能应尽量按照其在功能结构和产品结构体系中出现的顺序列出。然后在每个子功能的下方列出通过内部搜索和外部搜索得到的对应的不同解决方案。这样，通过选择各个子功能的不同解决方案就能够构成多种多样的整体解决方案。不过，对所有解决方案的组合都加以细化和评估是不现实的，所以产品研发团队应明确理想中的整体解决方案应具备的特征。这样，产品研发团队就可以着重考虑具备理想特征的解决方案组合，同时也清楚了为什么这些组合被优先考虑。

不过，这些组合需要进一步细化和完善后才能作为整体解决方案。有些解决方案之间不具备兼容性，是无法组合到一起的，或者组合到一起会很低效。而有些组合通过完善后可以产生多个解决方案。即便有些解决方案是无法组合的，但通过绘制概念组合表的方式，能够强迫产品研发团队进行思考，进而激发更多富有创造性的产品概念。使用概念组合表的目的，就是在广泛地构建解决方案组合的同时，排除掉那些不具备兼容性的解决方案组合。

需要注意的是，在组合解决方案生成最终产品概念时，如果某一个子解决方案是不可行的，那么与它相关的所有组合就无须再考虑，可以直接将其从表格中删除。

还有一种情况是，子功能A的解决方案A和子功能B的解决方案B是成对出现的。也就是说，方案A和方案B组合在一起才有效，和其他方案组合在一起则无效。比如，选择滚筒式洗涤后，洗衣机的内筒样式就只能是平放的圆柱体；选择了波轮式洗涤后，洗衣机的内筒样式就只能是竖放的圆柱体。把这样成对出现的解决方案组合先找出来，可减少产品研发团队需要考虑的组合数量，使组合过程更高效。

产品研发团队在使用概念分类树和概念分类表这两个工具时应保持一定的灵活性。在这个过程中，通常需要绘制出多个概念分类树和概念分类表进行分析，而且在分析的过程中还会对问题进行细化，也会在此过程中不断使用外部搜索和内部搜索，以此来激发团队的创造性思维。最终，产品研发团队明确了各关键子功能的解决方案组合。同时，整个问题的解决方案也收敛为几个产品概念了。

10.6 本章小结

通过本章的学习，我们了解了产品概念生成的定义和方法，以及澄清问题、外部搜索、内部搜索、系统搜索的常用方法。在概念生成阶段，产品研发团队将生成多个能够满足产品需求的产品概念。接下来，产品研发团队需要做的就是进行产品概念的评估和选择。

- 产品概念是对产品形态、功能、工作原理以及如何满足用户需求的大致描述。它描述了产品是什么样子、用什么做的、可以做什么以及用户如何使用产品来满足需求。
- 构思产品概念的目的是尽可能多地去探索能够满足用户需求的产品解决方案，然后从众多产品概念中选择合适的产品概念进行概念测试。
- 产品概念在很大程度上决定了产品的成本。产品概念的质量基本上决定了未来产品的成败。
- 有些产品的功能比较复杂，以致很难将其直接作为一个问题来解决。这时，产品研发团队就可以将一个完整的功能系统分解成若干个相对简单的子功能。
- 将产品整体功能视为一个黑箱，有助于产品研发团队将关注点放在当前最主要的功能上，避免在思考解决方案的时候被不重要的分支功能所干扰。
- 搜索外部信息的目的是找到整体问题以及分解出的子问题的现有解决方案。常用的方法一般有 5 种：领先用户研究、专家咨询、专利检索、文献检索以及标杆管理。

- 领先用户比普通用户更早地产生某些需求，他们的需求领先于市场且这些需求在未来市场中会普遍存在。如果需求得到满足，领先用户所获得的收益比普通用户获得的收益更大。领先用户有强烈的兴趣去创造新的解决方案。
- 在咨询专家的时候，产品研发团队应重视供应商和渠道商这两个角色。
- 在构思产品概念时，产品研发团队可以先对专利进行检索，了解已经存在的一些解决方案。
- 标杆管理的基本思想就是以优秀的竞争对手为榜样，通过结构化的比较和分析，找出与榜样之间的差距，向其学习并赶超。在选择标杆时，产品研发团队应注意思考具备子功能的类似产品的解决方案，这样才能发现更多可以用于新产品的解决方案。
- 内部搜索主要是通过产品研发团队的经验和创造力来构思整体问题以及分解出的子问题的解决方案。常用的方法和工具主要有头脑风暴、SCAMPER 方法、思维导图法、6-3-5 方法等。
- 系统探索的目的是组合先前产生的概念和解决方案，从而生成最终的产品概念和解决方案。产品研发团队可以使用概念分类树和概念组合表进行解决方案的梳理。

第 11 章 | CHAPTER

概念选择：评估并选出最佳的概念

在第 10 章的概念生成阶段，我们了解了如何通过各种方法构思出大量的产品概念。接下来要做的是对这些产品概念进行评估和筛选，淘汰那些实现成本高、研发周期长、不具备可行性、风险高等的产品概念，选择出最佳的产品概念进行研发。本章将重点介绍筛选和评估产品概念的过程。通过本章的学习，你将掌握概念筛选、概念评分以及结构化的概念选择方法。

11.1 产品概念选择概述

11.1.1 产品概念选择的定义

在生成产品概念之后，产品开发的下一个阶段是产品概念的选择。产品的概念选择是指对比分析已经生成的各个产品概念的优劣，从中选出一个或多个优质的产品概念进行进一步细化、研究和测试的过程。产品概念生成阶段是一个思维发散的过程，其结果很大程度上依赖于产品研发团队的创造力以及信息收集能力。而产品概念选择阶段则与之不同，是一个对先前生成的概念进行收敛的过程。其结果很大程度上依赖于产品研发团队的决策能力、分析能力以及经验。

选择最佳产品概念是产品开发过程中非常重要的阶段。这个阶段能够有效地促进产品研发团队的意见统一。由于产品研发团队的成员对不同的解决方案有着不同的见解，所以很难很快地选出最佳的产品概念。在此阶段，产品研发团队需要初步筛选出一部分产品概念，然后对其进行整合与细化，通过这样不断地重复操作，最后得出最佳的产品概念。

11.1.2 常见的概念选择方法

产品概念选择的方法多种多样。下面是几种比较常见的产品概念选择方法。

- 直觉决策：通过主观感受和直觉进行决策，通常用于无法凭借外部标准对概念进行评价的情况。
- 外部决策：通过企业外部的用户、专家或其他外界实体进行概念选择。
- 领导决策：通过产品研发团队的领导、专家或利益干系人根据个人经验和喜好进行决策。
- 投票决策：通过产品研发团队进行内部投票，直接选择票数最高的产品概念。
- 原型测试：通过测试产品概念原型的结果进行决策，这需要为产品概念建立原型并进行测试。

- 矩阵决策：通过制定关键评估指标并绘制决策矩阵，来综合评估产品概念并进行选择。

11.1.3 概念选择中的注意事项

概念选择对最终产品有着关键性的影响。无论采用何种方法进行概念选择，产品研发团队都应该注意两个问题。

- 对解决方案的有效性要做出正确的评估，尽量避免评估出现错误。如果产品研发团队选择的解决方案不能解决问题，且到了研发阶段才发现该解决方案无法达到目标效果，则要么回到概念选择阶段重新选择，要么硬着头皮继续研发无法达到目标效果的解决方案。无论怎么做都不会有好的结果，前者将造成极大的浪费，后者将面临产品失败的风险。对解决方案的有效性做出错误的评估在概念选择阶段时有发生，尤其是在解决方案所用的技术超出产品研发团队的经验范畴的情况下。
- 对解决方案的各个分支要进行全面的考虑，尽量避免漏掉某些关键问题。产品研发团队选择的解决方案漏掉了用户的某个关键需求，将可能导致产品无法成功；如果漏掉的需求凭借软件能够实现，那么还能够通过软件升级来补救；如果漏掉的需求依赖硬件才能实现，那么只能重新迭代原有的产品；如果产品研发团队选择的方案没有考虑其是否符合安全规范以及认证要求，那么设计出的产品可能出现安全隐患，进而导致无法在某些国家和地区出售。所以，在概念选择时对所有问题进行全面的考虑是非常有必要的，即便知道决策前需要考虑哪些问题并不容易。

由此可见，概念选择是具有一定风险的。产品研发团队在概念选择阶段选择了错误的产品概念，将浪费大量的时间和财力。即便意识到产品概念选择会对最终产品造成决定性的影响，仍然有很多产品研发团队在进行概念选择时只关注产品概念对成本或项目进度的影响，甚至仅凭个人喜好或直觉进行决策，进而导致最终产品的表现不够理想。对此，产品研发团队可以使用结构化的概念选择方式，以便保持更客观、更全面的思考，将选择错误产品概念的风险降到最低。

11.1.4　结构化的概念选择方法

结构化的概念选择方法能够有效应对不确定性。在这个过程中，产品研发团队中的每个成员会有不同意见。通过结构化的概念选择方法，团队成员之间将深入理解当前存在的分歧，并明确为了消除分歧应对当前的解决方案进行怎样的优化，最终在团队对各个解决方案进行深入分析和评估后选定产品概念。

结构化的概念选择方法的基本思路是，首先产品研发团队对产品概念的评估标准达成一致，然后对要进行评估的产品概念达成一致的理解，接着对各个产品概念进行标记和排序，再对排序后的概念进行整合和优化，最后选择一个或多个产品概念进入产品研发的下一阶段。在进行概念选择时，团队可能在执行到后面的步骤后又要回过头执行前面的步骤，这样有助于做出更好的决策。产品概念选择的过程本身就是不断重复进行的。

下面介绍两种结构化的概念选择方法，这两种方法都建立在决策矩阵的基础之上。

- 第一种方法称为概念筛选法，指通过对比产品概念与产品研发团队所设定的概念评估标准，粗略地判断产品概念，以此进行概念排序并选择产品概念。判断结果有 3 种：不符合标准、恰好符合标准以及超越标准。
- 第二种方法称为概念评分法，指通过对产品研发团队所制定的概念评估标准设定相对权重并基于各个评估标准对产品概念进行打分，最后计算出每个产品概念的加权得分，以此进行产品概念排序和产品概念选择。

在概念选择阶段，当产品概念比较模糊且细节不够明确时，产品研发团队适合采用概念筛选法进行决策。因为当前缺少可用于详细评估产品概念的信息，所以通过对比产品概念评估标准的方式评估较为粗略的产品概念比较合适。不过，通过该方法得到的评估结果无法量化，较为粗略。当产品概念比较清晰和明确时，产品研发团队可以采用概念评分法进行决策，对产品概念进行详尽的分析和量化，并得出定量的结论。由于概念筛选法较为粗略，因此该方法相对更加快速便捷；而概念评分法正好相反，因此该方法较为细致，更耗时。

基于概念筛选与概念评分两种方法的特点，二者经常被组合在一起来评估较为复杂的产品概念。通常，先对概念生成阶段产生的概念进行概念筛选，排除掉一些不可行的产品概念，然后再对剩下的产品概念进行细致的分析和评分，最后对产品概念进行排序。二者结合的方式可能会比单独使用的方法更为高效。

此外，不是每次评估产品概念都必须使用这两种方法。对于明显可行的产品概念，仅凭经验就可以做出判断；而对于一些相对不那么复杂的产品概念，可能仅使用概念筛选的方法就足以筛选出合适的产品概念了。值得注意的是，在整个产品概念筛选和评分的过程中，几个步骤需要多次重复，这样可以快速减少概念的数量并选择出最佳的产品概念。在此期间，产品研发团队还可能会通过整合与优化某些产品概念的细节来提出一些新的产品概念。因此，产品概念选择可以为产品研发过程提供具有创造力的概念和有价值的结论。

11.2 概念筛选法

概念筛选法建立在英国产品设计师斯图尔特·普格于 1990 年所发明的决策矩阵法之上。决策矩阵法是用于对多个选项（比如产品概念）进行多维度评估的定性方法，在工程中常用于做设计决策，也可用于投资决策等其他多维度评估决策，其目的是快速地减少产品概念的数量并提升产品概念的质量。

通常，概念筛选法的流程可以分为以下 6 个步骤。

1）建立评估基准。

2）建立决策矩阵。

3）评估产品概念。

4）进行概念排序。

5）整合优化概念。

6）选择产品概念。

下面将详细介绍这 6 个步骤。

11.2.1 建立评估基准

第一步是建立评估基准，即确定通过哪些维度来评估产品概念。通常是基于产品研发团队识别的用户需求以及企业内部的某些需求而选择出来的5～10个不同维度的指标，这是产品概念选择的基础。所选择的基准应具有高度的抽象性，能够将各个产品概念区分开来，并且能够体现出不同产品概念之间的差异性。假设评估基准是易于生产和装配，如果这时每个产品概念易于生产和装配的程度相差无几，那么"易于生产和装配"就不适合拿来作为产品概念的评估基准，因为它评估不出任何有效信息，无法区分各个产品概念。而且在概念筛选中，各个评估基准所占的权重都是一致的，若选择太多不合适的基准，会对产品概念的评估结果造成不好的影响。

一般情况下，产品研发团队在选择产品概念时应该考虑这些评估基准，比如技术难度、开发周期、成本、满足需求的程度、性能指标、安全规范和认证标准的符合程度等。产品研发团队还可以选择某些产品概念或工程执行标准作为基准。这个产品概念可以来自企业已有的产品，也可以来自企业要超越的竞争对手的产品。

产品研发团队的成员对基准可能有着不同的理解。比如，产品概念评估基准中有一项是成本因素，那么这个成本是只代表着单位生产成本，还是包含了研发成本、维护成本等？对此每个人可能有不同的理解。所以，在进行概念评估之前，产品研发团队有必要先对产品概念评估基准的理解达成一致，以免在后续评估过程中出现较大的分歧和花费过多时间进行不必要的讨论。例如，如果以"操作简单"作为产品概念评估基准，这样的基准就很主观，非常容易引起分歧。有的人会觉得方案A简单，有的人会觉得方案A复杂。这时就需要将其量化，比如以单次操作时长来衡量操作是否简单。不过，这仍然可能会引起分歧，因为无法确定在10秒内可以完成操作算是简单，还是在1分钟内完成操作算是简单。这时，再对"操作完成时间"进行定义，就能够保证基准的客观性了。最终，"操作简单"的定义可能是"用户能够在30秒内完成一次操作"。

此外，如果产品概念的相关信息比较全面和细致，通常是可以通过数字来量化某些概念评估基准的。产品性能相关的基准就很容易量化。比如，摄像头的像素应大于1000万、电机转速应大于5000转/分、工作寿命应大于10000小时等。不过，产品研发团队在最初筛选产品概念的时候应该谨慎一些，如果产品概念的信息比较模糊，得到的数字范围可能就不太恰当，这将导致做出错误的决策。

11.2.2 建立决策矩阵

第二步是要建立决策矩阵，即创建一个表单来辅助概念的评估和选择。表单的第一列可以填写产品概念的各个评估基准；表单的第一行可简单描述各个产品概念。

建立了概念评估基准后，产品研发团队能够基于统一的基准对各个产品概念进行解读。但仍然会发生产品研发团队成员之间对某个产品概念理解不一致的情况，所以有必要对产品概念进行清晰、易懂的定义，更重要的是说明产品概念的优越性，即为什么这个方案能够更好地达到各个基准。通常，这个过程会激发产品研发团队的深入思考，进而产生新的产品概念。比如，当前产品概念中描述的是，通过红外线测距的方案来实现距离测量功能是最合适的。但另一位成员不这么想，他觉得通过超声波测距是更好的解决方案。他们各有各的理由，无法达成一致。这时，记录员应记录这两个观点，待后续了解更多信息后明确孰优孰劣，也可能最后发现更合适的测距方案是通过激光测距，这样就不用考虑前面两个解决方案了。

所以，产品研发团队当前要做的就是将产品概念定义清楚，以便于对各个产品概念的理解达成一致。可以采用图文并茂的形式描述产品概念，为每个产品概念创建产品草图并在下方写下概念定义。

11.2.3 评估产品概念

第三步是要依次选择评估基准评估各个产品概念，即在决策矩阵中使用

“+”“-”“s”三个符号来评估产品概念与基准概念的符合程度。其中，“+”代表产品概念优于当前的基准概念，“-”代表产品概念不如当前的基准概念好，“s”代表产品概念与当前的基准概念不相上下。示例见表 11-1。

表 11-1　评估产品概念与基准的符合程度

基准 / 概念	红外测距（基准概念）	激光测距	声波测距	视觉测距	机械测距
稳定性高	s	+	-	s	+
持久耐用	s	+	-	s	+
易于操作	s	+	s	-	-
准确性高	s	+	+	s	+
技术风险	s	s	s	-	+

11.2.4　进行概念排序

对所有的产品概念进行评估之后，产品研发团队应将所有的评估进行综合，形成一个总体性的综合分数，再用这个综合分数对各个产品概念进行由优到差的排序。想要进行产品概念排序，产品研发团队首先应统计每个产品概念获得的“+”的数量、“s”的数量以及“-”的数量，将它们记录到决策矩阵中。然后使用产品概念获得的“+”的数量减去获得的“-”的数量，得到此概念的综合得分。最后，以综合得分计算各个产品概念的排名，得分最高的排在第一，得分最低的排在最后。总体来说，排名靠前的产品概念往往获得了较多的“+”以及较少的“-”。

11.2.5　整合优化概念

完成产品概念排序工作后，产品研发团队应对最终结果进行审查。在平均排序中处于靠后排名的产品概念就不必进行更深入的研究了，可以从决策矩阵中删去。而对于排名靠前的产品概念，应该进行更详细的审查。分析这些产品概念是否总体上而言是不错的，但因为一两项评估基准相对较差而得到了“-”，影响了综合评分。对于这样的产品概念，产品研发团队应搞清楚是什么原因导致在这一两项评估基准上相对较差。一方面考虑通过修正和优化当前产品概念来消除这种负面影响，一方面考虑通过与其他产品概念进行合并来对当前产品概念进行整体优化，即增加产品概念的“+”或减少产品概念的“-”。在此过程中，新的产品概念可能会产生，需要重新对所有产品概念进行评估和排序。

11.2.6 选择产品概念

概念评估、概念排序以及概念整合与优化应该反复迭代进行，直到产品研发团队对每个产品概念及其特点有了深入的理解，对要选择哪个或哪几个产品概念进入研发的下一阶段达成一致。一切顺利的话，产品研发团队能够得出一致意见，选择最佳的一个或多个产品概念，而且团队的每个成员也都理解选择某些概念和抛弃某些概念的具体原因，并接受这个决策。至于最终能够选择多少概念进入下一个研发阶段，取决于产品研发团队拥有多少资源，比如资金、时间、人力等。

如果有分歧，就说明在评估的过程中有些环节是不清晰的，甚至是错误的，可能是因为缺少一些信息而无法进行决策，也可能是因为在决策矩阵中遗漏了某些关键的基准。产品研发团队应通过决议，确定应该进行何种改进来消除分歧，直到团队的每个人都同意最终的决策。

11.3 概念评分法

概念评分法建立在加权评分法之上，根据各个评估基准的重要程度为其分配权重，然后将各产品概念的得分乘以相应评估基准的权重，接着将产品概念的各个加权得分加在一起，就得到各个产品概念的最终的加权分数。最后，通过比较加权分数，对产品概念进行排序。由于概念评分的操作步骤与概念筛选的操作步骤大致是一样的，因此下面将重点介绍概念评分与概念筛选的不同之处。

概念评分法的流程通常可以分为以下 5 个步骤。

1）建立决策矩阵。

2）评估产品概念。

3）对概念进行排序。

4）整合优化概念。

5）选择产品概念。

下面将详细介绍这 5 个步骤。

11.3.1 建立决策矩阵

概念评分的矩阵与概念筛选的决策矩阵比较类似。建立概念评分的决策矩阵前，产品研发团队应先对产品概念的评估基准达成一致，并将各个评估基准填在决策矩阵的第一列。然后，根据各个评估基准的相对重要性为各个基准设定权重。产品研发团队可以使用 1～10 来给各个评估基准分配权重，也可以用百分比的形式进行分配（各个评估基准的百分比加起来应等于 100%）。权重的分配通常取决于前期获取的用户需求和相关工程标准的相对重要性。

11.3.2 评估产品概念

与概念筛选一样，产品研发团队首先选定一个评估基准，然后将所有产品概念逐个与评估基准进行对比，直到基于全部评估基准评估完每一个产品概念。不同之处在于，概念筛选法使用 {+，s，-} 对产品概念进行评估，而概念评分法使用具体的数值对产品概念进行评估，以便能够更好地区分各产品概念。

产品研发团队可以使用 1～5 的数值对产品概念进行评估。其中，3 代表与基准概念相差无几，1 代表比基准概念要差很多，2 代表比基准概念稍差一点，4 代表比基准概念稍好一点，5 代表比基准概念要好很多。产品研发团队还可以使用更大的数值范围对产品概念进行评估，比如 1～10。范围越大，越能体现产品概念之间的差异。不过，范围越大，评估就越精细，相对投入的时间和精力也越多。我们以表 11-2 中的决策矩阵为例，说明概念评分法为什么能够比概念筛选法更好地区分产品概念。

表 11-2　计算产品概念各基准的加权得分

基准 / 权重 / 概念		红外测距（基准概念）		激光测距		声波测距		视觉测距	
评估基准	权重	评估得分	加权得分	评估得分	加权得分	评估得分	加权得分	评估得分	加权得分
稳定性高	25%	3		4		2		5	
持久耐用	10%	3		4		2		5	
易于操作	30%	3		4		3		2	
准确性高	15%	3		5		4		5	
技术风险	20%	3		3		3		4	
加权总分	100%								
综合排名	—								

建立好决策矩阵后，产品概念、评估基准及其权重已经填写完毕。接下来，要用 1～5 的数值来评估各个产品概念并计算其加权得分。首先填写从红外测距（基准概念）对应各项基准的评估得分。对于较为理想的基准概念，其对应各个评估基准的得分都应处于平均水平，比如从红外测距为基准概念，其对应各项评估基准的得分都是 3 分。然后，从第一个评估基准（稳定性高）开始，评估各个产品概念的得分。可以看到，机械测距在稳定性上比激光测距更胜一筹，但在概念筛选的决策矩阵中，激光测距和机械测距得到的评估都是“+”，属于同一级别，没有差距。由此可见，概念评分的决策矩阵能够更好地区分各个产品概念。

11.3.3　对概念进行排序

评估完产品概念后，下面就要计算各个产品概念的加权总分并对产品概念进行排序。

首先计算出每个产品概念对应各个基准的加权得分，即用评估得分乘以对应基准的权重；然后算出每个产品概念的加权总分，即将产品概念的各个加权得分相加在一起；最后对各个产品概念的加权总分进行排序。

计算产品概念加权总分的公式：$S_j=\sum_{i=1}^{n}c_{ij}w_i$。其中，$S_j$ 代表产品概念 j 的加权总分，c_{ij} 代表产品概念 j 在第 i 个基准上的评估得分，w_i 代表第 i 个基准的权重，n 代表基准的数量。简而言之，要计算某个产品概念的加权总分，用该产品概念在各基准上的评估得分乘以对应基准的权重并将其相加在一起即可。

11.3.4　整合优化概念

与概念筛选一样，完成产品概念排序工作后，产品研发团队就可以对排序结果进行审查，分析排名靠前的产品概念对应某些基准得分的原因，并对产品概念进行整合与优化，提升其评估得分。由于概念评分法可以直观地展现各个产品概念之间的差异，便于产品研发团队更深刻地认识各个产品概念，因此此阶段可能会产生一些富有创造性的新概念。

11.3.5　选择产品概念

产品研发团队对所有产品概念及特点都有了深入的理解后，就可以选择一个或多个产品概念进入下一个研发阶段了。在选择产品概念时，产品研发团队不仅要看产品概念的综合排名和加权总分，还要对产品概念进行敏感性分析（计算不确定因素变动时对分析指标的影响程度），即通过调整各个基准的权重或各个产品概念的评估得分，来确定有哪些不确定因素可能对产品概念的加权总分有重大影响。在某些情况下，产品研发团队最终会选择加权总分不高但不确定性较低的产品概念，而不会选择得分很高但实际情况不够理想或难以实现的产品概念。为了能够尽量排除产品概念的不确定性，产品研发团队通常会基于概念评分的决策矩阵，选择两个或多个产品概念进行概念测试，即通过某些手段向用户展示产品概念并获取用户反馈。

值得注意的是，有些评估方法会在评估过程中引入一个概念，即评估得分的可信度。它是指用数值来表示产品研发团队对产品概念的评分有多大把握和信心，是十分肯定，抑或是拿捏不准。还有些评估方法要求明确评估分数的误差范围。这些方法都是为了帮助产品研发团队了解当前的不确定因素，以达到减小概念选择过程中不确定性对最终决策影响的目的。

11.4 本章小结

通过本章学习，我们了解了评估与筛选产品概念的一般流程和方法，知道了在筛选和评估产品概念时应该考虑哪些因素，以及通过结构化方法对产品概念进行筛选和评估。在接下来的章节中，我们将对筛选出的产品概念进行测试，以评估被筛选出来的产品概念是否值得投入资源进行设计和研发。

- 产品概念生成是一个思维发散的过程，其结果很大程度上依赖于产品研发团队的创造力以及信息收集能力。而产品概念选择是思维收敛的过程，其结果很大程度上依赖于产品研发团队的决策能力、分析能力以及经验。
- 在产品概念选择的过程中，产品研发团队应注意两个问题：第一，对解决方案的有效性要做出正确的评估，尽量避免评估出现错误；第二，对解决方案的各个分支进行全面的考虑，尽量避免漏掉某些关键问题。
- 在进行概念选择时，产品研发团队可能执行到后面的步骤，又回过头执行前面的步骤，这样有助于做出更好的决策。概念选择的过程本身就是不断重复进行的。
- 结构化的概念选择方法包括概念筛选法和概念评分法。
- 在选择产品概念时，产品研发团队不仅要看产品概念的综合排名和加权总分，还要对产品概念进行敏感性分析，即通过调整各个基准的权重或各个产品概念的评估得分，来确定有哪些不确定因素可能对产品概念的加权总分有重大影响。

|第 12 章| CHAPTER

概念测试：获取用户对概念的反应

经过几番产品概念筛选与评估后，我们得到了一个或多个产品概念。接下来，我们要对产品概念进行测试，以判断产品概念的市场吸引力以及目标用户的接受程度等，进而判断是否有必要投入资源对产品概念进行设计和研发。在本章，我们将讨论产品概念测试的意义，以及开展产品概念测试的方法。

12.1 产品概念测试概述

绝大多数进入市场的产品均无法达到预期的效果，尽管发生这种情况的原因有很多，但其中的主要原因通常是没有在产品发布之前对产品概念进行测试。

12.1.1 产品概念测试的定义

所谓产品概念测试，是指将在概念选择阶段选出的一个或多个产品概念展示给市场中的目标用户，并获取他们对产品概念的反应，旨在根据用户表现出的兴趣、偏好、需求等，选出最具有成功潜力的产品概念，或对现有产品概念进行改进，从而降低产品的市场风险。

早在机会识别阶段，产品研发团队就已经使用概念测试来验证市场机会是否存在。可以这样理解，研发流程中的产品概念生成阶段是产品研发团队提出多个产品概念的过程，是一个发散的过程；概念选择阶段是产品研发团队对产品概念进行收敛的过程，是一个内部选择的过程；而产品概念测试是在企业内部选择的基础上，再由企业外部的目标用户进行一次选择的过程，也可以被看成是寻找产品的最佳设计、定位、定价等特征的过程。

12.1.2 产品概念测试的意义

未经过产品概念测试就对产品概念投入研发，然后直接对外发布，是一种高风险行为。在将产品概念投入研发阶段前以及在将产品投入市场前进行概念测试是非常有必要的，而且越早越好。无论产品研发团队认为产品概念是对旧产品做出了重大改进还是带来了颠覆性的创新，那都不重要，因为企业内部的意见是无法决定产品在市场中的表现的。重要的是了解市场中的目标受众对产品概念的看法以及评估产品上市后他们将做出怎样的反应。

尽早进行产品概念测试，了解目标用户对产品概念的反应，产品研发团队能够更好地确定哪些产品概念值得投入精力研究，了解产品概念需要改进的地方，以及对产品未来的销售潜力进行初步的预测。值得注意的是，产品概念测试不应只发生在概念生成、概念选择阶段，而应贯穿于整个产品研发过程中。只要遇到需要验证或测试的问题，产品研发团队就可以进行概念测试。比如，在做出功能样机（原型）时可以进行概念测试，在进行产品定价时可以进行概念测试，在为产品设计广告时也可以进行概念测试。我们应将概念测试看成产品研发过程中一种用于试错、验证假设、寻找方向的有效手段。它能够帮助产品研发团队验证目标用户的喜好，从而发布最可能赢得目标用户喜爱的产品。

一个完整的产品概念应向目标用户解释以下几个问题：产品是什么？产品为谁服务？产品能做什么？产品对于用户来说意味着什么？概念的表达形式可以是文字、图片、视频或实物原型，比较理想的方式是通过视频或实体原型的形式向用户展示产品概念，因为概念越接近真实产品，测试的效果就越好。不过，通常为了避免泄露商业机密，产品研发团队会使用口头描述并辅以产品概念草图的形式向用户介绍产品概念。

有些产品研发团队认为概念测试周期较长，或者花费成本相对较高，就忽略了概念测试这个环节。对于互联网产品来说，这样可能行得通，因为即使发布了目标用户不那么感兴趣的产品，仍然可以通过目标用户的反馈快速迭代产品，调整产品方向。风险是目标用户可能压根就不去下载这款产品。所以对于互联网产品来说，对外发布产品可能相当于做了一次产品概念测试。但对于智能硬件类产品来说，这样是万万不行的。一方面智能硬件产品的研发周期相对较长，无法像软件产品一样快速迭代；另一方面智能硬件产品都有一定的生产制造成本，远高于软件产品。如果产品对外发布之后，目标用户不感兴趣，并且没有产生任何购买行为，企业将蒙受巨大损失。

由此可见，产品概念测试是十分有必要的，而且越早越好。概念测试的过程就是试错的过程。产品研发团队越早试错，越早发现错误，改错的成本就越低。在产品概念没投入研发前发现问题和产品概念研发完成或产品对外发布后才发现问题相对，企业所耗费的成本有天壤之别。此外，即使只进行一点概念测试也比完全不做概念测试要好，即便只是通过线上或线下与几位目标用户简单地沟通产品概念，获取到的信息对产品研发团队来说也能起到指引作用。

12.2 产品概念测试的流程

产品概念测试的步骤与用户研究的流程基本一致，因为它们都属于市场调研活动。产品概念测试的流程通常可以分为以下 6 个步骤。

1）明确概念测试的目的。

2）确定产品的种子用户。

3）明确产品的价值。

4）确定概念的测试方案。

5）开展产品概念测试。

6）整理并分析测试结果。

下面将详细介绍产品概念测试中的各个步骤。

12.2.1 明确概念测试的目的

通常，产品概念测试的目的是在有限的时间内尽可能多地学习和了解用户的需求。埃里克·莱斯在《精益创业》一书中对“学习”进行了定义，即经过验证的事实。在产品概念生成阶段，关于产品应该是什么样子，哪些特性会给用户带来价值，用户将会如何使用产品，这些问题的答案往往掺杂了很多产品研发团队的假设。产品研发团队假设目标用户会喜欢特性 A，假设产品能够给用户创造价值，假设用户会通过某种方式使用产品，但这些都只是未经验证的假设而已。假设越多，开发出目标用户不想要的产品的风险就越大。所以，产品研发团队要通过概念测试来验证这些假设。

产品研发团队应具有精益思维，把产品相关的每个关键决策都视为一次概念测试和向用户学习的机会，包括每个产品概念的选择，每项功能优先级的选择，每次市场营销活动的策划，每个产品广告的创意，甚至产品的命名等一系列活动。所以，概念测试的第一步是要明确概念测试的目的，即要获取哪些方面的事实。

在当前阶段，产品研发团队会提出的典型问题可能包括：

- ❑ 产品概念的哪些特点能够为用户创造价值？
- ❑ 哪个产品概念值得投入资源进行研发？
- ❑ 用户对产品概念的哪些特点最感兴趣？
- ❑ 哪种类型的用户对产品感兴趣？
- ❑ 用户是否了解如何使用产品？
- ❑ 产品的预期销量有多少？

在研发的后期阶段，产品研发团队会提出的典型问题可能包括：

- ❑ 应通过哪些渠道来销售产品？
- ❑ 产品的包装是否达到了目标？
- ❑ 广告的哪些方面需要改进？
- ❑ 用户是否觉得产品定价过高？
- ❑ 产品的最佳定价应该是多少？
- ❑ 用户可能会点击哪个按钮？

12.2.2　确定产品的种子用户

在明确了概念测试的目的之后，产品研发团队紧接着要做的就是确定产品的种子用户。

1. 客户开发的概念

任何测试和调研开始之前，产品研发团队都要确定所选择的目标用户是否有助于达成测试或调研目标。如果搞错了调研对象，那么得到的调研结果可能会毫无价值。

史蒂夫·布兰克在《四步创业法》一书中提到过“客户开发”的概念，意思是说，在产品研发过程中应有意识地建立一个能够持续获取目标用户反馈的渠道。为了实现这样的目标，产品研发团队应在建立目标用户的画像后，就与一些符合用户画像的潜在用户保持良好的联系，这样在产品研发过程中，若有需要进行测试和验证的问题，可以很方便地找到合适的目标用户进行测试和验证。如果产品研发团队在先前的调研阶段没有建立这样的渠道，那么在此阶段应该将这个渠道建立起来。这些目标用户在未来可能都会成为产品的真正用户，所以他们也被称为种子用户。

由于在早期的用户研究阶段，产品研发团队已经通过大量调研确定了市场中目标用户的画像，因此在此阶段只需要选择符合用户画像特征的不同类型用户作为产品概念测试的受众就可以了。在选择产品概念测试的受众时，产品研发团队要通过一些问题对用户进行筛选和分类，以确定产品概念测试的受众符合目标用户画像，以及他们所属的用户类型。概念测试需要对符合用户画像的多种类型用户进行测试，如果仅针对某一类型的用户或符合主要用户画像的用户进行概念测试，得到的结果可能是有失公允的，因为这样的产品概念测试忽略了其他类型用户或符合次要用户画像的用户的看法。

2. 确定测试的范围

产品概念测试应开展的范围（测试的样本数量）通常取决于产品概念测试的目的。比如在市场机会识别阶段，对市场机会相关的假设进行验证的目的是验证目标市场是否存在某种需求。这样的产品概念测试属于定性的调查，再加上研发早期阶段需要对假设快速验证，没必要投入过多的资源，所以测试范围只需 10～20 位目标用户即可。而当前阶段的产品概念测试的目的是选出最佳的产品概念进行研发，通过产品概念测试获取定量的信息，即对这个产品概念感兴趣的目标用户有多少，所以有必要投入更多的资源，测试范围可能需要成百甚至上千位目标用户。测试结果往往可用于预测产品未来的市场表现。有些情况下，产品研发团队可能还需要根据产品概念测试的目的对不同用户群体分别进行多次测试。

12.2.3 明确产品的价值

为了有效地开展概念测试，产品研发团队必须要明确产品的价值，并通过有效的方式传达产品价值。只有这样，才能了解目标用户对产品概念的真实态度。

1. 产品价值的概念

产品价值是由产品的功能、特质、品类与形式等所产生的价值，是用户购买产品的主要原因。产品的价值主要是由用户需求决定的。对于不同的用户，同一个产品的价值会有所不同，构成产品价值的各个要素的相对重要性也会有所不同。在多数情况下，产品的价值与产品相对于竞品的优势成正比。在概念测试之前，产品研发团队应明确产品价值，即产品能够为用户带来哪些利益，以便能够更好地传达产品概念。

在传达产品概念时强调产品价值，可以帮助产品研发团队了解产品价值是否符合用户的主要需求。一款产品的价值往往有很多种，比如提升用户的工作效率、降低成本、提升用户的舒适感等。产品为用户提供的价值应与用户的利益诉求相匹配。假设用户使用产品的主要目标是提升工作效率，其次是降低成本，那么产品提供的价值的权重分配就应该与之一致，不能出现产品最主要的价值是提升舒适感、其次是提升工作效率的情况，这样的产品显然无法在市场上获得成功，因为产品价值与用户利益诉求不匹配，用户自然不会购买。

2. 展示产品价值的技巧

在展示产品价值时，产品研发团队应聚焦于目标用户的利益诉求，而不是罗列产品使用了哪些高端技术或采用了何种巧妙的设计。比如，产品研发团队在描述产品概念时说，产品搭载了最新型号的处理器，采用了模块化设计等，这些参数和规格对用户来说毫无意义。用户在购买产品时心里想的是：这款产品对我有什么用？这款产品能为我带来什么价值？他们必须知道问题的答案，才会愿意为之付费。所以，产品研发团队应该告诉用户，这款产品能够为他们带来什么好处或这款产品将如何解决他们日常生活中所面临的重要问题，比如提升工作效率、节省时间等。

除了聚焦用户的利益诉求，产品研发团队还可以通过两种方式来更好地体现产品价值。第一种方式是量化产品价值，即用具体的数值来衡量产品价值；第二种方式是对比产品概念与现有解决方案的差异，先描述现有解决方案如何解决问题，再描述新产品如何解决问题，重点强调二者的不同之处。两种方式常被组合在一起使用。

值得注意的是，在描述产品概念时，产品研发团队应尽量使用目标用户的语言来描述用户做出消费决策之前最在意的产品价值，这样用户会觉得产品是为他们量身定做的，而且也便于团队去深入了解用户和评估产品。切忌夸大产品的功能或性能，这样会被用户看成是广告性质的行为。如果产品本身无法实现某功能，通过夸大事实而使用户产生兴趣，那么测试的结果将没有任何意义，而且这样的行为可能会给企业本身的信誉造成不好的影响。

12.2.4 确定概念的测试方案

产品概念的测试方案包括产品概念的展示形式与产品概念的测试方式。

1. 确定产品概念的展示形式

产品概念常见的展示形式包含文字描述、图片、故事板、视频、仿真、交互式多媒体、实物模型、工程样机等。其中，以文字描述来展示产品概念最为简单，以工程样机展示产品概念最为详细。下面对这几种展示形式进行简要的介绍。

- 文字描述：即用一段文字或一段话来简要地描述产品概念和产品价值。比如，一款智能电动车的产品概念可以这样描述：这款智能双轮电动车采用与特斯拉同等级的锂电池，重量仅为15kg，相当于其他采用铅酸电池的电动车重量的四分之一；此车最高速度可达70km/h，最高续航里程可达100km；此外，它还具备LED触控仪表盘，这样你随时可以了解它的状态；通过App，你能查询移动轨迹、一键解锁、查看电量等。在描述新颖的产品概念时，我们可以使用类比的方式，将新概念和现有概念联系起来，以便测试参与者能够较好地理解产品概念。
- 图片：测试人员可以使用绘制的草图、线框图和渲染图来展示产品概念。如果你已经试着做出了产品的外观原型，也可以拍实物图进行产品概念展示。测试人员可以在图片或照片上标注重点特征，辅以简要的文字描述进行说明。

- ❑ 故事板：即将用户使用产品的过程按照步骤画出来，然后按顺序排列在一起，以此来表达产品概念的价值。故事板比单纯的产品概念图更加直观且易于理解，能够展示出用户与产品发生交互的过程以及场景，能够表达出较多的细节。
- ❑ 视频：能够生动且清晰地传达产品的形式、功能、使用方式。产品视频的制作可以完全脱离实物，也就是说在没有实物产品原型的情况下也可以制作视频。此外，在产品概念展示过程中，测试人员也可以通过展示其他类似的产品视频辅助说明产品概念对视频中的产品做了哪些改进，以便测试参与者能够更好地理解产品概念。
- ❑ 数字原型：通过计算机的建模与仿真软件来展示产品的模型，也叫仿真模型。数字原型是产品概念的相似物，具备产品的结构形式。通过数字模型，可以模拟产品的某些功能和交互方式。测试参与者可以通过鼠标和键盘来操作和控制产品的模型，同时能够看到产品模型的图像，并听到声音。目前比较流行的是虚拟现实仿真软件，即通过虚拟现实的方式将产品模型呈现出来。
- ❑ 交互式多媒体：过去，人们从传统媒体（纸、电视、广播等）单向接收信息，无法沟通，缺乏交互性。随着信息的发展，人们可以通过键盘、鼠标、麦克风等输入设备与计算机进行多感官、多通道的交互。交互式多媒体结合了视频的视觉特点以及仿真的交互特点，使测试参与者不但看得到、听得到，而且还触摸得到、感觉得到，并可以与之发生交互。在某些情况下，用户还可以体验仿真产品，比如一些飞机飞行模拟器能够模拟驾驶航空器。不过，交互式多媒体成本较高，暂时只有进行大型产品研发的企业才会使用。
- ❑ 实物模型：即产品的外观模型，通过使用一些结构件来搭建和模拟最终的产品形态。结构件可以是纸壳、泡沫、木板等，还可以使用3D打印和喷绘，使实物模型的外观效果更接近真实产品。
- ❑ 工程样机：也可以叫作功能样机，样机是用于验证设计方案的合理性和正确性，以及可制造性的样品。工程样机是指用来测试产品硬件性能、相关技术参数的样机，通常不具备最终产品的外观，但是具备产品的一些主要功能和主体结构。其不足之处是，视觉效果相对较差，功能漏洞比较多。值得注意的是，工程样机的性能有时候可能会比最终产品的性能更好。因为验证功能的时候，产品研发团队会选一些高性能配件进行试验。

2. 选择产品概念的测试方式

确定了产品概念的展示形式后，产品研发团队就可以选择产品概念测试的方式。事实上，产品概念的展示形式会限制产品概念测试的方式。比如，调研人员显然无法通过电话访谈或邮件问卷的形式来向目标用户展示工程样机。产品概念测试的方式通常包括访谈、问卷和研讨会。测试人员可以通过电话、邮件、互联网以及面对面这几种形式来开展概念测试。在面对面的概念测试与基于互联网的概念测试中，产品研发团队可以采用任何一种形式来展示产品概念。在基于电子邮件的概念测试中，测试人员只能通过图文、视频方式来展现产品概念，无法通过交互式多媒体、实物模型与工程样机来展现产品概念；在电话测试中，则只能通过语言来描述产品概念。

12.2.5 开展产品概念测试

在明确了产品概念测试的目的、种子用户、产品价值后，测试人员就可以正式开展产品概念测试了。

1. 对产品概念进行测试

在概念测试时，测试人员通常要先向用户展示和交流产品概念，然后向用户介绍产品的价值所在，最后询问用户对于产品概念的偏好和态度，以及产生特定的偏好和态度背后的原因。

只测试一个产品概念的话，测试效率较高。多概念测试则相对复杂些，需要让参与者逐个测试或做出概念选择。

值得注意的是，在进行多概念测试时，测试人员可以将市场中比较成功的同类产品以及能够提供同样产品价值的类似产品都展示给参与者，这样能够使参与者基于市场现有产品进行对比性的评价，有助于产品研发团队了解产品概念的市场竞争力，而且为预估产品未来的市场占有率提供了参考。

在测试产品概念时，价格是不可忽略的测试要素，它会极大地影响测试结果。有些情况下，用户表明对产品概念不感兴趣，此时如果价格足够低，用户可能又会改变态度。而有些情况下，用户表明对产品概念非常感兴趣，但一听到过高的价格，可能又对产品失去了兴趣。产品价格会直接影响用户最终的购买决策，所以在概念测试阶段测试人员有必要对产品的目标售价进行测试。一方面为产品未来的目标售价提供参考，了解用户能够接受的价位；另一方面在了解用户的心理价位后，可据此计算产品的目标成本，评估当前的产品概念的成本是否与之匹配。

2. 概念测试的问卷案例

下面以智能电动车产品为例，来看一份产品概念测试的调研问卷。

概念测试调研问卷——智能电动车

我们正在为一款智能电动车产品收集市场信息，希望您能够回答一些我们准备的问题。

您的住处距离公司大概有多远？（低于3km或高于10km的用户可以忽略此问题）。

您乘坐什么交通工具上班和下班？（如果自己开车，可以忽略此问题。）

这款智能双轮电动车采用与特斯拉同等级的锂电池，重量仅为15kg，相当于其他采用铅酸电池的电动车重量的四分之一。它的最高速度可达70km/h，最高续航里程可达100km。此外，它还具备LED触控仪表盘，这样你随时可以了解它的状态。通过App，您能查询移动轨迹、一键解锁、查看电量等。

您觉得这款产品怎么样？ 1）较差 2）还可以 3）好 4）很好 5）非常好

以下是产品部分功能列表，请评价一下它们对您的重要性：

重量更轻　1）完全不重要 2）不太重要 3）不确定 4）有点重要 5）非常重要

续航持久　1）完全不重要 2）不太重要 3）不确定 4）有点重要 5）非常重要

速度更快　1）完全不重要 2）不太重要 3）不确定 4）有点重要 5）非常重要

触控屏幕　1）完全不重要 2）不太重要 3）不确定 4）有点重要 5）非常重要

App 控制　1）完全不重要 2）不太重要 3）不确定 4）有点重要 5）非常重要

您最喜欢这款产品的哪些特点？为什么？

您最不喜欢这款产品的哪些特点？为什么？

您愿意为这款产品支付多少钱？为什么？

如果这款产品的价格范围为 8000～10 000 元，您有多大兴趣购买它？

1）完全不感兴趣 2）不太感兴趣 3）不确定 4）有点兴趣 5）非常感兴趣

您多久使用一次此类产品？

1）每天一次或更多次

2）每周 2～3 次

3）每月 2～3 次

4）每年 2～3 次

5）每年一次或更少

6）不使用

您觉得有哪些需要改进的地方？

感谢您的反馈意见。

12.2.6　整理并分析测试结果

首先根据测试结果，选出最终的产品概念。在概念测试参与者清楚地理解各个产品概念之间的差异以及产品价值的情况下，如果测试结果表明某个产品概念受欢迎程度明显优于其他产品概念，那么产品研发团队可以直接选择这个大多数用户更喜欢的产品概念。如果测试结果表明各个产品概念受欢迎程度差异不大，那么产品研发团队应该综合考虑技术难度、成本、时间等因素来选择合适的产品概念，或者考虑向市场推出不同版本的产品。适合后者的前提条件是，概念测试的参与者对产品概念是感兴趣的，且用户不清楚各个产品概念所要耗费的时间和成本等资源。如果参与者知道各个产品概念的成本，往往会倾向于选择成本较高的方案。如果参与者对各个产品概念都不感兴趣，那么产品研发团队应该搞清楚原因，并重新定义产品概念。

选出最终的产品概念后，根据测试结果对产品概念进行修正，使产品价值更符合用户的利益诉求。比如，根据用户反馈的最喜欢和最不喜欢的产品特征对产品概念进行优化，强化用户普遍喜欢的特征，弱化用户普遍不喜欢的特征。

对产品概念进行修正后，产品研发团队还应对一些早期的工作内容进行修正。在早期阶段，有些信息并不完整，不确定因素较多，因此在概念测试后，产品研发团队有必要基于最新信息对其进行修正。

最后，产品研发团队可以确定最终的产品规格和产品功能特性，并开始投入资源进行设计与研发。

12.3　本章小结

在本章中，我们讨论了产品概念测试的概念和意义，学习了产品概念测试的方法，了解了如何进行产品概念测试，以及进行产品概念测试时运用的一些技巧和注意事项。

- 概念测试的目的是根据用户表现出的兴趣、偏好、需求等，选出最具有成功潜力的产品概念，或对现有产品概念进行改进，从而降低产品的市场风险。
- 在将产品概念投入研发前，概念测试是非常有必要的，而且越早越好。
- 产品概念测试不应只发生在概念生成、概念选择阶段，而应贯穿于整个产品研发过程中。只要遇到需要验证或测试的问题，就可以进行概念测试。
- 概念测试应被看成在产品研发过程中的一种试错、验证假设、寻找方向的有效手段，能够帮助产品研发团队验证目标用户的喜好，从而发布最可能赢得目标用户喜爱的产品。
- 产品的价值主要是由用户需求决定的。对于不同的用户，同一个产品的价值会有所有不同，构成产品价值的各个要素的相对重要性也会有所不同。

- 在展示产品价值时，产品研发团队应聚焦于目标用户的利益诉求，而不是罗列产品使用了哪些高端技术或采用了何种巧妙的设计。
- 有两种方式可以很好地体现产品价值：第一种方式是量化产品价值，即用具体的数值来衡量产品价值；第二种方式是对比产品概念与现有解决方案的差异。
- 产品概念常见的展示形式包含文字描述、图片、故事板、视频、数字原型、交互式多媒体、实物模型、工程样机等。
- 在进行多概念测试时，测试人员可以将市场中比较成功的同类产品以及能够提供同样产品价值的类似产品都展示给参与者，这样能够使参与者基于市场的现有产品进行对比性的评价，有助于产品研发团队了解产品概念的市场竞争力，而且为预估产品未来的市场占有率提供了参考。
- 由于产品价格会直接影响用户最终的购买决策，所以在概念测试阶段有必要对产品的目标售价进行测试。
- 完成产品概念测试后，产品研发团队应根据产品概念测试得到的数据，选出最终的产品概念，然后对产品概念进行修正，接着对产品特性的优先级、产品的成本、产品的市场规模、销量预测等数据进行修正，确定最终的产品规格与功能特性。

13

第 13 章 | CHAPTER

工业设计：构建产品的形式与功能

在第 12 章中，我们对产品概念进行了测试，验证了产品概念的市场吸引力和潜在用户对产品概念的反应。在本章中，我们将了解工业设计的概念，掌握工业设计的流程和方法，了解智能硬件产品在工业设计中常用的材料及其加工工艺，并对一些知名的设计原则进行介绍和说明。

13.1 设计概述

13.1.1 什么是设计

设计虽然已经无处不在，但因为它所涉及的内容和范围过于广泛，所以在不同时代具备不同视角的人们对设计有着不同的理解和认识。但就设计的本质而言，所有人对它的定义是大致相通的。

在现代，设计指有目标和计划地开展创作行为及创意活动。简而言之，设计是一种有目的的创作行为。设计往往需要理解用户的需求、期望、目标，并把握业务、技术及行业上的规则和限制，然后对产品进行规划，使产品有用、能用，具有吸引力，且具备可行性。

设计是一个以目标为导向的活动，先明确目标和要解决的问题，然后探索和表达有创造性或者创新性的解决方案。这就是设计的一般逻辑，包含了 3 个要素，即目标、表达和创新。值得注意的是，设计不是艺术。艺术虽然也是一种创造，但其主要目的是表达情感或思想。虽然设计也可以表达情感或思想，但设计的首要目的往往是解决问题。

13.1.2 设计的分类

前面已经提到，设计所涉及的内容和范围十分广泛，因此设计的类型也相当多。一些广为人知的设计类型包括产品设计、包装设计、服务设计、游戏设计、用户体验设计、软件设计、系统设计、视觉设计、舞台设计、影视设计、广告设计、汽车设计、建筑设计、环境设计、景观设计、机械设计等。学术界根据设计所应用的各领域的特征，将其分为视觉传达设计、产品设计和环境设计三个主要类型。

- 视觉传达设计：指通过视觉媒介向人们传达各种信息的设计。视觉传达主要是通过造型、文字、插图、标志、色彩等形式传达内容。视觉传达设计通常包括广告设计、平面设计、网页设计、UI 设计、海报设计等。
- 产品设计：指从生成产品概念到制作出产品原型这个过程中的一系列活动，包括确定产品的规格、功能、结构、形态、材质、性能、质量、可靠性、操作环境等技术指标。产品设计既包含手工艺品（单件制作的产品）的设计，比如陶艺设计、皮具设计、编织品设计等，也包括工业产品（批量生产的产品）的设计，比如手机、汽车、智能硬件等。其设计方向主要有设计新产品和改进现有产品。

- 环境设计：指对某个或某些主体的客观环境进行设计，是对生活、工作环境所需的相应条件进行的规划与设计。环境设计通过合理地组织和运用自然光、人工照明设施、家居、饰品、植物等进行布置和造型，使空间环境展现出特定的风格和氛围，以满足人们心理上的某些需要。环境设计通常包括建筑设计、室内设计、园林设计、造景设计等。

下面将重点介绍产品设计中的工业产品设计。

13.2　工业设计概述

13.2.1　什么是工业设计

工业设计是从20世纪20年代开始形成和发展起来的。促成工业设计形成和发展的主要因素有以下几点。

- 科学技术的飞速发展改变了传统的手工生产模式，开启了机器大批量生产的模式，为工业设计的落地奠定了基础。
- 工业产品的设计工作从产品的生产制造流程中分离了出来，变成了独立的活动。工业设计成为独立的职业和学科。
- 随着艺术科学的兴起，艺术对象的基本组成元素被分解开进行研究和分析，并强调通过逐步增加复杂的元素获得对艺术对象的认知。这种形式被应用于工业领域，使得结合艺术和工业属性的工业设计得以产生。
- 随着经济和社会的不断发展，人们的生活方式发生了变化，对工业产品的审美和需求也有所提升，要求工业产品必须能够满足人们的审美和具备功能性需求才能卖得出去，这种社会现象在一定程度上推动了工业设计的发展。

自20世纪以来，工业设计的概念和范围随着时代的发展和科技的进步在不断地发生变化，从最初围绕工业产品的设计逐渐演变成围绕人类的生活方式、行为方式等进行的探索和研究。工业设计的焦点逐渐从物质产品转向非物质产品，并以实现“设计对象——人——环境——社会”这一系统的最大和谐为目的，探寻设计对象的创造性解决方案。

工业设计的概念可以分为广义的工业设计和狭义的工业设计。广义的工业设计是指为了达到某个特定目的，从构思到建立一个合理可行的实施方案，并用明确的方式表现出来的一系列行为。它包括一切使用现代化手段进行生产和服务的设计过程。狭义的工业设计则是指产品设计，即凭借训练、技术、知识、经验、视觉及心理感受等，对工业产品的外观、形态、材料、结构、构造、色彩、表面工艺、使用方式等进行设计和定义的过程。产品设计的核心是产品对其使用者的身（人机工程角度）、心（用户体验角度）具有良好的亲和性与匹配度。本章我们主要讲的是狭义的工业设计概念。在这个概念下，工业设计师的作用是为产品的形式、功能、可用性、人机工程学、市场营销、品牌发展、可持续性和销售等问题创建解决方案。

13.2.2 工业设计的价值

随着市场竞争日益激烈，用户对产品个性化的需求越来越高，工业设计成为满足用户需求和帮助企业构建竞争优势的利器，在产品研发中扮演着越来越重要的角色。工业设计本质上是一种商业性的活动，其价值主要体现在以下几个方面。

- 工业设计能够帮助企业打造品牌形象。企业通过工业设计能够创造出个性化和具有特定风格的产品。这种个性化和特定风格能够传达出某种价值观或生活态度，能够获得特定用户群体的认同，并帮助企业建立在用户心目中的特有形象，形成品牌认知。工业设计是建立品牌形象的一种手段。
- 工业设计能够提升企业的市场竞争力。在市场竞争中，产品的差异化逐渐成为竞争的焦点，而工业设计是实现产品差异化的手段。具备类似功能和价格的产品，用户的购买决策往往取决于产品的外观造型和操作体验。好的工业设计能够使产品与其市场定位相匹配，让产品的造型更具吸引力，让产品的结构更合理。好的工业设计一方面能够对用户的购买决策产生积极的影响，另一方面能够为企业减少制造成本，进而提升企业的市场竞争力。

- 工业设计能够为企业创造无形的财富。工业设计能够通过产品所表现出来的精美设计在用户群体中建立良好的口碑，提升企业的社会影响力。这能够帮助企业保持与老用户的关系，并不断吸引新的用户。据美国工业设计协会测算，在工业设计上每投入 1 美元，可以带来 1500 美元的收益。
- 工业设计能够帮助企业应对市场的变化。随着科技的不断发展，人们的视野越来越宽阔，需求也变得多种多样，而这些需求正是企业发展的动力。工业设计不但能够满足用户对产品的功能性需求，还能够在一定程度上预见用户需求的变化趋势，进而满足用户变化的需求，从而帮助企业应对市场的变化。

以上只是工业设计在企业层面的价值，在更宏观的层面，工业设计依然可以发挥其价值，比如：

- 工业设计能够促进大批量生产，使产品便于包装、存储、运输、维修以及回收等。
- 工业设计能够将高新技术落地，解决问题和满足需求。任何新技术或新发明如果没有应用场景，是没有任何价值的。工业设计将高新技术商品化，为之找到了应用场景，并解决了市场中存在的问题，满足了用户需求。
- 工业设计能够推动市场竞争，促进产品的发展。工业设计能够提升产品的竞争力，提升整个市场的产品设计水平，使产品越来越好。
- 工业设计能够促进设计的可持续发展。工业设计师越来越关注人与环境的关系，可持续发展的设计观已逐渐被设计界所认同。

13.3 工业设计的流程

许多大型企业通常会有自己的工业设计部门来开展工业设计工作。而对于没有工业设计部门的中小型企业，会选择将工业设计工作外包给第三方设计公司。在工业设计过程中，工业设计师对产品的外观造型、细节特征、颜色、材质等方面进行设计，并结合人体工程学的相关因素展开设计构想。工业设计还需要机械工程师的参与——对工业设计方案进行评审和结构上的实现等。

一般来说，工业设计的流程可以分为以下 6 个步骤。

1）明确设计问题。

2）产品设计分析。

3）构思产品概念。

4）深化产品概念。

5）设计方案评审。

6）生产前准备。

下面对工业设计中的各个步骤进行详细的介绍。

13.3.1 明确设计问题

设计的基本目的就是解决问题。德国著名物理学家海森堡曾说过："提出正确的问题，往往等于解决了问题的大半。"所以，在开始设计之前，工业设计师应明确设计问题。这一步骤的主要目的是明确地表达设计目的，不是寻求解决方案，而是要清楚真正要解决的问题是什么。

设计问题通常来源于两个方面，即企业提供的设计问题以及工业设计师自己发现的设计问题。通常，工业设计师作为产品研发团队的一员，应直接参与前期的市场调研和用户研究等工作，以便深入了解和分析用户需求，并明确设计问题。如果工业设计师早期没有参与产品研发团队的市场调研和用户研究的相关工作，则由产品研发团队向工业设计师提供这些资料，以便工业设计师明确设计问题。

除了市场调研的相关资料（调研记录、用户画像等），产品研发团队还应向工业设计师提供产品的功能需求、产品的目标规格、产品的定位声明等资料，这些都能够帮助工业设计师更好地确定设计问题。

13.3.2 产品设计分析

产品设计分析的对象包括产品的功能、使用方式、安装、维护、使用场景、使用产品的人、产品的状态等。对这些信息进行全面的分析能够使工业设计师对产品与用户、环境之间的关系有更深入的了解，有助于更好地做决策。

5W2H 分析法能够帮助产品研发团队（主要是工业设计师和机械工程师）进行有效而全面的产品设计分析，即从目标用户、产品的使用场景、产品的使用时机、产品的关键特性、产品解决的核心问题、产品的使用方式、产品的使用频次等方面对产品进行全面的分析。具体内容如下。

- Who：产品的目标用户是谁？购买者是谁？使用者是谁？
- Where：用户在什么场景下使用产品？
- When：用户在什么时间使用产品？
- What：产品的核心功能 / 风格等特征是什么？用户用产品来做什么？
- Why：用户为什么要使用产品？用户为什么不使用其他产品？
- How：用户如何使用产品？用户如何进行操作？
- How much ：用户使用产品的频率是怎样的？用户愿意花多少钱来购买产品？

13.3.3 构思产品概念

构思产品概念需要基于上一步的产品设计分析结果，提出多个能够解决问题的设计方案，通过对产品功能、产品交互、产品结构、设计风格等诸多方面的研究，逐步将产品概念具体化，将产品的形态慢慢勾勒出来。在这一过程中，工业设计师的主要工作是把控产品的交互、设计风格以及外观造型等，而机械工程师的主要任务是通过设计合理的产品结构来实现产品的整体功能。

构思产品概念的时候，工业设计师和机械工程师主要通过绘制设计草图以及说明性的文字来表达产品概念，并基于设计草图不断探索和尝试各种设计方案。在构思产品概念的过程中，草图的绘制不求细致和完美，只要能够清晰地传达设计方案即可。草图具有启发性和试探性，它的主要作用在于激发灵感、拓展思路，所以没必要花费太多时间将草图绘制得完美。在此过程中，工业设计师可能需要反复绘制和修改草图，不能急于确定唯一的设计方案，需要考虑多种可能的设计方案，以便于后期进一步展开设计。如果有特殊的需要，工业设计师也可以使用绘图软件表达产品概念。

一般来说，对于结构相对简单的产品，通常会由工业设计师首先根据市场需求、产品定位、目标用户等前期调研信息，开展产品外观造型的设计，在明确了产品的外观造型后，再由机械工程师根据产品的外形以及尺寸等限制因素，设计产品的内部结构，制定设计方案。而对于相对比较复杂的产品，可能会由机械工程师首先针对产品的核心功能点和目标规格，构建产品的基础结构框架，然后以此为基础由内向外进行结构设计。产品结构确定后，工业设计师基于机械工程师的结构设计方案设计产品的外观造型，这个过程就如同构建一个人体模型一样，先搭建整体的骨架，然后构建肌肉、皮肤。总之，产品概念的构思通常是由工业设计师和机械工程师在讨论中共同完成的。

13.3.4 深化产品概念

在上一步中，工业设计师和机械工程师共同构思出了多个产品概念，并明确了各个产品概念大致的外观造型、设计风格、产品结构等方面的设计方向。接下来，工业设计师应重点考虑各个产品概念实现的相关细节，明确产品的外观与机械结构。产品的外观直接影响着产品的吸引力，而产品的机械结构对产品的交互方式和使用效果有着决定性的作用。

在此阶段，工业设计师应重点关注与产品外观相关的细节，比如产品的形状、颜色、纹理、表面质感、材质、整个产品的各个部件的外观一致性和协调性、产品整体形态或形象与用户预期的符合程度等。一般来说，产品的外观应能体现产品的功能和作用。

而机械工程师应重点关注技术实现的相关细节，比如各结构部件的连接组合方式、电子元器件的堆叠方式、成型工艺、结构功能等，研究如何制造出符合要求的零部件，还要力求实现工业设计师的产品外观设计方案。

在有些情况下，工业设计师的设计方案实现起来比较有难度，可能会影响结构的堆叠、增加生产装配的难度、增加整机成本甚至会影响产品的体验等。我们要知道，设计巧妙的产品外观往往能够引起用户的好感，从而影响用户的购买决策，并能够在一定程度上抵消产品本身交互体验或功能上与竞品的差距。因此，在深化产品概念过程中，工业设计师应对产品外观的设计方案予以高度重视，综合权衡各方面因素，保证产品外观造型设计良好。

深化产品概念过程中，工业设计师可以开展一些非正式的概念测试，分别测试产品的市场吸引力（测试用户是否想要、是否喜欢）、用户对产品的理解（用户能够马上理解产品的功能及其便利性）、用户的价格接受程度（用户能否接受产品的目标价格范围）等，还可以做一些技术方面的相关测试（比如是否存在安规认证风险，是否易于装配等），这可能会帮助设计团队做出有关改善元器件、机械结构、部件组合方式等方面的优化方案。

在对产品概念深化到一定程度后，工业设计师和机械工程师就可以着手输出产品设计方案和相关设计文件，比如设计方案的3D渲染图、简易的产品原型或结构部件的原型、必要的结构工程图纸等，以供接下来的设计方案评审使用。

13.3.5　设计方案评审

在设计方案评审阶段，由工业设计师和机械工程师共同向产品研发团队介绍产品概念，采用草图、产品原型、3D渲染图、工程图纸等形式形象地展现各个产品设计方案，并对其设计特点、理念、利弊等方面进行详细说明。

接下来，由产品研发团队对产品设计方案进行评审。对产品设计方案进行评审是一项主观性比较强的工作。在开始评审之前，为了保证评审工作顺利进行，避免时间浪费在无意义的争论上，产品研发团队应确保对产品设计方案要解决的问题的理解是一致的，对产品设计方案本身的理解是一致的，且对产品设计方案的评审维度和标准达成一致。

评审通常关注两个部分：产品的外观造型部分和产品的机械结构部分。对产品外观造型的评审，通常称为产品外观评审或ID评审；对产品机械结构的评审，通常称为产品结构评审。由于绝大多数产品的机械结构会直接影响产品外观，所以一般情况下是先进行产品结构评审，待产品结构通过了评审后，由工业设计师基于通过评审的产品结构进行产品外观的设计，最后进行产品外观评审。

在产品外观评审中，产品研发团队通常会从其创意、美学、协调性、整体一致性、设计风格、人机交互体验、产品功能的表达、表面工艺的合理性、引发的情感等维度进行评价。在产品结构评审中，产品研发团队则往往会从其安全性、稳定性、产品寿命、产品结构强度、材料选择的合理性、各零部件之间的联系、可维护性、装配难易程度等维度进行评价。此外，产品研发团队还可以根据一些设计原则来评审产品设计方案。这些设计原则将在后文中介绍。

13.3.6 生产前准备

选定产品的最终设计方案之后，产品研发团队应对产品设计方案的相关文件图纸进行打样，即制作产品原型，以进行最终的确认、评审和测试。再次制作原型主要是因为有些问题或者设计方案的实际效果在制作产品原型后才能显现出来。所以，产品研发团队还需要基于产品原型进行最终评审，再次对产品设计方案进行一定的调整。这一切都是为了保证产品设计方案的成功，确保产品设计方案已经满足各方面的要求，降低产品生产的成本。最后，在对产品原型进行了充分的评审和验证并确定产品设计方案已经达到生产的标准后，企业就可以着手准备产品的生产了。

生产前的准备工作主要包括对产线中的相关工作人员的培训、生产装配指导书的撰写、模具的制作、生产设备的准备、工艺装备（产品制造过程中的各种工具、量具、夹具、模具等装备）的设计和制作、生产计划的制定、产品质量标准的制定等。值得注意的是，创新不仅存在于产品设计过程中，在产品生产过程中也存在创新，即对生产流程进行创新——通过技术、机械以及软件等方面的变化组合，创造新的生产流程。

在产品进入生产阶段前，产品研发团队应着手进行产品包装的设计、产品营销方案的设计、产品的官网设计、产品使用说明书的撰写、产品专利的申请、产品认证的申请、售后服务策略的制定等工作。产品研发团队应保证产品的用户界面、产品的包装、产品的官网以及产品的各种营销方案在设计上的一致性，将产品的卖点、优势、价值等清晰直观地展现出来。

至此，工业设计的相关工作基本上就结束了。产品发布后要接受市场的检验，因此产品研发团队要跟踪产品在市场上的表现，收集用户的反馈，以便日后对产品进行优化和改进，为下一代或其他新产品研发做好充分的准备。

13.4　工业设计的材料与工艺

工业设计的目的是创造出具有特定用途并能够通过现代化手段批量生产的实体产品，而任何实体产品都是由材料及工艺转化而成的。这里提到的材料，是指工业产品材料，主要指用于产品外观造型和产品内部结构的材料。而工艺，是指运用各种生产工具将原材料（或半成品）加工和处理成成品的方法和过程。材料及工艺是产品设计的物质基础，也是实现产品设计的载体。产品设计通过材料及工艺转化为实体产品，材料及工艺通过产品设计体现其价值。所以，设计和材料、工艺是密不可分的。

此外，材料的特性直接影响着产品的设计。不同的材料具备不同的物理、化学、力学等性能以及成型工艺。对于基本功能相同的产品，如果使用不同的材料及工艺，由于材料及工艺性能不同，产品的构造可能也会有所不同。由此可见，材料及加工工艺在一定程度上决定了产品的构造。

用户在使用产品时，直接观察到和触碰到的是产品的组成材料。在进行产品设计时，只有选用的材料的性能特点与其加工工艺特性相一致，才能够实现设计的目的。因此，工业设计师必须了解材料的性能特点及其成型工艺特性。

目前来说，工业设计常用的材料主要包括金属、塑料、木材、陶瓷玻璃以及复合材料等。其中，金属和塑料被广泛地应用于智能硬件产品中，下面将对这二者做简单介绍。

13.4.1 塑料材质及其工艺

1. 塑料材质概述

塑料是指在一定温度和压力下能够被塑造成一定形状，并在常温下能够保持既定形状的有机高分子材料。塑料以高分子合成树脂为主要成分，加入适当添加剂，如增塑剂、稳定剂、固化剂、抗氧化剂、阻燃剂、润滑剂、着色剂等，经加工成型为塑性（柔韧性）材料，或固化交联形成刚性材料。

塑料的种类有上百种。按照受热后的不同反应，塑料可以分为热塑性塑料和热固性塑料两种类型。

按照不同用途，塑料可以分为通用塑料、工程塑料以及特种塑料 3 种类型。

在工业设计中，塑料是最为常见的造型材料。与其他材料相比，塑料具有很多优势。塑料质量轻，耐化学腐蚀性强，而且具有光泽，着色性好，可以做成透明、半透明或不透明态。塑料的加工成本较低，成型工艺简单，适用于大批量生产。此外，塑料的绝缘性好，经常被用作制造智能硬件产品的外壳。塑料的不足之处在于，其强度和硬度不如金属，容易燃烧并释放有毒气体，而且本身无法被自然降解，不利于环保。此外，塑料制品容易变形。温度变化时，塑料制品稳定性较差，使用久了还会出现老化现象。

2. 塑料的成型工艺

塑料的成型工艺是指由树脂聚合物制造成最终塑料制品的过程。塑料的成型工艺通常包括注塑（注射成型）、压塑（压制成型）、挤塑（挤出成型）、吹塑（中空成型）、吸塑（真空成型）、压延成型、发泡成型等。

13.4.2　金属材料及其工艺

1. 金属材料概述

金属材料是指完全由金属元素构成或以金属元素为主构成的具有金属特性的材料。在产品设计中，常用的金属材料有钢铁材料、铝、钛、锡、金、银以及合金等。金属材料的性能决定了其适用范围。金属材料的性能一般包含 4 类，即机械性能、物理性能、工艺性能以及化学性能。其中，机械性能主要包括金属的强度、塑性、硬度等，物理性能主要包括金属的密度、熔点、热膨胀等，工艺性能主要包括金属的铸造性、可焊性、可锻性、切削加工性能等，化学性能主要包含金属的抗氧化性、抗腐蚀性等。

按照分子结构划分，金属材料可分为纯金属和合金。纯金属由同一元素的原子构成，而合金由两种或两种以上化学物质（至少有一组为金属）构成。合金的强度和硬度通常要比纯金属高一些，且电阻温度系数较小、电阻较大。

按照冶金方式划分，金属材料可分为黑色金属和有色金属。黑色金属又称为钢铁材料，主要是指铁、铬、锰及其合金，是以铁为基本成分的金属及其合金。除黑色金属以外，其他所有的金属及合金都属于有色金属。有色金属主要有轻金属（密度小于 $4500kg/m^3$，如铝、镁等）、重金属（密度大于 $4500kg/m^3$，如铜、锌等）、贵金属（价格昂贵，提纯困难，如金、银等）、半金属（物理性质和化学性质介于金属和非金属之间，如硼、硅等）、稀有金属（地壳中含量较少，如钛、钨等）。相比于黑色金属，有色金属的机械性能和物理性能的范围更宽，被广泛地应用于航海、航空、汽车、建筑装饰、家电等领域。

在工业设计中，金属材料常被视为良好的造型材料。它具有特殊光泽，有良好的反射能力以及不透明性。大多数金属属于塑性材料，具有良好的延展性。其表面经过电镀、涂敷等工艺加工后，能够获得较为理想的质感。此外，金属材料具有较好的导电性、导热性。虽然有些非金属材料也能够具备金属的某些良好特性，但暂时还没有一种非金属材料能够具备金属的全部特性。

2. 金属的成型工艺

金属材料的成型工艺主要包括铸造成型、塑性成型、切削加工以及金属焊接等。

13.5 工业设计的原则

在设计领域，有很多大师基于自身经验总结了一些设计原则。比如，人机交互学博士雅各布·尼尔森提出的启发式评估十原则、德国工业设计之父迪特·拉姆斯提出的好设计的10项原则、亨利·德雷福斯提出的5项工业设计原则、美国的计算机科学家本·施奈德曼提出的界面设计的8项黄金原则等。学习、掌握并在实际设计中灵活运用和参考这些设计原则，有助于将产品设计得更好。下面分别对好设计的10项原则、德雷福斯的五项工业设计原则、界面设计的八项黄金原则进行介绍。启发式评估十原则将在第15章介绍。

13.5.1 好设计的10项原则

好设计的10项原则由德国工业设计之父迪特·拉姆斯提出，他是当代“简约主义”风格的代表人物、“新功能主义”的创始人和代言人，建立了20世纪工业设计的标准，被誉为“20世纪最有影响力的设计师”。迪特·拉姆斯在大学主修建筑学，在毕业后从事工业设计工作，后来成为德国著名公司博朗的首席设计师。在博朗公司的设计实践中，他提出了“少，却更好”（less，but better）的设计理念，与“现代主义”建筑大师密司·凡·得罗的名言“少即是多”（less is more）异曲同工。他主张设计要“少”但不缺乏精致的细节，强调关注产品的功能性与技术质量。

在20世纪70年代末，迪特·拉姆斯越来越关注周围世界的状况，他认为世界正处于“形式、颜色和声音都难以捉摸的混乱”之中，并向自己提出了一些重要的问题：“我的设计是好的设计吗？什么样的设计才是好的设计呢？”基于对这些问题的思考，他得出结论：好的设计无法用限定的器具测量。但他还是提出了他认为好设计应具备的10项重要原则，这10项原则也被称为设计十诫。

1）好的设计是创新的。技术的持续发展总是不断为创新设计提供机会。而且，创新设计总是伴随创新技术一起发展，永远不会结束。

2）好的设计使产品更实用。产品是要拿来使用的，它必须满足某些基本标准，不仅是功能上的标准，而且应兼具心理学上和美学上的标准。好的设计强调实用性的同时不能忽视其他方面，不然可能有损产品性能。

3）好的设计是美的。产品的美感是不可或缺的一部分。我们每天都在使用的产品无时无刻不在影响着我们的生活环境和对幸福的感受。

4）好的设计使产品易于理解。好的设计使产品的结构清晰明了。更妙的是，好的设计可以让产品说话，可以使产品脱颖而出。

5）好的设计并不引人注目。好的设计是低调内敛的。产品既不是装饰品，也不是艺术品，要像工具一样能够达到目的。因此，产品的设计应是中性和受到约束的，为用户的自我表达留出空间。

6）好的设计是诚实的。好的设计不会试图以无法兑现的承诺来操纵消费者。

7）好的设计是持久的。好的设计避免迎合短期的时尚，因此它不会很快过时。

8）好的设计是细致的。好的设计是考虑周到且不放过任何细节的。任何细节都不应该是偶然的，设计过程中的谨慎和准确性都是在表达对用户的尊重。

9）好的设计是环保的。在产品的整个生命周期中，好的设计可以节省资源并最大限度地减少污染。

10）好的设计是尽可能少的设计。少，却更好——因为设计专注于产品基本要素，剔除了不必要的负担。设计应回归纯粹，回归简单。

13.5.2　德雷福斯的 5 项工业设计原则

德雷福斯的 5 项工业设计原则是由人机工程学的奠基者和创始人亨利·德雷福斯在 1955 年提出的。他从 25 年的工业设计经验中提炼了 5 项优秀工业设计的标准。

1）实用性和安全性。产品的用户界面应该安全无害、易于操作、直观易懂。产品的各个特性都应该形象化，以便于用户轻松理解。

2）维修与维护。必须进行清洁、涂油或更换磨损和消耗的零部件的产品，应设计得便于维护和修理。产品的维修与维护应被视为一种功能，与其他功能的交互方式一起进行考量和设计。

3）产品成本。工业设计师必须同时关注产品的物料成本和生产成本，因为产品的形式和特征（比如所用的材料、表面处理方式、成型工艺、零部件数量等）会直接影响产品的工装、制造、装配流程等环节，进而对产品成本产生影响。

4）销售吸引力。不同于产品外观，销售吸引力是一种难以捉摸的心理价值。产品应能够微妙、悄无声息地进行"自我销售"。销售吸引力是由产品具备怎样的触感、产品如何操作、产品会在用户心目中引发什么样的情感等构成的混合体。工业设计师必须关注产品通过外观、触感、声音、气味等给人带来的主观感受。

5）外观。产品的外观应能够体现产品与其他产品的差异性以及与企业形象的一致性。如果工业设计师能够在设计中保证产品符合前四项原则，那么产品的外观就已经被决定了十分之九，另外的十分之一来自产品的形式、颜色、线条等要素。由此可见，产品外观是多种因素共同作用的结果。

13.5.3 界面设计的 8 项黄金原则

界面设计的 8 项黄金原则由本·施奈德曼于 1986 年提出。本·施奈德曼是美国的计算机科学家，也是马里兰大学人机交互实验室的教授。他在广受欢迎的著作《用户界面设计：有效的人机交互策略》中，揭示了界面设计的八项黄金原则。苹果、微软、谷歌等几大 IT 巨头公司设计的产品都反映了这些原则。

1）力求一致性。一致性在帮助用户熟悉数字产品过程中发挥着重要作用。

2）寻求通用性。市场研究倾向于找出最具普遍性的消费者作为目标用户，设计师要寻求这种普遍性，为不同的用户提供合适的解决方案。用户熟练程度的差异、年龄范围的差异、生理上的差异等都对设计提出了不同的要求。

3）提供信息反馈。对于用户的每个操作，产品都应该有适当、及时、可读的反馈。

4）提供状态信息。一组动作完成时，产品应向用户提供反馈，这能够给用户带来放松感。

5）提供简单的错误处理。设计应尽可能减少用户出错的可能。没人喜欢被告知他们犯错了，但是当错误发生时，产品应确保向用户提供简单、直观的错误处理说明，以便用户能够快速和轻松地解决问题。

6）允许轻松撤销操作。用户执行的动作应是可逆、可撤销的。产品应为用户提供明确的方法来撤销他们所执行的动作，无论是单一的动作、数据输入还是动作序列。正如本·施奈德曼在他的书中所表达的：这个功能在一定程度上减轻了用户的焦虑，由于用户知道所有执行的动作都可以撤销，因此可以放心大胆地操作，探索他所不熟悉的功能。

7）保持用户的控制权。让用户有掌控感和自由很重要，这样用户会觉得自己能够完全控制数字空间发生的事件。当设计的产品像用户所期望的那样运行时，就赢得了用户的信任。用户不希望出现令他们惊讶或不熟悉的操作。难以获得必要的信息以及无法产生想要的结果会使用户感觉烦恼。用户应该是操作的发起者，而不是对系统行为的响应者。

8）减少短期记忆负担。人类在短期记忆中进行信息处理的能力有限。因此，界面应尽可能保持简单，具有适当的信息层次结构，让用户去识别信息而不是去回忆。

值得注意的是，不要误认为界面设计的原则一定就是针对软件的操作界面，这种理解是非常片面的。用户界面（User Interface，UI）的定义范围比较广泛，包含了人机交互界面与图形用户界面。凡涉及人与机械进行信息交流的领域都存在着用户界面。其中，图形用户界面是指采用图形显示的界面，比如计算机的用户操作界面、手机的屏幕操作界面、智能硬件设备上的屏幕操作界面等。而人机交互（Human-Computer Interaction，HIC）界面是指用户可见的系统，既可以是硬件设备，也可以是软件系统。用户通过人机交互界面与系统进行交流，例如台灯上的按钮、汽车上的仪表盘都是人机交互界面。所以，以上界面设计的 8 项黄金原则是针对人机交互界面而言的，既适用于硬件也适用于软件。

13.6　本章小结

通过本章的学习，我们了解了工业设计的定义以及工业设计的价值，掌握了工业设计的流程和方法，了解了工业设计师和机械设计师在工业设计中是如何配合发挥作用的。此外，我们还了解了 3 个知名的设计原则，即好设计的 10 项原则、德雷福斯的五项工业设计原则以及界面设计的 8 项黄金原则。

- 设计往往需要理解用户的需求、期望、目标，并把握业务、技术及行业上的规则和限制，然后对产品进行规划，使产品有用、能用，具有吸引力，且具备可行性。
- 设计是一个以目标为导向的活动，先明确目标和要解决的问题，然后探索有创造性或者创新性的解决方案。
- 广义的工业设计是指为了达到某个特定目的，从构思到建立一个合理可行的实施方案，并用明确的方式表现出来的一系列行为。它包括一切使用现代化手段进行生产和服务的设计。
- 狭义的工业设计则是指产品设计，即凭借训练、技术、知识、经验、视觉及心理感受等，对工业产品的外观、形态、材料、结构、构造、色彩、表面工艺、使用方式等进行设计和定义的过程。
- 工业设计的流程通常分为 6 个步骤：明确设计问题、产品设计分析、构思产品概念、深化产品概念、设计方案评审、生产前准备。
- 材料及工艺是产品设计的物质基础，也是实现产品设计的载体。产品设计通过材料及工艺转化为实体产品，材料及工艺通过产品设计体现其价值。
- 设计十戒：好的设计是创新的，好的设计使产品更实用，好的设计是美的，好的设计使产品易于理解，好的设计并不引人注目，好的设计是诚实的，好的设计是持久的，好的设计是细致的，好的设计是环保的，好的设计是尽可能少的设计。
- 德雷福斯的五项工业设计原则：实用性和安全性、维修与维护、产品成本、销售吸引力、外观。
- 界面设计的八项黄金原则：力求一致性、寻求通用性、提供信息反馈、提供状态信息、提供简单的错误处理、允许轻松撤销操作、保持用户的控制权、减少短期记忆负担。

14

第 14 章 CHAPTER

产品原型：验证设计方案与产品概念

成功的产品不是通过突发奇想的创意一蹴而就的，而是通过对产品概念和产品的设计方案不断进行验证和迭代创造出来的。一款产品在上市前往往需要制作很多产品原型。产品原型能帮助产品研发团队发现设计方案的缺陷和漏洞，同时它也是一个很好的沟通工具。本章将对产品原型进行介绍，包括软件原型和硬件原型。通过本章的学习，你将了解到软件与硬件原型的概念、用途、类别、制作方式以及原型的设计原则等。

14.1 产品原型概述

构建产品原型的最主要目的是验证产品概念和产品设计方案，这是研发过程中不可或缺的工作。在整个产品研发周期中，产品研发团队可能需要通过各种形态、保真度（与最终产品的相似程度）不一的原型，来对产品的方方面面进行测试和验证，以了解哪些设计是可行的，哪些设计是不可行的。

有人将构建原型类比成学习杂耍，在学习杂耍的前期，不能用石头或球进行练习，因为用石头可能会砸到自己的脚，受伤了你就没法继续练习了，而球会滚到别的地方，每次失败都要跑去捡球，太浪费时间。所以选择一个装有豆子的小口袋是个不错的主意，因为失败的代价相对较低，能够让人在练习中更容易坚持下去。在技艺娴熟之后，你就可以使用球、小刀或其他东西来进行表演了。产品原型也是如此，它可以帮助产品研发团队以低成本的方式快速对产品概念和设计方案进行验证，验证通过后再投入资源进行产品开发，既提升了研发效率，又避免了资源的浪费。

14.1.1 什么是产品原型

产品原型也可以简称为原型。原型通常以物理或数字的形式来表达产品概念或产品设计方案，是最终产品的等比例缩小版本、模拟或演示版本。创建产品原型是实现产品概念的第一步。通过产品原型，产品研发团队首次将存在于人们脑海中的产品概念或创意转换为每个人都可以看到的物理模型或数字模型。原型的概念很宽泛。产品研发团队创建了某种事物来验证或探索产品概念，我们就可以称之为原型。对于软件产品，原型往往是对软件操作界面以及操作流程的设计方案的表达。我们可以通过手绘、专业工具等来制作原型图。对于硬件产品，原型可以是手绘的3D图、专业软件构建的数字3D模型，也可以是物理世界的实物模型。

相比于最终产品，产品原型并不完美，甚至很粗糙，但它能够以更低的成本和更快的速度被构建出来。借助于产品原型，产品研发团队能够在投入更多资源对产品概念进行研发之前，对产品概念或产品设计方案进行充分的验证、探索和测试，并根据测试结果对产品原型不断进行迭代和优化，然后再次验证、探索和测试。这样的循环能够有效降低研发过程中的不确定性。因此，原型不只是产品概念的表达，还是一种帮助产品研发团队探索产品未来样貌的工具，更是一种产品设计和优化迭代的方法。

14.1.2　产品原型的价值

构建产品原型能够带来的好处通常体现在以下几个方面。

- 验证想法，了解事实。所有基于产品的设计、概念、创意，在没有实际做出来之前，都只是未经验证的假设。通过快速制作原型并对各种猜测和想法进行验证，产品研发团队能够了解客观事实，学习到产品各部件在实际环境中是如何工作的以及它们之间的联系。更重要的是，产品研发团队能学到哪些设计是真正有效的，哪些只是看似有效而实际上是无效的。产品的很多信息在未构建原型的情况下是很难考虑周全的，因此产品研发团队可以一边构建原型一边思考，从而在构建原型的过程中创造更多价值。
- 完善产品，优化设计。基于对产品原型的测试和评估，产品研发团队能够更有针对性地对产品概念和设计方案进行迭代和优化，直到达到一个令人满意的评估结果。
- 演示产品，高效沟通。产品原型是一个很好的交流工具。一个可视化的产品原型能够帮助产品研发团队向产品的利益干系人更好地展示产品概念。此外，原型也有助于产品研发团队内部的高效沟通。基于原型，产品研发团队能够快速达成对设计方案理解一致，并根据最终的原型推动产品研发，消除在没有原型之前频繁交换文件以及想法的烦琐流程。
- 启发思路，获得灵感。在制作产品原型的过程中，产品研发团队往往会产生新的创意和想法。通过涂鸦、绘制草图、构建原型，产品研发团队可将脑中的产品概念变成可视化的模型。在这个将抽象概念具象化的过程中，产品研发团队很可能会有意想不到的发现，因为一开始的产品概念或设计方案是相对抽象和不够全面的，基于可视化的模型进行思考后，可能发现产品概念或设计方案中缺少了哪些东西。这样的探索性思考往往能激发灵感和创新。

14.1.3 产品原型的分类

不同类型的原型应用于产品研发的不同阶段，用途也各不相同。下面简单介绍一下原型的分类，以及一些常见的原型形式和用途。

按照产品原型的展现形式划分，产品原型分为手绘原型、数字原型、实物原型。手绘原型指直接在纸上绘制出产品的样式。数字原型指通过建模软件或仿真软件绘制出产品的样式，并能够对部分产品功能进行模拟。实物原型指通过硬纸板、泡沫板、胶带等搭建出产品的物理模型。

实物原型通常用作硬件产品的原型。按照制作原型的材质划分，实物原型分为塑胶原型、硅胶原型、金属原型以及油泥原型。按照制作原型的方式划分，实物原型分为手工原型和数控原型。手工原型是通过手工制作的原型，数控原型是通过数控机床制作的原型。按照机床类型划分，实物原型又可分为 SLA 原型、CNC 原型等。按照制作实物原型验证的问题划分，实物原型分为外观原型、结构原型和功能原型。

按照产品原型的保真程度（即产品原型与最终产品的相似程度）划分，产品原型分为低保真原型和高保真原型。低保真原型与最终产品相似度较低，通常用于验证产品功能。高保真原型与最终产品相似度较高，通常用于对外展示或可用性测试。

按照产品原型的交互能力划分，产品原型分为静态原型和动态原型。静态原型指不具备交互能力的产品原型，比如手绘原型。动态原型指具备交互能力的产品原型，比如数字原型。软件类的产品原型能够通过键盘和鼠标进行控制，能够响应外界的输入。

按照产品原型在产品研发周期的作用划分，产品原型分为一次性原型和持续迭代性原型。顾名思义，一次性原型构建出来后，验证了问题直接就被丢弃，没有继续使用的价值。持续迭代性原型构建出来后，根据发现的问题不断被优化和迭代，在研发过程中持续发挥作用。

总之，原型的分类方式多种多样，有些原型更适用于软件产品，有些原型更适用于硬件产品。所以，在构建产品原型时，产品研发团队应根据实际情况选择合适的原型。智能硬件产品往往既包含软件（如移动端 App、PC 端软件、网页端的数据平台等），又包含硬件。下面分别介绍软件原型和硬件原型，以及各类原型的应用场景。

14.2　软件原型

软件原型通常涉及移动端产品原型、PC 端产品原型、网页端产品原型以及智能终端产品原型。前三个产品原型比较普遍，这里解释一下智能终端的产品原型。所谓智能终端，就是一类嵌入式计算机系统设备（即智能硬件）。很多智能硬件产品配备了触控屏，用户可直接通过触控屏对其进行操控，比如智能快递柜、3D 打印机、自助收银机等。针对这类具备显示屏或触控屏的智能硬件，产品研发团队都需要对其构建软件原型。

14.2.1　软件原型概述

1. 软件原型的组成要素

软件原型是对软件设计方案的表达，是设计师的关键输出物。原型让设计师能够展现他们的设计，以供产品研发团队参考和评估。软件原型是对用户与界面之间最终交互形式的模拟。软件原型由 4 个基本要素组成，即元素、界面、流程、交互。

- ❑ 元素，指产品界面所呈现的内容，比如按钮、图标、图片、文字等。
- ❑ 界面，指软件与用户之间进行交互和信息交换的介质。在配备触控屏的智能终端上，用户可以通过界面输入信息给软件，软件则可以通过界面变化反馈信息给用户。比如，智能快递柜的触控屏展示的就是一个界面，用户对它进行操作后，会跳转到另一个界面。

- 流程，指为达到特定目标而完成的一系列活动。比如，为了从智能快递柜取出快递，用户需要完成一系列任务，即输入取货码—点击“确认”按钮—取出快递，这就是取快递的流程。
- 交互，指用户和软件产品之间互动的行为。交互决定了用户使用产品的方式。仍以从智能快递柜取快递为例，在上述流程中，确认取货码的交互方式是点击“确认”按钮，然后软件产品通过弹窗显示快递所在的位置。这里的交互也可以变成用户通过滑动按钮的方式来确认取货码，软件产品以弹窗加语音播报的形式提示用户快递所在的位置。简而言之，交互用于描述用户如何操作产品，以及产品如何响应用户的操作。

2. 软件原型的构建和用途

一个完整的软件原型要能够清楚地展现产品具有的功能和内容、产品操作界面、产品各个功能的操作流程、各个界面之间的跳转逻辑、各个界面上的元素（按钮、内容等）布局、各个界面上的元素与用户的交互。

由此可见，构建一个完整的软件原型是比较复杂的，所以完整的软件原型通常由产品经理和交互设计师共同完成。从某种意义上来说，构建软件原型属于规划和探索产品功能的范畴，所以产品经理和交互设计师通常的合作方式是，由产品经理从业务角度权衡产品策略、产品定位、用户体验、技术可行性以及产品的商业价值后，明确产品的功能需求和内容并制作一版产品原型给交互设计师，然后由交互设计师从交互设计的角度对其进行优化，提升其用户体验与可用性。

软件原型一方面用于展现产品设计方案，作为产品经理、设计师、工程师之间沟通的工具，保证产品按照预期进行研发；另一方面用于产品概念测试或可用性测试，便于设计师根据测试结果对产品原型进行优化，保证产品顺利发挥其价值。基于不同的用途，我们可以制作不同的原型。

3. 软件原型的分类

软件原型按照保真度进行分类，可分为低保真原型和高保真原型。前面已经介绍过，保真度是指产品原型与最终产品的相似程度。对软件产品来说，保真度主要通过以下 3 个维度进行判断，即视觉效果、内容真实性、交互性。

- 视觉效果是指软件界面的样式，包括界面上包含的元素的样式、形状、尺寸、颜色等。
- 内容真实性是指界面上呈现的信息是否真实地反映了实际情况。
- 交互性是指软件交互的完成程度，比如页面之间的跳转方式、界面元素的动效等。

下面分别对低保真原型与高保真原型进行介绍。

14.2.2 低保真原型

低保真原型是对产品概念相对粗略的表达，通常将视觉效果、内容真实性以及交互性降至很低，比如仅用黑、白、灰色来创建原型、不考虑字体类型等，因为制作低保真原型的目的通常是表达设计方案或产品概念，便于利益干系人进行评估。产品研发团队关注的重点应该是设计是否合理、概念是否有吸引力，而不是界面是否美观，因为这些设计细节对验证早期的设计问题是不必要的，过早地对这些内容进行设计可能还会妨碍设计方案的验证。而且不成熟的视觉设计稿可能会分散产品研发团队的注意力，从而无法将精力完全集中在产品概念和设计方案上。

所以，低保真原型应尽可能地摒弃视觉效果，可以仅用一些基本形状来展示界面中的关键元素，以传达界面的视觉层次。低保真原型有助于在设计过程中快速地将产品概念或设计方案可视化，并对其进行多方面的验证，比如对操作流程、元素的样式、元素在界面中的布局等进行验证。由此可见，低保真原型可以是一些关于软件界面的手绘图、关于软件界面的纸模、在软件中构建的线框图、在软件中构建的具有界面跳转能力的线框图等。

低保真原型具有以下优势。

- 成本较低。构建低保真原型的成本非常低，仅需要纸和笔就可以完成。
- 快速便捷。由于在设计过程中无须思考各个界面的细节，设计师能够根据要验证的问题快速构建出低保真原型。

- 帮助建立目标。低保真原型能够使产品研发团队快速理解设计方案，并使团队的每个成员对产品将要做成什么样子达成一致，建立共同的目标。
- 便于沟通和协作。低保真原型有利于产品研发团队发现和解决设计方案中的潜在问题。而且低保真原型的构建较为简单，产品研发团队中的每个成员都可以参与，这有助于团队成员的相互沟通与协作。

低保真原型也存在一些不足之处，具体如下。

- 设计细节受到限制。低保真原型以牺牲视觉效果、内容真实性、交互性等换取了低成本和快速便捷的优势。软件交互通常由设计师一边解释一边手动进行演示，比如从一张草图换成另一张草图，所以能够展示的交互效果非常有限，无法展示复杂的交互动画或转场效果。
- 测试结果存在不确定性。由于低保真原型没有展现出界面中足够多的设计细节，因此在使用低保真原型对产品进行测试时，很多细节需要测试参与者去想象，导致测试人员很难清楚地分辨哪些设计是有效的、哪些设计是无效的，这样的测试结果存在不确定性，难以判断测试结果是否准确。

最常见的低保真原型包括纸制原型和可点击的线框图，这两种方法对于验证初始的设计方案并使产品研发团队对设计方案达成一致的理解都非常有帮助。下面分别介绍纸制原型和线框图。

1. 纸质原型

纸质原型的制作始于20世纪80年代中期，在90年代中期流行起来。当时的霍尼韦尔、IBM、微软等公司在产品开发过程中都会使用纸质原型。如今，纸质原型已被设计师广泛应用于以用户为中心的设计工作中。纸质原型的样式如图14-1所示。

纸质原型是指在纸上绘制的软件产品界面，便于快速验证产品的操作逻辑是否正确以及操作流程是否顺畅。它是一次性的静态原型，不具备交互性。不过，我们可以将纸质原型的照片导入原型设计软件中，通过原型设计软件赋予其交互能力。

图 14-1　纸质原型

构建纸质原型的成本很低，只需要纸和笔就能够快速传达想法。设计师不必每次都重新绘制软件界面的框架。比如要构建一款手机 App，设计师可以打印多个 iPhone 图片，然后直接用笔和原型尺（也叫交互尺，一种辅助绘制原型的工具）在纸质 iPhone 的屏幕上绘制软件界面。还可以制作一个纸质的 iPhone，将其屏幕区域镂空，然后将纸质原型放置到镂空区域作为软件界面，最后按照用户操作流程来移动纸质原型，以此来模拟软件界面的交互。类似这样的操作使原型的构建变得容易、有趣，还稍微提升了原型的保真度。

在构建纸质原型时，我们可以将用户使用产品的场景以及想通过产品达成的目标写在纸质原型上方。这有助于产品研发团队从用户角度思考设计方案，还可能从纸质原型中发现一些之前没有考虑到的细节问题，同时避免因主观臆测而产生一些不切实际的需求。

纸质原型的优势是门槛低，产品研发团队中的每个成员都可以绘制草图来表达想法，而且构建起来简单快速，成本低，便于设计师针对验证结果和用户反馈意见快速进行修改并重新构建。其不足之处在于，对产品进行测试时，必须有人来更换纸质原型，演示产品与用户的交互行为。此外，纸质原型的表达能力极为有限，无法传达较为复杂的视觉和交互效果。

2. 线框图

线框图，也称为页面示意图，用于描绘软件产品的界面布局，包括界面元素和导航系统，以及它们如何协同工作。实际上，在纸上绘制的低保真原型也属于线框图。不过在这里，我们介绍的线框图特指通过原型绘制软件构建出来的具有交互能力的线框图，也称为可点击的线框图。为了表述方便，下文描述中仍用“线框图”代替“可点击的线框图”。

线框图通常由直线、方框、按钮、文本及其他组件配合少量的灰色和白色来表达软件界面中的元素和布局，如图 14-2 所示。这样的表达形式使得线框图不但像纸质原型一样能验证软件的交互逻辑，而且相比于纸质原型，具备更多细节，更适合验证软件界面中元素的布局是否合理、按钮的尺寸是否合适，在添加了交互效果之后，还可以用于简单的可用性测试。

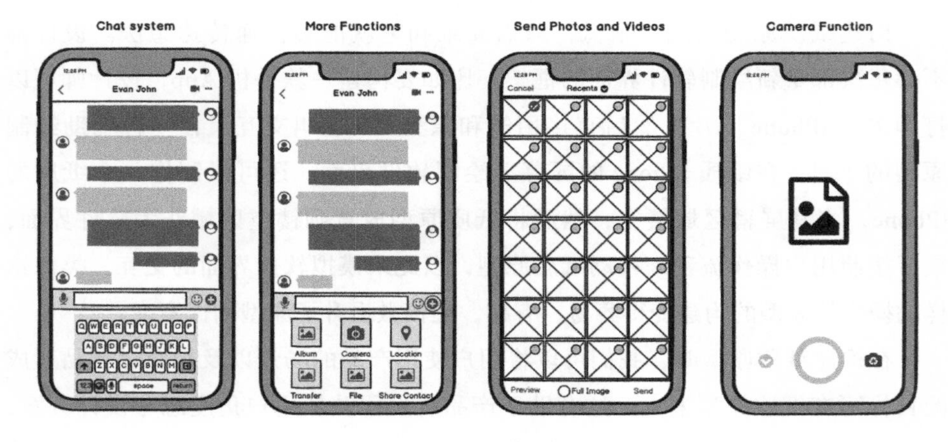

图 14-2　线框图

这个阶段的线框图通常由交互设计师输出，此时界面布局、交互逻辑、软件架构等都已经比较清楚了。产品研发团队基于这样的低保真原型对开发成本和技术可行性进行评审，比如某个交互效果的实现成本是否过高，是否存在不可行的交互方式等。通常，线框图不仅要对各个界面、界面中的各个元素、各个操作界面跳转与交互方式进行介绍，还要对不同情况下界面发生的变化进行介绍，比如出现弹窗、状态提示等信息。具备这样全面信息的原型也称为交互文档或交互稿。对于用作可用性测试的线框图则不必标注上述信息，因为可用性关注的是用户能否通过观察或操作这样的低保真原型领会和理解上述信息。

线框图是个很好的沟通工具，能够直接地告诉产品研发团队以及用户这不是最终产品。因为线框图绘制的产品外观与最终产品明显相差甚远，其通过线框与灰、白颜色将人们的注意力放在软件界面与元素的布局上。对于线框图，设计师可以基于用户反馈直接在软件上对需要修改的元素进行调整，这样低成本的改动也会使产品研发团队和用户没有压力地提反馈意见。

绘制线框图常用的软件包括 Balsamiq、InVision、Adobe XD、Axure 等。值得特别介绍一下的是 Balsamiq，它是一个线框图绘制工具，通过直接拖拽方框、按钮以及其他组件到画布中就能够快速生成手绘风格的线框图。对于低保真原型的构建，设计师不必拘泥于特定的工具和形式，合适就好。只要能够快速验证设计方案，使用 PowerPoint 和 Keynote 之类的演示工具来创建线框图也未尝不可。

14.2.3　高保真原型

高保真原型在设计与细节上与最终要对外发布的产品最接近，通常具备最终产品的所有视觉效果，包括界面中各个元素的形状、尺寸、样式、颜色、间距等，如图 14-3 所示。高保真原型通常在低保真原型通过产品研发团队的评估后，由 UI 设计师配合交互设计师共同制作完成。（UI 设计师负责原型的视觉效果，交互设计师负责使其具备交互性。）

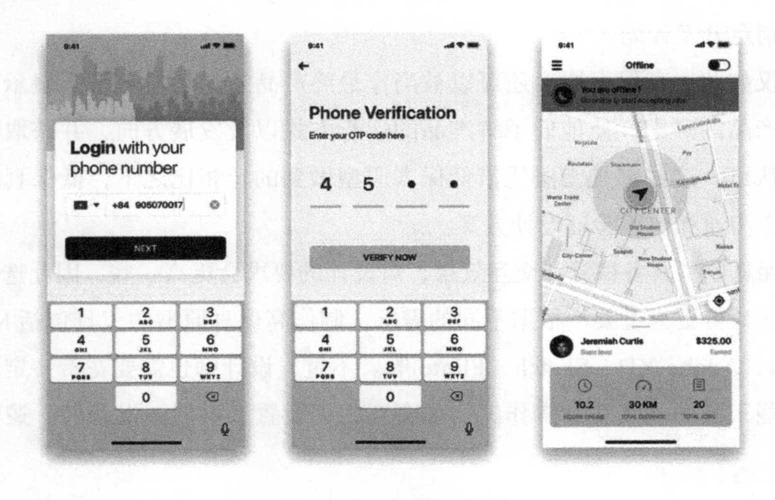

图 14-3　高保真原型

相比于低保真原型，高保真原型的修改和迭代是比较麻烦的。通常，一个界面的元素变更后，与之相关的一系列界面可能都要随之修改。高保真原型的构建需要花费更多时间，因为它呈现了更多细节。此外，高保真原型对设计者的专业水平也有一定要求，需要设计者具备视觉设计能力与交互设计能力。

虽然高保真原型的构建会占用更多人力，花费更多时间，但这都是为了使高保真原型看起来与最终产品几乎一样。在进行产品可用性测试时，这将是非常有益的。高保真原型通过模拟真实产品的界面与交互为用户提供完整的用户体验，让用户觉得他们正在使用的就是真实的产品，进而获得用户最真实的反馈。通过高保真原型实现的可用性测试更加全面，不但可以测试产品的操作流程，还可以对单个页面的元素布局、交互方式等进行测试。不过，高保真原型对界面元素的测试效果可能不如低保真原型的测试效果好，因为具体化的高保真原型会限制用户的想象力，导致用户可能只提出类似修改颜色、按钮大小等建议。

在产品研发团队对产品进行开发之前，通过高保真原型进行可用性测试可及早地发现问题，有效地避免了在开发完成后才发现问题。相比于开发完成后对产品进行修改所耗费的成本，构建高保真原型所花费的成本几乎可以忽略不计。通过高保真原型，产品研发团队能对开发周期进行更准确的评估，有助于更好地制定开发计划。

不仅如此，高保真原型还可以被当作最终产品来向利益干系人展示，消除他们对产品的疑虑，使他们了解产品的运行方式以及发展方向，并获取他们的支持和认可。这些都是无法凭借低保真原型做到的。相比之下，低保真原型更适合用作沟通和快速验证设计方案。

高保真原型具备视觉和交互效果，对设计的要求会更高一些，因此选择合适的工具就显得更为重要。根据不同的需求，制作高保真原型的工具包括 Marvel、InVision、Adobe XD、Sketch、Flinto 等。不过，设计师也需要花费一定时间来掌握这些工具的一些复杂操作，比如交互相关设置、事件触发条件、逻辑判断条件等。

14.2.4 软件原型小结

构建软件原型能够有效保障产品概念的可行性和产品设计方案的可用性，避免在产品开发过程中或产品开发完成后才发现产品在某方面存在缺陷，从而返工，造成不必要的浪费。一般情况下，产品研发团队应从一个低保真原型开始，经过多轮迭代并快速验证后，构建出一个高保真原型，然后持续地开发和完善，设计出最终的产品。

14.3 硬件原型

为了便于读者更好地理解本节内容，在介绍硬件原型之前，首先明确一下“硬件”的概念。对于智能硬件产品，硬件意味着智能硬件产品的所有物理组成部分是既看得见又摸得到的实物部件。以计算机为例，计算机的硬件部分有 CPU（中央处理器）、内存、网卡、电源等内部硬件，还有键盘、显示器、耳机、鼠标等外部硬件。很多人习惯用“硬件”来指代内部硬件，即执行模拟或逻辑运算的电子组件。这些通电之后才能够正常运转的电子组件也可以称为电子硬件。简而言之，硬件是指智能硬件产品中的所有物理部件，包括机械部件和电子硬件。

14.3.1 硬件产品原型概述

成功的智能硬件产品不是偶然间的一个灵感就能造就的。产品的成功是通过不断验证问题并进行优化的结果。一款好的智能硬件在进入正式生产前不知道要构建多少个硬件原型，完成多少次研发迭代。世界上第一款无尘袋吸尘器戴森吸尘器的诞生经过了大量的硬件原型迭代。詹姆斯·戴森用了 5 年时间，构建了 5127 个硬件原型，成功地做出了无尘袋吸尘器。由此可见，在研发过程中构建硬件原型对产品成功至关重要。那么，到底什么是硬件原型？

1. 硬件产品原型的定义

硬件产品原型，也称为手板，是在没有开模具的情况下根据产品概念、产品设计图纸或结构图纸做出来的模型。硬件产品设计完成后，一般会有很多问题，甚至有无法使用的可能。随着产品研发的不断深入，产品的设计变更成本将越来越高。如果直接将未经硬件原型验证的产品投入生产，一旦出现问题，那么生产的整批产品都要报废，将造成极大的资源浪费。

硬件原型的制作周期短，占用资源少，产品研发团队应尽早使用它来快速验证产品概念、设计方案、产品的外观、结构以及功能的合理性。通过构建硬件原型，产品研发团队能够尽早明确产品的不足之处，以及产品概念与用户需求的匹配程度，从而对产品不断地进行优化。硬件原型减小了在产品研发后期进行产品设计变更的风险，这对于产品的成功非常关键。

2. 硬件原型的价值

构建硬件原型能够带来很多好处，具体如下。

- 硬件原型能对产品的外观进行验证。硬件原型是看得见、摸得到的 3D 模型，可以直观地反映工业设计师的设计理念。
- 硬件原型能够对产品结构进行验证。一方面可以验证产品的强度是否能够长期保持，另一方面可以验证产品是否易于装配。
- 硬件原型能够规避直接开模（制作模具）的风险。制作模具的成本通常很高，比较大的模具通常要花费十万甚至百万。通过硬件原型先对产品进行修改和验证，确定没有问题之后再进行开模，能够有效降低资源浪费的风险。
- 硬件原型能推动产品上市的节奏。在正式生产之前，产品研发团队就可以将保真度比较高的硬件原型用于市场营销活动，比如拍照、拍视频、展会等，有效加速产品发布的进程。
- 类似于软件原型，硬件原型也是产品研发团队进行沟通的得力工具。

14.3.2 硬件原型的分类

在产品研发过程中，产品研发团队常常会制作以下几类产品原型：数字原型、概念验证原型、电子硬件原型、外观原型、Alpha 原型、Beta 原型、试生产原型等。下面对这些常见的硬件原型进行简要的介绍。

1. 数字原型

数字原型指通过三维建模软件来展现的产品的3D模型，通常用于验证实际产品的功能与性能。数字原型在产品的设计阶段被创建，能够逼真地展示产品的全部特性。工业设计师、制造商和工程师能够通过数字原型对产品进行设计、迭代、优化和验证，提升研发过程中的沟通效率。数字原型能够应用于产品的整个生命周期，包括机械设计、制造、装配、营销等环节。产品研发团队可以通过数字原型来分析产品中的各部件或子系统之间是如何相互作用的，还可以用它进行产品检查、运动模拟、性能分析、加工制造模拟、产品宣传培训和售后维修计划等活动。有了数字原型，产品研发团队无须过早地构建实物原型并对其进行测试，减少了为验证设计方案而构建的实物原型数量。因此，在构建实物原型前，先构建数字原型对设计方案进行验证是很有必要的，这能够为团队节省时间和成本，并加快将产品推向市场的进程。

2. 概念验证原型

概念验证原型通常在产品研发团队选择产品概念后构建，用于验证产品概念某些方面的性能与可行性。概念验证原型一般使用简单易得的材料制成，比如硬纸板、胶带、泡沫等，无须具备最终产品的外观、机械结构或装配特性。因为它的作用重点在于模拟产品的关键组成部件和功能系统，所以也可以叫作功能模型。它能够帮助产品研发团队验证产品概念从草图变为物理模型后是否能够按预期发挥作用。

3. 电子硬件原型

电子硬件原型用于验证产品概念的电子硬件方面的功能和性能。按用途归类，它属于概念验证原型。电子硬件原型基于软件和硬件设计来构建PCB（印刷电路板），以此验证产品硬件方面的功能和性能是否符合预期，所以它不具备产品的内部机械结构和外观。对于简单的设计，电子硬件工程师可以通过绕线和面包板来构建电子硬件原型，也可以通过Arduino或Raspberry Pi之类的开源电子原型平台来完成编程以及传感器之间的交互。对于复杂的电路设计，电子硬件工程师则可能从设计的第一版就要使用 PCB。最后得到的电子硬件原型只在设计上与最终产品相同，在外形、结构等方面都与最终产品不同。

4. 外观原型

外观原型也可以叫作工业设计原型。通常，其在产品研发团队对产品的外观进行评审（ID 评审）或将产品展示给关键利益干系人（比如投资人）时进行构建。工业设计原型的外观看起来像最终的产品。它既可以是产品研发团队中的工业设计师绘制的渲染图像，也可以是实际的物理模型。物理模型不具备产品的功能，内部没有任何组成部件，仅用于验证产品外观。通常，外观模型由工业设计师将原型图纸发给专门制作原型的公司（手板厂）制作，使用的材料一般是塑胶、硅胶、金属等，通过 CNC 快速成型、激光快速成型等方式将其加工成三维立体模型，再对其进行诸如抛光、喷漆、电镀、阳极氧化等表面处理即可。有时为了加快产品上市进程，产品研发团队会使用工业设计原型进行拍摄，而不是等到最终产品制作出来才开始准备这些市场营销物料。

5. Alpha 原型

Alpha 原型是产品研发团队按照最终产品的材料、外观、物理尺寸（也可能会根据需要按比例进行缩放以节省成本）、结构布局等产品需求规格，制作的首个最接近最终产品的原型。Alpha 原型可能存在一些实质性缺陷或功能上的缺失，甚至有可能无法在正常环境下运行，需要辅以非常规的操作或在特殊环境下才能运行。Alpha 原型的建立和测试对于产品研发团队理解产品的局限性和完善产品设计至关重要。它经过不断对测试的结果进行优化而获得。Alpha 原型还可以用于评估产品是否符合安规认证的相关需求以及结构设计是否便于生产制造。产品研发团队一旦完成了对 Alpha 原型功能和性能的优化，且明确了其外观、结构、装配、安全等方面的问题与对应的解决方案，就可以着手开始构建 Beta 原型。

产品的 Alpha 测试是一种内部的验收测试，目的是在发布产品之前识别出所有可能会出现的问题。Alpha 测试的重点是通过黑盒和白盒技术来模拟真实用户，执行目标用户可能执行的典型任务。Alpha 测试是在实验室环境中完成的，通常由企业内部人员来开展。根据实际情况，企业有时也会招募外部的目标用户进行 Alpha 测试。Alpha 测试通过模拟真实用户的常规操作，使产品研发团队尽早发现问题所在。其不足之处在于产品仍处于开发阶段，产品功能无法被充分测试，测试结果往往不尽如人意。

6. Beta 原型

Beta 原型是对 Alpha 原型的优化和增强，并将改进方案应用于生产工具、模具、PCB、外壳等设计中。它具备最终产品的实际物理尺寸和最终产品的所有功能特性。Beta 原型的缺陷将远远少于 Alpha 原型。通常，Beta 原型可以在正常环境中运行，不需要进行任何特殊操作或在特殊环境下运行。对 Beta 原型进行测试的目的是发现用户在实际使用中可能会遇到的问题，常用于产品的可用性测试。Beta 原型用于按照拟定的使用流程进行测试，测试人员记录使用过程中发现的问题与解决方案。它还可用于安全规范和认证相关的测试和性能测试，以验证产品是否符合产品需求规格。产品研发团队一旦完成了对 Beta 原型的全方位验证，就可以开始小批量试产了。

7. 试生产原型

试生产原型也称试产原型、试产样机，是将产品投入大批量正式生产前的最后一类原型。试生产原型吸纳了产品研发团队前期通过 Beta 原型已验证和确认的改进项。产品研发团队通常会根据实际情况将一些产品发给部分早期用户试用，并持续收集他们的意见。值得一提的是，这部分早期用户中通常包含一些 KOL，他们会基于试生产原型来拍摄测评视频或撰写测评文章。所以，试生产原型的价值不只是验证一些产品上的问题，还能为市场营销工作提供支持。不过，试生产原型的最大价值在于它能够帮助产品研发团队发现生产和装配流程等方面的问题。这些问题被解决后，后期大批量生产时生产效率将得到极大的提升。当用户试用与生产装配中发现的问题都解决后，产品研发团队就可以考虑大批量生产了。

14.3.3 硬件原型的使用

值得一提的是，产品研发团队可以根据实际情况，将产品的 Beta 原型或试生产原型发送给早期用户试用（试用越早开始越好）并持续跟进，这将给产品的改进提供有价值的信息。试用过程与游戏产品内测的逻辑很相似。在内测阶段，游戏公司招募部分游戏玩家来体验游戏，以对游戏的性能、设计、平衡性以及服务器负载等进行测试，确保其在正式对外发布后能正常运行。早期用户往往愿意参加这样的产品测试，因为这可以让他们尽早了解有关新产品的信息，并在某些方面取得领先。

14.4 构建产品原型的步骤

产品原型的构建通常可以分为以下 3 个步骤。

1）明确制作原型的目的。

2）选择合适的原型种类。

3）选择工具并设计原型。

下面将对这些步骤进行简要的介绍。

14.4.1 明确制作原型的目的

在制作产品原型之前，产品研发团队应先考虑清楚制作原型的目的。不同领域对原型关注的重点有所不同。一般来说，工业设计师用原型来验证产品的外观、触感、整体视觉效果与人机工程等问题，机械工程师用原型来验证产品的机械结构、布局、强度、可装配性等，电子硬件工程师用原型来验证电子模块的功能实现以及安全规范的符合程度等，交互设计师用原型来验证产品交互流程与交互效果等，UI 设计师用原型来验证界面视觉效果与界面层次是否清晰等，产品经理用原型来验证产品提供的价值是否与用户需求相匹配和优先级等，市场营销经理用原型来验证产品定价和用户购买意向等。总之，每个原型被制作出来都是为了达到某种目的。

由此可见，在产品研发的不同阶段为了达到不同的目的，相关人员需要选择合适的产品原型。通常，制作产品原型包含以下 7 个目的。

- 传递产品价值，测试产品概念，获取用户反馈；
- 基于原型进行头脑风暴，以思考可改进的环节；
- 对产品进行测试，验证某些特征的性能；
- 验证产品功能的技术可行性以及实现效果；
- 做可用性测试，发现与产品体验相关的问题；
- 小批量试产，验证和发现生产装配中的问题；
- 用于演示、拍摄以及设计市场营销的准备资料。

14.4.2　选择合适的原型种类

明确了产品原型制作的目标后，产品研发团队应对以下问题进行思考。

- 目标是否有必要达成？目标是否值得达成？
- 制作产品原型和不制作产品原型将面临怎样的风险？
- 项目处于什么阶段？可用的人力和时间等有多少？
- 哪种类型的产品原型能够帮助产品研发团队达成目标？
- 能够帮助达成目标的原型，还可以用于验证哪些问题？
- 有没有更简单和更低成本的方法可以达成目标？

产品研发团队应对上述问题进行认真的思考，尤其是对于硬件产品，这些问题的答案将影响构建产品原型的成本以及产品成功的可能性。选择产品原型时，首先要考虑目标。比如，如果是使利益干系人快速了解产品概念，可能只需要制作纸质原型；如果是验证产品的交互流程和页面逻辑是否顺畅，可能在原型设计工具中制作可点击的低保真线框图就够了；如果是测试产品的可用性，可能需要制作具备产品视觉效果和交互动效的高保真原型以及具备最终产品外观和功能的 Beta 原型。

此外，产品研发团队还要考虑所处阶段与可用的资源。比如，在研发早期阶段，低保真原型较为实用，且构建低保真原型的成本也较低。随着研发的不断推进，原型的保真度和精细度不断提升，越来越接近能够最终交付的产品，因此所耗费的资源也越多。总之，在选择原型时，产品研发团队应对多种因素进行考虑，有策略地对原型的类型进行选择，以便提高产品成功的概率。

14.4.3 选择工具并设计原型

确定要制作的原型后，产品研发团队就可以选择合适的工具开始制作了。制作低保真原型，可以选择纸和笔、纸板、泡沫、电子开发套件等。制作软件的数字原型，可以选择的工具包括Balsamiq、InVision、Adobe XD、Axure、Sketch、Flinto等。制作硬件的实物原型，可以选择的工具包括Solidworks、Pro/ENGINEER、UG、Rhino、SketchUp等。制作电子硬件原型（原理图），可以选择的工具包括Protel、Cadence、AutoCADElectrical、EPLAN、Eleworks等。

14.5 制作各类产品原型的流程

14.5.1 制作软件原型的流程

制作用于表达概念的低保真原型的过程很简单，直接在纸上绘制就可以。在原型设计软件中绘制可交互的低保真原型的过程实际上是具象了交互设计师在进行交互设计时的思考过程。制作软件原型的大致流程如下。

- 确定产品的信息架构。即确定产品的功能和内容之间的层次结构，产品一共有多少个界面，每个界面呈现哪些内容等信息。
- 确定用户的操作流程。即确定用户为了完成特定任务或达成特定目标的操作步骤，要输入哪些信息、要获取哪些信息、执行哪些操作以及界面之间的逻辑跳转关系等信息。
- 确定界面内容、功能及元素布局。根据以上信息确定用户在特定界面下所需要的内容和功能，并对这些内容和功能进行优先级排列，最后以优先级来确定这些内容、功能以及其他元素在界面上的布局。

- 确定界面、功能、元素之间的交互方式。即用户通过何种方式执行操作以及软件界面通过何种方式对用户的操作进行响应。比如，用户的操作方式应该是滑动、点击还是长按等，界面响应用户操作的方式是弹出、翻转还是渐变等。

通过以上步骤，软件产品的可交互、低保真原型就基本完成了。如果要提升原型的保真度，即制作高保真原型，需要 UI 设计师的介入。UI 设计师需要为低保真原型的各个界面以及其中的元素添加逼真的视觉效果，然后由交互设计师为具备最终视觉效果的界面添加交互效果。这样，一个高保真原型的制作就完成了。

14.5.2 制作硬件原型的流程

用于表达产品概念的原型制作起来比较简单，可以直接在纸上绘制，可以在三维建模软件中创建，也可以通过纸板、泡沫、胶带等材料搭建。至于保真度更高的产品原型，比如外观原型、Alpha 原型等，企业通常会将其外包，即利用企业外部的供应商（模型制造商）来制作硬件原型，这样做最大的好处就是节省时间。因为企业外部的供应商通常比企业更擅长某一领域的工作，而且制作原型涉及专业的设备和人力资源的投入（还涉及设备的维护成本），所以将硬件原型的制作交给供应商是个不错的选择。

外包制作产品原型，企业只需要在三维建模软件中构建好产品原型，再将产品原型图纸交付给外包公司即可。制作硬件原型的大致流程如下。

- 制作产品原型的设计图纸。在通过简单的低保真原型验证产品概念后，工业设计师或者机械工程师就可以开始使用三维建模软件对产品概念开展进一步设计了。设计完成后，产品研发团队对其进行评审，经过多轮评审和优化后，确认产品设计方案。
- 寻找模型制造商，并外发设计图纸。在挑选模型制造商的过程中，设计师应至少清楚三家以上的模型制造商的报价、制作周期，并与之详细沟通预期的产品原型所能达到的水准，因为有的模型制造商可能无法做到产品设计图纸所要求的水准。

- 基于设计图纸制作产品原型。模型制造商基于设计图纸制作产品原型。制作原型使用的方式包括CNC加工（数控机加工）或3D打印技术。3D打印技术包括FDM（熔融沉积制造）、LOM（分层实体制造）、SLA（立体光固化成型）、SLS（选择性激光烧结）。根据对原型材质、精度、预算等方面的要求，制造商选择合适的加工方式进行加工即可。值得注意的是，制作原型的工艺和最后试产、正式生产所用的工艺是不一样的。（前者不开模具，后者要开模具。）
- 对产品原型进行手工处理。刚制作出的产品原型比较粗糙，模型制造人员通常会先测量它的尺寸是否与图纸相符，公差是否在可接受范围内，然后对产品原型进一步处理，比如清除产品原型的毛边、毛刺，对产品原型的表面进行打磨和抛光处理等。
- 对产品原型进行表面处理。表面处理是指在产品原型表面形成一层与材料本身性能不同的表层的工艺。其目的通常是增加产品原型的耐磨性、耐腐蚀性或者装饰需要等。表面处理的常见方式包括喷漆、丝印、电镀、阳极氧化、拉丝等。

通过以上步骤，硬件原型就基本完成了。对于有多个结构部件组成的硬件原型，制造商在对其进行表面处理前，要进行试组装，在完成表面处理后，还需要对其进行组装，并在组装后对其进行数据检测，确认没问题后，对其进行包装。最后，产品研发团队就得到了来自模型制造商制作的硬件原型。

14.5.3 制作电子硬件原型的流程

通常，电子硬件原型与硬件原型在研发初期分开制作。机械工程师绘制产品机械结构的三维模型，而硬件工程师和嵌入式软件工程师通过软件或者开源电子原型平台来验证产品功能的可行性，并完成硬件原理图制作等工作。待验证了各自的原型后，才将原型集成在一起进行进一步的测试和验证。与硬件原型的制作过程类似，电子硬件原型的制作过程通常也有一部分是通过外包来完成的。这部分外包的工作可能会有设计印刷电路板的布局、PCB 制造、PCB 贴片焊接等。制作电子硬件原型的大致流程如下。

- 使用电子开发套件验证产品的基本功能。在产品研发初期，硬件工程师凭借个人经验，首先使用电子开发套件来验证产品的基本功能。电子开发套件是集成了输入 / 输出、USB、网络等诸多接口的单片机开发工具，能够帮助硬件工程师快速开发并验证产品功能，所以也叫作开发板。常用的开发板有 Arduino 和 Raspberry Pi 等。
- PCB 原理图设计。PCB（Printed Circuit Board，印刷电路板）是采用电子印刷术制作的。它是承载电子元器件的基板，也是电子元器件与电器连接的载体。也就是说，实现产品功能要用到的电子元器件、传感器等都可以安装到 PCB 上，并且通过 PCB 进行连接。智能硬件产品中基本会用到 PCB。硬件工程师验证产品功能后，首先确认为实现产品功能需要用到哪些电子元器件，同时创建电子物料清单（也叫 BOM），并设计 PCB 的原理图。原理图注明了所有电子元器件之间是如何连接和工作的。在 PCB 原理图通过产品研发团队评审后，硬件工程师就可以将其外发给 PCB 制造商进行下一步工作了。
- PCB 制造。PCB 的制造也称为制板。整个 PCB 制造过程往往需要使用多种加工设备，并经过很多道工序，相当复杂。因此，制板过程通常是由 PCB 制造商来完成的。制造 PCB 的流程大致包含开料、前处理、内层压膜、内层曝光、内层显影、内层蚀刻、内层去膜、内层冲孔、AOI 检验（自动光学检测）、棕化、叠板、压合、钻孔、PTH（沉铜，镀通孔）、外层压膜、外层曝光、外层显影、外层线路蚀刻、外层去膜、预硬化、表面处理、成形、电测、FQC（出货检验）等。
- SMT 贴片。SMT（Surface Mounted Technology，表面安装技术）贴片也可以称为 PCB 贴片焊接、PCB 贴片，指的是在 PCB 表面安装电子元器件，并通过焊接技术将电子元器件固定在 PCB 表面的技术。在制作原型阶段，贴片的工作通常由硬件工程师完成。在正式生产时，出于成本与效率的考虑，贴片的工作通常会外包，交给贴片厂商使用

SMT 贴片机完成。通常，手工焊接一个简单的电子元器件约 3 秒，而 SMT 贴片机在 1 秒内可以贴装 5～15 个简单的电子元器件，而且精度很高。

- PCB 调试验证。到当前阶段为止，硬件工程师已经拿到了布好线和安装好电子元器件的 PCB 板，接下来要对照原理图对其进行验证，主要验证 PCB 板是否严格按照 PCB 原理图进行设计，并进行质量检查。

通过以上步骤，电子硬件原型就基本完成了。在硬件工程师确认 PCB 板没有问题后，嵌入式软件工程师就可以进行产品的功能调试和开发了。嵌入式软件工程师编写的固件可以使硬件原型按照产品需求运行，比如进行逻辑判断和读取传感器的状态、数值等。最后，电子硬件原型可能会被集成到整机结构中，进行整机的测试与验证。

这里简单介绍一下固件的概念。固件通常是指在一个系统最基础和最底层工作的软件。在智能硬件产品中，固件就是它的灵魂。因为某些智能硬件产品除了固件没有其他的软件（比如 PC 端软件、移动端软件等），所以固件也在一定程度上决定着智能硬件产品的性能和功能。

14.6 原型设计的注意事项

在设计产品原型的过程中，设计师应注意以下几个问题。

- 将不构建硬件原型的风险与构建产品原型所耗费的成本进行对比分析。
- 构建原型前，有必要充分了解竞品。这能够帮助产品研发团队发现其缺陷和市场机会，为产品设计方向提供重要参考依据。
- 要对需要验证的问题进行优先级排序。使用产品原型时先验证风险最高与最复杂的问题，对于无须验证的问题可以直接忽略，这样可以节省一定的时间和成本。
- 构建硬件原型时，应时刻考虑成本。要尽量使用基本的机械结构和市面上常用的部件，避免使用过多的定制部件，以免造成最终的产品成本过高。在能达到目标的前提下，尽量选择成本较低的材料与原型制造技术。对于早期的硬件原型，纸板、泡沫甚至乐高等模块化玩具都是不错的选择。

- 构建较为复杂的产品原型时，可以对其子系统进行划分，基于子系统构建原型。也就是说，设计师可以通过两个或多个简单的原型来代替复杂的原型。这样做的好处是一方面可以将用户反馈归结到特定的子系统，有助于将子系统脱离整个产品来看待；另一方面可以保证单个子系统在未与其他子系统组合时也能单独验证。
- 能通过简单的原型进行验证就没必要制作复杂的原型。
- 尽早地准备申请专利。

14.7　本章小结

在本章中，我们了解到在整个产品研发周期中，产品研发团队可能需要用到各种形态、保真度不一的原型来对产品的方方面面进行测试和验证。通过本章的学习，我们知道了产品原型相关概念，包括各类软件原型和硬件产品原型，还了解了构建软件原型、硬件原型、电子硬件原型的基本流程。

- 相比于最终产品，产品原型虽然并不完美，甚至很粗糙，但它能够以更低的成本和更快的速度被构建出来。
- 按照产品原型的展现形式划分，产品原型分为手绘原型、数字原型、实物原型。按照产品原型的保真程度划分，产品原型分为低保真原型和高保真原型。按照产品原型的交互能力划分，产品原型分为静态原型和动态原型。按照产品原型在产品研发周期中的作用划分，产品原型分为一次性原型和持续迭代性原型。
- 软件原型由 4 个基本要素组成，即元素、界面、流程、交互。
- 完整软件原型要能够清楚地展现产品的功能和内容、产品的操作界面、产品各个功能的操作流程、各个界面之间的跳转逻辑、各个界面上的元素布局、界面上元素与用户的交互方式。
- 对软件产品来说，保真度主要通过以下 3 个维度来判断，即视觉效果、内容真实性、交互性。

- 硬件原型能用于对产品外观的验证，还能够用于对产品结构的验证，规避了直接开模的风险，推动产品上市的节奏，以便产品研发团队高效沟通。
- 产品原型的构建通常可以分为 3 个步骤：明确制作原型的目的、选择合适的原型种类、选择工具并设计原型。

15

第 15 章 CHAPTER

可用性测试：让产品易于理解和使用

可用性概念最早来源于人因工程。人因工程又称工效学，二战时期设计人员研发新式武器时研究如何使机器与人的能力限度和特性相适应，从而诞生了工效学。为了确保产品的目标用户能够在特定场景下有效、高效并满意地使用产品达成目标，我们需要进行可用性测试。本章将对可用性测试的概念、可用性测试的方法和实施步骤进行介绍。

15.1 可用性测试概述

15.1.1 可用性概述

就一般产品而言，可用性被定义为目标用户可以轻松使用产品来实现特定目标。人机交互专家雅各布·尼尔森对可用性的定义包括如下要素。

- 可学习性：初次接触这个设计时，用户完成基本任务的难易程度。
- 效率：用户了解了产品之后能多快地完成任务。
- 可记忆性：当用户一段时间没有使用产品后，是否能轻松地恢复到之前的熟练程度。
- 错误：用户有多少错误操作，错误严重程度如何，能否从错误中轻易地复原产品。
- 满意度：这个设计让用户感觉如何。

15.1.2 可用性测试

可用性测试大多用于网站或移动应用的设计评估，也可以用于智能硬件的完整体验流程的评估，通常会邀请目标群体中的真实用户在特定场景下通过产品完成典型的任务，在真实的使用过程中观察用户的实际操作情况，详细记录并分析用户在使用产品时遇到的问题。可用性测试的目的是发现产品存在的可用性问题，收集定性和定量数据，帮助产品研发团队改进产品，并确定目标用户对产品的满意度。简单来说，可用性测试就是通过观察用户使用产品完成典型任务，发现产品中存在的与效率、满意度相关的问题的方法。

15.1.3 可用性测试的价值

可用性测试是改善产品的极佳方式。有时，我们并不是产品的目标用户，很多需求和设计方案是产品研发人员想出来的。他们在讨论方案的时候总是说："用户想要……""我觉得……""如果是我的话，我会……"虽然研发人员会依据一些经验与设计法则，但这些都只是未经验证的主观猜测而已，无法准确地评估设计方案的优劣。这往往导致成员之间观点对立，僵持不下。所以，为了了解真相（用户到底会怎样使用产品），我们要找到产品的目标用户并向他们学习（观察他们如何使用产品）。这样才能使团队尽快对设计方案达成一致并积极改善产品。

通过可用性测试，产品研发团队可以：

- 了解真实用户如何与产品进行交互；
- 了解真实用户是否能够完成指定任务；
- 了解真实用户完成指定任务需要多久；
- 了解真实用户对产品与竞品的满意度；
- 确定产品可用性问题所需的修改方案；
- 定性分析可用性并查看是否符合设计目标；
- 让设计和开发团队在研发前发现问题。

15.1.4　可用性测试的分类

可用性测试的类型（进行可用性研究的原因）主要有 3 种。

- 探索性可用性测试：在发布新产品之前，探索性可用性测试可以确定新产品应包含哪些内容和功能，以满足用户的需求。在产品开发早期，探索性可用性测试可以评估初步设计或原型的有效性和可用性。
- 评估性可用性测试：在产品发布前或发布后对最新版本的测试。评估性可用性测试可以确保用户体验，其目的是确保在产品发布之前发现并修复潜在问题。
- 比较性可用性测试：比较两种或更多种产品或设计的可用性，并区分各自的优缺点，以确定能提供最佳用户体验的设计。

15.2　可用性测试的两种方法

根据是否有用户参与，我们可以将产品可用性测试的方法分为分析法和实验法。下面对这两种方法进行简要的介绍。

15.2.1 分析法

分析法是由产品可用性测试工程师及用户界面设计师等专家基于自身专业知识和经验进行评价的一种方法。其特点为主观、时间短、费用少、评价范围广。分析法常用于可用性检查阶段。常见的分析法包括但不限于如下 5 种方法。

- 专家评审。评审由精通设计可用性概念的专家完成，他们基于自身专业知识与经验对产品进行审查。
- 启发式评估。由可用性测试专家判断每个页面及元素是否遵循已确立的可用性原则。
- 认知走查。设计师模拟用户在每个操作步骤中所遇到的问题，检查用户的任务目标和心理认知，判断用户是否可以顺利执行下一步操作，并针对每步操作提出 4 个问题：用户是否知道自己要做什么？用户在探索用户界面的过程中是否注意到了操作方法？用户是否把自己的目的和正确的操作方法关联到了一起？用户能否从系统的反馈中判断出任务在顺利进行？通过回答针对每个操作步骤提出的问题，专家能发现可用性问题。
- 多元走查。认知走查的变体，通过小组会议讨论用户操作流程中的每个交互页面及元素布局。
- 一致性检查。让多个其他项目的研发代表检查界面，查看界面是否以设定的方式进行操作。

15.2.2 实验法

实验法是通过观察用户执行特定的任务，收集真实的用户使用数据的一种方法。测试法是比较典型的实验法，问卷调查等方法也属于实验法。其特点为客观、时间长、花费大、评价范围较窄，评价结果是事实，必须准备原型。实验法常用于可用性测试阶段（用户测试阶段）。常见的实验法包括但不限于如下几种方法。

- 卡片分类法：通常用于测试分类或导航结构，让用户将一组写有信息的卡片分组，并为其分配名称或标签。卡片分类有助于产品研发团队了解用户如何看待内容以及他们如何组织信息，从而决定在每个页面放置什么元素。卡片分类对页面或功能分类很有帮助。
- 面对面测试：由一个或多个观察者在诸如会议室的固定环境中进行测试，要求用户完成一组任务，观察者可以随时与他们交流、提出问题并做进一步探究。
- 远程测试：在远程测试中，用户在自己的环境中执行一系列任务，通过软件自动记录用户的点击位置和交互过程，并记录他们在使用网站或应用程序时发生的关键事件以及提交的反馈。这种类型的测试可以由主持人（使用网络研讨会或电话会议）完成，也可以作为自我测试。
- A / B 测试：为网站或应用程序的界面或流程制作两个（A/B）或多个（A/B/n）版本，在同一时间维度，分别让组成类型相同（相似）的访客群组随机访问这些版本，收集各群组的用户体验数据和业务数据，最后评估出最好版本并正式采用。
- 走廊测试：随机找人来测试网站，而不是找那些在测试网站方面训练有素和经验丰富的人。这种方法对于在开发过程中首次测试新网站特别有效。
- 纸质原型测试：创建一个粗糙的，甚至是手绘的界面图形，将其作为设计的原型。该方法让用户通过原型来执行任务，能以极低的成本在发布之前对产品进行测试。
- 问卷调查：问卷的优势在于可以收集结构化的数据，且价格低廉，不需要检测设备，调查结果反映了用户的意见。

15.2.3　分析法与实验法的关系

分析法与实验法的主要区别在于是否有用户参与其中。分析法的参与者是具备专业知识的设计师与工程师，而实验法的参与者是目标用户或小白用户。从某种程度而言，分析法和实验法是一种互补的关系。一般在用户测试时，先在可用性检查阶段通过分析法排查可用性问题，把排查出的问题按重要程度排序，然后在可用性测试阶段通过实验法重点观察和验证。分析法的最大缺点是，它得到的只是分析者的假设或观点，在团队意见不一致时，并不能够提出支持自己意见的有力证据。为了结束争论，团队就只能通过实验法进行验证。

接下来，重点介绍分析法中的启发式评估法与实验法中的一对一用户测试。

15.3 启发式评估的原则和步骤

15.3.1 启发式评估概述

由于专家评审过度依赖自身的专业知识与经验，为了得到一个更客观的结果，雅各布·尼尔森根据多年可用性工程的经验创造了启发式评估法。启发式评估使专家按照公认的可用性原则来审查用户界面中的可用性问题，然后通过一系列原则对它们进行分类和评分。雅各布·尼尔森的启发式评估十原则（也称为尼尔森十大交互定律）是行业中常用的可用性评估原则。除此之外，启发式评估还有吉尔·格哈特·波瓦尔斯的认知工程原理、苏珊·温斯申克和迪恩·巴克的分类、ISO 9421 对话原则等。

15.3.2 启发式评估的 10 项原则

下面简要介绍雅各布·尼尔森倡导的启发式评估的 10 项原则。

1）系统状态的可见性。系统应该在合理的时间内做出适当的反馈，始终让用户了解正在发生的事情。

2）系统与现实世界的匹配。系统应使用用户熟悉的词语和概念，而不是系统导向的专业术语，遵循现实世界的惯例，使信息以自然和合乎逻辑的顺序出现。

3）用户控制和自由。用户有时会误操作，因此系统要提供任何时候用户都能从当前状态跳出来的出口，保证能够及时取消或者再运行执行过的操作。

4）一致性和标准化。系统不应让用户怀疑不同的词语、情况或行为是否意味着同一件事，保证用户在同样的操作下得到相同的结果。

5）预防错误。系统应提前预防错误的发生，消除容易出错的条件或检查它们，并在用户采取行动之前让用户再次确认是否进行该操作。这种防患于未然的设计要比适当的错误提示更胜一筹。

6）识别而不是回忆。使对象、动作和选项等可视化，最大限度地减少用户的认知负担。尽量不要让用户从当前对话切换到其他对话时还必须记住某些信息。系统的使用说明应该是可见的，或者可以轻易地检索到。

7）灵活性和效率。加速器功能（初次接触的用户看不到该功能）通常可以提升用户的操作效率，从而满足有经验的用户的需求，允许用户根据自身情况调整会频繁使用的操作。

8）审美和极简主义设计。对话不应包含无关或极少需要的信息，因为对话中的每条附加信息都会与关键信息形成竞争，并降低其相对可见度。

9）帮助用户识别、诊断及修复错误。错误提示消息应以简单的语言表示，精确地表明问题，并建设性地提出解决方案。

10）帮助文档。即使在没有帮助文档的情况下系统也可以运行良好，但还是有必要提供帮助文档。这样的信息应该易于搜索，并针对用户要执行的任务列出具体步骤。

15.3.3　启发式评估的6个步骤

1. 招募评估人员

雅各布·尼尔森认为，一个人评估，大约只能发现35%的问题，需要3～5人才能得到稳妥的评估结果。能够胜任启发式评估职位的人可以是用户体验设计师、交互设计师、UI设计师等。参与了产品设计的设计师是不适合评价界面的，因为评价结果可能不够客观，抑或是发现了问题直接就进行修改而不反馈。

2. 制定评价计划

评价产品的所有功能是比较困难的。所以，产品研发团队要事先定好评价界面的哪些部分以及依据哪些原则进行评价。

3. 实施评价

最好对人机界面进行两次评价，第一次检查人机界面的操作流程是否正常，第二次详细检查各人机界面是否存在问题。禁止评价人员相互讨论，以避免评价结果被权威人士所影响。

4. 召开评价人员会议

评价人员完成各自的评价后，要集中开会汇报评价结果。建议评价人员在描述问题的同时将界面显示出来，这样会更有效率。启发式评估的优点是，通过单独评价和评价人员之间的讨论，可以发现单独一人不能发现的、跨度较大的问题。

5. 总结评价结果

汇总所有的评价结果后，研发人员就可以整合评价结果了，因为可能一个问题会存在多种表达方式，所以需要对问题列表进行适当的整理。

6. 输出总结性报告

启发式评估法的输出成果是产品可用性问题清单，如表15-1所示。但如果只给出这样一份清单，其他成员理解起来可能会比较困难，因此最好配上界面截图、流程图等，并输出一份简单的启发式评估报告。启发式评估报告（HE报告）主要包括如下内容。

- ❑ 出现问题的界面和位置。
- ❑ 启发式评估的名称。

- ❑ 被评价为否定或肯定的原因。
- ❑ 描述问题的范围。
- ❑ 问题的严重程度（高 / 中 / 低）。
- ❑ 评定其严重程度的理由。
- ❑ 对问题的改进建议。

表 15-1　产品可用性问题清单

序　号	界　面	问　题	原　则	严重程度	解决方案
01	个人信息	各项信息的编辑按钮的位置不一致	一致性	高	保持各项信息的编辑按钮位置的一致性
02	—	—	—	—	—
03	—	—	—	—	—

15.3.4　启发式评估的局限性

平心而论，启发式方法是作为一种帮助新手从业者进行可用性检验的“脚手架”，因此它无法与专家可用性检验方法相提并论。启发式评估法是由多位评审人员基于自身经验和启发式原则对用户界面进行的评判，因此势必会发现很多问题。而且，实施启发式评估需要多名专家在限定的几天内进行作业，所需成本较高。

所以，我们应结合实际情况对启发式评估做简化，可以只由一两名专家进行简单审查，这种做法被称为启发法。不过，在未提供客观的判断标准且检验人员数量很少的情况下，评估结果可能会被指责“这些问题只是检验人员的主观想法而已”。因资源有限而不能进行正规的启发式评估，只能做简易审查时，评估人员要注意：

- ❑ 不应以个人偏好进行评价，而应以理论依据进行评价；
- ❑ 评价的目的不只是挑错，更应给出合理建议；
- ❑ 当团队意见不一致时，与其争论不如通过实验得出结论。

15.4 用户测试的方法和步骤

15.4.1 用户测试概述

用户测试，是可用性工程师与用户进行一对一访谈，其他成员在监听室观察整个访谈，而且用户操作计算机时的界面和声音全程被录像。（理想情况下，观察者与使用者彼此不认识，以便收集更多客观数据。）可用性测试的基本内容是相同的：为用户构建一个场景，让用户通过产品完成特定任务，在用户执行任务的过程中观察他们遇到的问题。

15.4.2 用户测试的 3 种方法

1. 发声思考法

发声思考法就是让用户一边说出心里想的内容，一边操作。操作过程中，用户能够说出“我觉得下面应该这样操作……”。这样，我们就能够了解用户关注的是哪个部分、他是怎么想的、采取了怎样的操作等信息。这是一种能够弄清楚为什么会导致不好结果的非常有效的方法。发声思考法观察的重点包括如下内容。

- 用户是否独立完成了任务，若不能独立完成任务，说明页面存在有效性问题。
- 用户达到目的的过程中，是否做了无效操作或不知所措，如果有，说明页面存在效率问题。
- 用户是否有不满的情绪，如果有，说明页面存在满意度问题。

2. 回顾法

回顾法是指让用户操作完后回答问题的方法。回顾法存在一些不足之处，具体如下。

- 很难回顾复杂的情况。
- 用户会在事后为自己的行为找借口。

- ❑ 回顾法比较耗时。

3. 性能测试

性能测试一般会安排在项目前后实施，目的是设置目标数值、把握目标的完成程度和改善程度。性能测试主要针对产品可用性三要素（有效性、效率、满意度）的相关数据进行定量测试。

- ❑ 有效性可以用任务完成率来表示。有几成用户可以独立完成任务是测试中最重要的一个性能指标，这里的“任务完成”指用户正确地完成了任务。
- ❑ 效率可以用任务完成时间来表示。界面是为了让用户完成任务而设计的，因此能够在最短时间内让用户完成任务的界面才是优秀的界面，所以需要检测用户完成任务所花的时间。
- ❑ 满意度可以用主观评价来表示。任务完成后，评估人员可以就“难易程度”“好感度”“是否有再次使用的意向”等问题向用户提问，并设置5～10个等级让用户选择。

发声法和回顾法这样的用户测试都是一对一的形式，但性能测试是定量测试，参与测试的人太少则可信度太低，也不能用来说明问题，因此经常以集体测试的形式进行。每1～2名用户配备一位监督者，以便制定测试内容、确认完成任务、检测任务完成时间等。

原则上讲，一次性能测试会测试多个用户界面。如果只测试一个用户界面，那么即使最终得到了任务完成率和平均时间，这些数值的好坏也没有一个评估标准。通过对比竞争产品、比较多套方案，或者对比改版前后的数据，评估人员就能进行客观评价了。（在让每个用户使用多个界面时，使用顺序应该不相同，这样可以避免使用顺序带来的影响。）

当任务完成率只有20%时，产品研发团队只知道这个任务的执行效率很低，但不知道用户究竟是为什么没能完成任务，因此会感觉无所适从。发声思考法可以解决这个问题，但实际操作过程中，如果采访人员提问，用户有可能会停下操作进行说明。这样，完成任务的时间测试就没意义了。

缺少发声思考的性能测试没有任何意义。但同时实施发声思考和性能测试，又需要很多预算。所以，只要还未明确定量数据的必要性，不应实施性能测试。我们没必要把有限的资源浪费在定量数据的测试上。相反，反复进行发声思考可以更好地改善界面。

15.4.3 用户测试的 8 个步骤

1. 设计关键任务

可用性评估是基于任务的，任务设计的优劣直接影响测试结果的准确性。所以，在招募用户前，评估人员应首先针对产品设计任务。比如，一个购物类App 设定的任务可以是购买一件价格高于 100 元的 T 恤。想要设计出合适的任务须注意以下几点。

- 选择最核心的功能或操作流程作为任务。一个产品具备很多功能，但我们不可能把所有任务都测试一次，所以应采用精益思维，把有限的资源放在最有价值的测试环节上。产品最核心的功能或操作流程往往频繁地被用户使用，如果这些功能存在可用性问题，那么就算解决了其他边缘地带的可用性问题，依然对产品整体体验于事无补，所以设计的任务要以核心功能和操作流程为主。
- 任务应符合常规操作流程。有时，设计者会把自己想要用户做的事当任务来测试，但实际上用户并不是按设计者想的流程去完成任务的。而且由于测试的任务较多，测试人员为了省事会把多个小任务合并为一个大任务，这样做有时是可以的。但如果小任务之间的操作流程存在冲突，用户测试的操作流程就是不合乎常规的。也就是说，测试的任务在用户正常使用产品的时候根本不会出现或极少出现。这样的测试结果的准确性会给参与测试的用户造成困惑。
- 为任务创建一个应用场景。简短的场景描述会对用户执行任务有所帮助。比如，任务是“购买一件价格高于 100 元的 T 恤”，我们可以创建这样一个场景：你的同事马上要过生日，你想挑一件 100 多元的 T 恤给他，请使用XX App来购买T恤。这样给了用户一个执行任务的理由和目的，不会使任务变得突兀，而且用户也会有代入感，从而更好地理解并执行任务。注意场景描述里不要涉及用户的直系亲属，以免引起用户的情绪反应，因为没人知道他们之间的经历。

- 明确任务的起点和终点。判断用户是否完成了任务的主要依据就是，用户是否从起点（页面A）到达了终点（页面B）。所以要清晰地定义哪个页面是起点，哪个页面是终点，起点未必一定要是首页，应根据具体场景来确定。毕竟并不是每个任务都是从首页开始的。比如，任务是"购买一件价格高于100元的T恤"，那么起点页面可以是App的首页，终点页面是付款成功页面。不过除了检查是否到达终点，评估人员可能还要检查一些关键信息，比如用户购买的T恤价格是否高于100元、用户是否正确填写了地址等，如果没有，那么我们要搞清楚原因。
- 任务不应过于简单。如果想测试用户是否可以找到某功能，不要用类似"找到XX功能按钮"这样的描述。我们应该给用户提供一个要处理的现实任务，而不只是定位功能的位置。比如，"找到退款功能按钮"应改为"购买一件T恤并退款"。
- 避免提供线索和描述操作步骤。任务应给出具体目标，而不是操作步骤。以买T恤的任务为例，如果告诉用户"搜索T恤，然后选择数量和颜色，填写地址并确认订单，最后支付"，那么用户在执行任务时的思路可能是这样的：寻找T恤、点击数量选择按钮、点击颜色选择按钮、填写地址、寻找订单确认按钮、点击支付按钮。这样，一个完整的核心任务就被拆分成多个确认功能按钮位置的操作。引导性过强的任务失去了测试的意义。这样做会错过用户在执行任务中执行到某一步骤时可能提供的宝贵反馈。而且用户在实际使用产品时，考虑的是使用目标，而不是具体的操作和功能，因此一定要避免提供线索和操作步骤给用户。

2. 招募测试用户

招募测试用户的过程中，我们应注意以下两个问题。

- 要根据资金预算和日程安排来招募用户，并给予他们一些报酬（小礼物即可）。理论上，招募对象的选择应该是产品的典型目标用户，但是仍然需要定义具体的用户特征，即招募条件。招募条件可以从早期市场调研阶段建立的用户画像中提取，要尽可能代表将来使用产品的真实用户。如果目标用户画像分为几类，那就要求招募的用户中要包括画像中所有类型的用户。被招募的用户应具备使用产品执行任务的能力。比如，我们不能找使用电脑不熟练的人来体验桌面软件。我们通常会找两类用户来体验产品，一类是有同类型产品使用经验的用户，另一类是完全没使用过类似产品的用户。因为我们的产品目标是降低操作复杂度，让小白用户也能轻易上手。通过这两类用户，我们可能会发现截然不同的问题。
- 要确认所招募的用户数量。雅各布·尼尔森曾提出过一个法则：有 5 人参加的用户测试即可发现大多数（85%）的产品可用性问题。而且通常最严重的问题都是前几名用户发现的，随着用户数量的增多，发现的问题逐渐减少。测试的用户数量与发现的可用性问题之间的关系如图 15-1 所示。但它也存在一些局限性，比如只能说明发现的问题的数量，但不能确认所发现问题的严重程度（还有很多局限性在此不一一列举）。所以，我们要根据实际情况来确定要招募的用户的数量，查看每次测试的结果与迭代效果，思考是否值得投入更多资源解决问题。

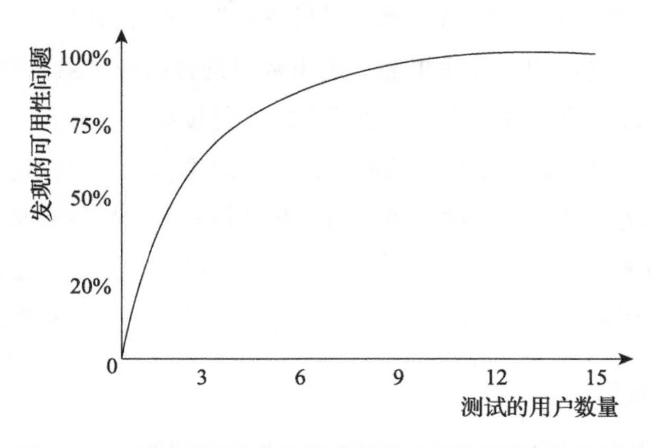

图 15-1　测试的用户数量与发现的可用性问题之间的关系

关于招募渠道，如果我们时间、精力充裕，可以通过网络问卷和市场调研阶段的渠道邀请外部用户进行测试；反之，我们可以充分利用身边的资源——同事和朋友。但不要找项目组内部的成员，因为他们对产品过于了解，会影响测试结果的有效性。

3. 进行测试准备

用户测试的准备工作主要包含以下 4 个方面。

- 测试地点与工具的准备。专业的用户测试一般在实验室进行。实验室有观察室与操作室，这样测试人员与用户可在操作室进行可用性测试，其他团队成员可在观察室中观察。两个房间之间通常由单面镜隔开，操作室内无法看到观察室的情况，而观察室能看到操作室的情况。通常，观察室中还需要配备电脑或投影仪，实时显示操作室中正在被用户操作的界面。但绝大多数公司往往不具备这样条件的实验室，这时我们找一间安静的会议室就可以了。测试人员与用户在会议室进行测试，如果是 PC 端软件的测试，可在 PC 端安装录播或直播软件，便于其他成员观看用户操作的流程与表情；如果是手机端软件的测试，可以直接使用同屏功能，以便团队其他成员直接在另外的 PC 上观看用户的操作。推荐使用能同时录制屏幕和用户表情的软件，因为观察用户能帮助我们了解用户做了什么、用户的情绪（困惑、恼怒等）。总之，方法和工具有很多，只要不影响用户测试并便于团队成员观察即可。
- 任务相关资料的准备。要准备任务提示卡，用于记录用户要完成的任务。有些任务可能比较复杂，任务提示卡可以更准确地传达任务信息，且便于用户查看。还要为自己准备一份数据收集表格，用于收集任务相关数据，如任务是否完成、完成时间等。还要准备用于记录关键事件和在测试过程中观察到的用户体验问题的表格，比如设计可能存在的问题及原因等。
- 相关文件的准备。更专业的用户可用性测试会与用户签署一些协议，比如：用户知情同意书，用于声明用户是自愿参加评估的，并允许我们获取和使用数据；可用性测试说明文件，简单概述测试目的与对用户的期望以及用户要遵守的规则等；保密协议，防止用户泄露产品信息；问卷与调查，便于团队充分了解用户的背景。有的测试可能还会用到培训资料，比如对于某些复杂的智能硬件，用户需要先阅读说明书，然后再执行任务，诸如此类在此不过多阐述。

- 可用性测试剧本的准备。可用性测试剧本指我们从接触用户、开场白、开始测试、事后访谈、给予奖励到结束测试整个过程中要完成的行为与台词的集合。测试人员通过完成剧本中的任务来推动可用性测试的进程。
- 事前访谈（5～10分钟）：可以通过问卷来获取用户信息。常用话术：方便透露下您的年龄/职业吗？说个范围就可以，比如20～30岁/某个行业。您是否使用过类似的在线购物产品？有的话，感觉怎么样？感觉优点/缺点有哪些？如果没有，您购物是通过什么方式呢？通过什么方式支付呢？
- 测试说明（5分钟）：说明测试内容与用户应遵循的相关规则。常用话术：接下来请您使用我们的App购买一件商品，任务的细节和背景都写在这张卡片上了。需要强调的是，我们的App只是一个初步版本，已经知道它存在一些体验上的问题，想通过您的使用验证这些问题，所以您如果遇到了什么问题，都是产品设计的问题，操作失败了也请不要放在心上。在操作过程中，希望您能一边操作，一边告诉我们您要进行什么操作，您为什么要这么操作，您是怎么想的，这对我们非常有帮助。最后，您在操作过程中最好不要向我提问。因为如果我告诉您如何操作，我可能就无法找到产品中的问题了。所以，如果您问我问题，我没有答复您，还请见谅。
- 观察测试（30～40分钟）：观察并记录用户在执行任务中遇到的问题。
- 事后访谈（5～10分钟）：通过回顾法询问用户在执行任务中遇到的问题。常用话术：您刚才用这款App进行了一次购物，能谈谈您的感想吗？比如，觉得哪里比较好，哪里比较差，相对您之前使用过的同类

App 感觉如何？如果要综合评价这次购物体验，您会给它打几分呢？给之前用过的同类App打几分？为了使产品体验更好，您觉得我们有哪些需要改进的地方呢？（虽然主流观点认为不该问用户产品哪里需要改进，因为改进产品是设计者的事情，用户给出的也只是基于自身经验的主观解决方案，但是如果针对用户的答案，继续深挖“为什么”，可能会知道用户真正想要的产品效果。）

- 结束语（3分钟）：对当前测试用户表示感谢，并准备下一位用户的测试。

4. 进行试点测试

试点测试可以理解成可用性测试之前的彩排，无论进行了多么周密的计划，不实践一下是不会发现计划中的问题的。试点测试的目的是对测试计划进行检测，以便于发现测试计划中的疏漏，及时修复，避免浪费测试资源。试点测试的用户由同事担当即可，但要保证测试的地点和相关资料都与实际测试完全一致。在可用性测试流程中，我们要重点关注以下几点。

- 台词和任务卡片的设计是否可以准确传达信息。
- 台词和任务卡片是否透露了操作步骤，用户是否很快完成任务。
- 任务时间安排是否合理，用户是否可以在规定时间内完成任务。
- 任务流程安排是否合理，用户是否感到莫名其妙。

最后，根据试点测试中发现的问题，对测试计划进行修改、完善。

5. 观察和访谈

观察和访谈的过程中，我们应注意以下几个问题。

- 邀请关键干系人观察测试。建议邀请产品的核心研发人员、设计师、项目经理等来观察测试，因为这样可以使测试结果更有说服力。如果他们没有观察测试，测试结果的可信度对他们来说会大打折扣。因此，越多的关键干系人观察了测试，越有利于后续产品优化方案的执行。
- 不要干扰用户执行任务。进入正式测试环节后，测试人员就不能像在事前访谈一样不断地向用户提问了。用户测试的主角是用户，测试人员应安静地观察用户的操作并记录，不要干扰用户执行任务。当用户对当前操作存在疑问时，比如“我现在可以按这个按钮吗”测试人员不可以直接回答用户应该如何操作，以及每个按钮代表什么，也不可以无视用户的问题，因为这样可能会引起用户的不满情绪。此时，最合适的方式应该是回复：“您觉得应该是怎样呢？是什么让您觉得应该是这样？您怎么想就怎么做，没关系的。”把问题推回给用户，并让其有一定安全感，做错了也没关系。我们只负责告诉用户“做什么”，至于“怎么做”这是要用户通过操作反馈给我们的信息。

- 适当干预用户的操作。用户测试中最常用的方法就是发声思考法，它要求用户在进行操作的同时将所思所想大声说出来，以便于测试人员了解用户的心理活动，以及用户在每个操作流程中关注了哪些元素，如何看待这些元素。只有知道了这些，研发人员才能更好地根据用户心智模型来改进产品。但在实际测试中，用户很少会把自己所思所想直接说出来，有的是因为害羞，有的是因为感到不自在。这时就需要测试人员进行适当的干预，比如：您正在看什么呢？您现在想进行什么操作呢？这是否和您的预期一致呢？通过这类问题试探用户的想法，并鼓励其发声、思考。原则上，只要用户操作很顺利，就不需要人为干预，测试人员只在用户碰到问题时进行干预，进而了解用户遇到了什么问题。用户的困惑除了用提问表达，还可以用肢体语言表达出来，比如皱眉、发出语气词、喘粗气、清嗓子、挠头、突然停下动作等，这都暗示了用户在当前界面遇到了麻烦，所以测试人员应重点留意用户的肢体语言。测试人员切忌帮助用户进行预判断和给予用户提示，只负责观察和记录用户的行为。
- 重点观察和记录用户在什么界面时说了什么、做了什么。记录这些客观事实即可，不要带着自己的观点去观察，比如为了证明某个设计是对还是错，带着寻找证据的心态去观察，这可能会忽略一些信息，因为人们只关注自己想要看到的。记住，我们要记录的是客观事实，而不是自己基于客观事实的推断和分析。我们可能看到用户的操作心里马上就有了一个推断，这没问题，但要区分出客观事实和推断，因为分析才是收集完数据之后在下一个阶段应该做的事。记录问题的同时，测试人员也要关注用户操作流畅的地方，避免最后修改了不必修改的地方。（记录的数据是绘制用户体验地图的关键。）

- 使用回顾法进行提问。有时，出于某种原因，我们不便打断用户的提问，或者用户因为边发声边思考而遗漏了某些信息。对于这种情况，测试人员在测试完成后，要对测试中发生的问题进行提问，通过回顾法补全测试中遗漏的信息。

6. 分析测试数据

首先要整理数据，判断产品是否需要迭代。通过用户测试，我们需要判断交互设计是否达到了用户体验目标。分析数据的第一步是整理出测试结果，通常要绘制一份表格。表格内容包含任务、用户体验目标、任务基准值、任务目标值、是否实现目标等信息，如表 15-2 所示。

表 15-2　用户测试记录表

用户角色	用户与体验目标	用户体验测量	测量方法（任务）	用户体验度量	任务基准值	任务目标值	观测结果	是否实现目标
购物者	测定易用性	初始用户性能	购买一件高于100元的T恤	执行任务的平均时间	3min	2.5min	3.5min	否
—	—	—	—	—	—	—	—	—
—	—	—	—	—	—	—	—	—

接着，我们直接通过比较观测结果和用户体验目标，就可以知道哪些用户体验目标已经达到、哪些没有达到。如果体验目标没有达到且资源充足，那么就需要对产品进行迭代。这时，我们就要具体分析每个用户体验问题，并输出解决方案。

然后，分析问题的影响程度。并非所有问题的严重程度都是一致的。一些问题会给用户带来负担，导致用户无法完成任务。一些问题可能会让用户重复操作，但不会引发新的问题。了解问题的严重性能帮助我们更好地对用户体验问题优先级进行排序。我们通过问题性质和问题发生频率来确定问题的影响程度。问题性质一般按照效果、效率、满意度（或者速度、错误、满意度）的顺序来评价。效果问题导致用户无法完成或几乎无法完成任务。效率问题导致用户做无用功，或过多思考、执行更多错误操作。满意度问题导致用户产生不满意情绪。问题发生频率由发现问题的人数来决定。不管测试了多少人，我们用3个范围来表示频率：1个人、几个人、所有人（几乎所有人）。比如，10个人可能就被分为1个人、2～7人、8～10人三个范围。然后，我们基于问题的性质和发生频率建立一个表格，如表15-3所示。

表 15-3　问题影响度分析表

问题性质 / 问题发生频率	效　果	效　率	满意度
高	4（必须解决）	3（必须解决）	4（最好去解决）
中	9（必须解决）	8（最好去解决）	3（有资源才解决）
低	7（最好去解决）	6（有资源才解决）	5（有资源才解决）

其中，列代表问题发生频率，行代表问题性质。我们把位于表格左上方的问题标记为必须解决的问题，把位于表格中部的问题标记为最好去解决的问题，把位于表格右下方的问题标记为资源充沛的情况下再去解决的问题。因为资源总是有限的，不可能每个问题都去解决，我们必须通过分析问题的影响程度来确定要解决的问题。

最后，制作用户体验问题描述。以表格来维护用户体验问题的数据比较简略，不利于其他人了解详细情况和参考，所以我们需要对每个问题进行一些信息补充，让用户体验问题的实例在数据分析中变得更有价值。我们需要做的就是了解每个问题及其产生的原因和可能的解决方案，将表示同一个用户体验的问题进行合并（肯定会有重复出现的问题），并认清各个问题之间潜在的关系。一份用户体验问题描述通常包含如下信息。

- 问题概述：从用户角度描述产品存在的问题，比如“没有‘返回’按钮”应描述为“用户无法返回上一级页面”。
- 用户任务：提供问题发生的背景，以便了解用户在进行什么操作时出现了什么样的问题。

- 用户目标：一个任务可能会分为多个目标，用户目标描述了用户具体为了达到什么目标遇到的问题。
- 问题详述：对用户体验问题进行详细的描述，比如用户在什么页面进行了什么操作，与界面进行了怎样的交互等。
- 问题分析：从设计师角度对问题进行分析，比如为什么产品没有按用户期待的方式运行，是什么导致用户无法完成任务或产生消极情绪。这样的解释往往会为可行的解决方案提供线索。
- 解决方案：针对问题产生的原因，提出可能的解决方案。

7. 重新进行设计

通常来讲，我们会针对每个问题给出一个解决方案。但事实往往并非如此，问题和解决方案之间有时并不是一一对应关系。如果针对每个问题都给出解决方案，可能导致产品的复杂度提升。有时，一个解决方案就能解决多个问题，这就需要我们对每个问题的联系及其产生原因有深刻的洞察。若是能从根本上解决问题，产品的品质会得到极大提升。这需要我们跳出原有的问题和解决方案一对一的思维，先从宏观层面整体分析这些问题，而不是分析一个个孤立的问题。在设计出解决方案后，我们还要对解决方案的成本和优先级等进行梳理，以便于更好地管理问题 - 解决方案信息表，如表 15-4 所示。我们可以把这些用户体验问题与其解决方案当作产品需求来管理。

表 15-4　问题 - 解决方案信息

问　题	重要性	解决方案	修复成本	优先级	决　策
用户被支付界面中繁多的按钮所混淆了，无法快速找到支付按钮	4	删减不必要的元素，突出支付按钮	2	5	在这个版本中修复
—	—	—	—	—	—
—	—	—	—	—	—

值得注意的是，不要以为按照设计方案完善产品，用户体验问题就能解决了。解决方案也只是我们的假设而已——假设这个解决方案可以解决问题，所

以为了验证假设，我们要不断地通过可用性测试来验证方案。这是一个贯穿产品开发、持续循环的过程：不断发现问题、分析问题原因、修复问题、测试问题是否已得到解决。我们在对产品设计进行迭代时可能会使用户体验变得更糟糕，所以要考虑解决这个用户体验问题是否会造成新问题的产生。

8. 输出可用性报告

可用性报告的价值在于：记录评估过程，帮助组织内部了解测试过程；为产品研发团队提供有价值的信息，以便团队更好地执行开发；传达信息，有理有据地告诉关键干系人我们的结论并非凭空产生，便于资源的申请。除此之外，可用性报告还可以传递评估结果，树立用户体验意识等。可用性报告的内容一般包括以下几项。

- 对产品的描述。
- 测试目标。
- 对参与者数量和画像的描述。
- 测试时所执行的任务。
- 测试的实验设计。
- 采用的评估方法。
- 采用的可用性度量指标和数据收集方法。
- 数据结果，包括图形可视化的展现。
- 对问题的描述。
- 对产生问题原因的分析。
- 对问题的严重程度和影响范围的评估。
- 建议的解决方案。

15.5 可用性测试的常见问题

很多人对可用性测试存在误解，比如，有的人觉得可用性测试是在产品设计完成后或产品上市前才需要进行的工作，还有的人认为可用性测试门槛较高且需要耗费大量的资源。这就导致了以下两个问题的频繁发生。

- 可用性测试在设计过程中进行得太晚。如果你等到产品发布之前才想到可用性测试，就没有时间去修复任何问题。更糟糕的是，你可能会以错误的方式浪费大量精力开发可用性很差的产品。其实，在整个产品研发周期内反复进行小规模的测试是最合适的，甚至在产品原型初步完成时，就可以先进行可用性测试，快速发现问题，及时修改，避免上线后修改带来的时间和成本浪费。
- 不做可用性测试。因为收益无法量化，项目排期又比较紧张，所以可用性测试总被忽略掉。其实，可用性测试门槛很低，不必等产品做好才开始，也不一定非要由专家来做，更不一定要求必须用专业的设备，只要能有一个合适的环境观察用户操作产品，或多或少都会发现一些可用性问题。

15.6　本章小结

通过本章的学习，我们了解了可用性测试的概念和常用的方法，明白了可用性测试并不是在产品设计完成后或产品上市前才开始做的工作，而是在整个产品研发过程中反复进行小规模的测试和验证，掌握了启发式评估与用户测试的详细流程与实施方法。

- 可用性测试的目的是发现产品中存在的可用性问题，收集定性和定量数据，帮助产品研发团队改进产品，并确定目标用户对产品的满意度。
- 可用性测试的类型主要有3种：探索性可用性测试、评估性可用性测试、比较性可用性测试。可用性测试的常用方法有两种：分析法和实验法。
- 雅各布·尼尔森倡导的启发式评估十原则是行业中常用的可用性评估原则。
- 用户测试一般可以分为8个步骤。开展用户测试时，测试人员应注意一些要点。

16

|第 16 章| CHAPTER

法律安规：产品的专利与安规认证

本章将介绍与智能硬件产品相关的法律法规知识，主要包括产品专利和产品认证。专利是指专利权人在一定时期内对发明创造享有的独占实施权，以排除其他单位或个人在未经允许的情况下使用该发明创造。适时申请和利用专利能够有效地保护企业的知识产权并提升企业的竞争力。前面的章节已经提到，专利授权已经成为一些企业的主要盈利模式。而企业想要将产品销往特定国家和地区必须获得当地的认证，若通过多个认证，能够在一定程度上提升品牌形象和市场竞争力。

16.1 知识产权概述

16.1.1 知识产权的概念

在产品研发的语境中，知识产权，也称知识所属权，是指受到法律保护的与产品相关的概念、设计、名称以及工艺等事物。法律对它的定义是，权利人对其智力劳动所创作的成果和经营活动中的标记、信誉所依法享有的专有权利。简单来说，知识产权就是人们对其智力劳动产出的成果在一定时间范围内所享有的法律上的专有权利或独占权利。比如，发明创造、外观设计、文学作品、商业标志、产品名称等，都可以被视为某个单位或个人的知识产权。

知识产权是一种无形资产，是企业最重要的资产之一。与实物产权不同，知识产权是无形的，无法通过物理手段进行保护，所以人们建立了各种法律机制来对人们的智力劳动成果进行保护，这种法律机制就是知识产权法。

16.1.2 知识产权的特征

知识产权具有 3 种最明显的法律特征。

- 时间性，是指各国法律对知识产权的保护是有时间限制的，期满后则知识产权自动终止。
- 地域性，是指知识产权只在其授予国的法律有效管辖范围内有效，在其他国家没有任何法律约束力，除非签有国际公约或双边、多边协定。
- 排他性，也称为独占性，是指权利人对其拥有的知识产权享有独占或排他的权利，未经权利人许可或者法律规定的特殊情况，他人不得任意使用，否则将构成侵权。

16.1.3 知识产权的类别

知识产权分为两类，一类叫作著作权（也称为版权），另一类叫作工业产权（也称为产业产权）。此外，还有一种与这二者不同的知识产权，叫作商业秘密。

著作权，是权利人对某一著作物享有的权利。著作物是指文学、艺术以及科学领域内具有独创性并能够以某种有形形式进行复制的智力成果，比如计算机软件、文学作品、音乐作品、照片、电影等。按照我国《著作权法》规定，作品完成后就自动产生版权。在智能硬件产品中，用户手册、操作说明等都受到著作权的保护。

工业产权，是指人们依法在各个产业领域所做出的创造发明以及使用的区别性标志、记号等智力劳动成果而享有的专有权利。工业产权主要包括专利权与商标权。

- 专利权，是指专利权人在一定时期内对发明创造享有的独占实施权，以排除其他单位或个人在未经允许的情况下使用该发明创造。
- 商标权，是指商标所有人对其商标所享有的独占、排他的权利。商标由文字、图形、三维标志、颜色等要素组合而成。

商业秘密，是指具有商业价值，能够使拥有者取得竞争优势，并经权利人采取相应保密措施的信息，比如技术信息、经营信息、商业信息等。商业秘密不是由政府机构授予的，而是企业机构为了防止其信息泄露采取的保密措施，比如与员工签署保密协议，这样就能够使商业秘密受到法律的保护。商业秘密包括生产配方（比如可口可乐的配方）、技术方案、工艺流程、设计图纸等信息。

16.2 产品专利概述

16.2.1 产品专利的相关概念

专利是指受到法律法规保护的发明创造。一项发明创造申请专利后，由政府机关或代表若干国家的区域性组织（比如欧盟）对其进行审查，审查合格后向专利申请人授予在一定时间（通常是10年或20年）内对该项发明创造享有的专有权利并向专利申请人颁发证书。其中，专利申请人称为专利权人，被授予的在一定时间内使用发明创造的权利称为专利权，由政府机关或代表若干国家的区域性组织颁发的证书称为专利证书。下面对专利权人、专利权以及专利证书进行简单的介绍。

1. 专利权人的概念和分类

专利权人，是指享有专利权的主体。专利权人分为 3 种类型。

- 专利的发明人或设计人所在的企业、单位或社会团体。比如，工程师在完成企业分配的任务或者主要利用企业的资源完成职务时进行发明创造，则专利权属于企业，而非个人。在没有征得专利权人（企业）许可的情况下，专利的发明人（工程师）也不能实施其专利。
- 专利的发明人或设计人。发明人或设计人所完成的非职务发明创造，既不是完成企业安排的任务，也没有利用企业的资源进行创造。这种情况下，专利权属于发明人或设计人所有。此外，发明人或设计人是指对发明创造的关键特性做出突出贡献的人，而不是在发明创造过程中负责组织工作或从事其他辅助性工作的人。
- 共同发明人、共同设计人。由两个以上的单位或个人合作完成的发明创造，就是共同发明创造。完成共同发明创造的人叫作共同发明人或共同设计人。申请专利后，共同发明人或共同设计人可以在专利上署名。对于共同的发明创造，默认是按对专利的贡献排名进行署名，排在第一位的是第一发明人，说明他对发明创造的贡献最大，其次是第二发明人、第三发明人等。（根据专利法规定，实用新型专利可以有多个发明人，但署名是没有先后顺序的。）

2. 专利权人所享有的权利

专利权人对专利享有 3 种权利。

- 独占权：指只有专利权人才具备实施其发明创造的制造、使用和销售的权利，对专利享有独占的权利，其他人或组织在未经许可的情况下，不可以使用、制造和销售专利权人的发明创造。
- 许可权：指专利权人有条件地允许其他个人或组织机构使用其专利，比如，通过签订合同的方式，允许其他个人或组织机构在一定条件下（比如支付专利授权费等）使用其专利的全部或者部分权利。

- 转让权：指专利权人可以将其专利转让给其他个人或组织机构。专利权可以出售、赠送、抵押，也可以作价投资入股。转让专利需要订立书面合同，并由国务院专利行政部门进行登记。（通过合同或继承依法取得专利的单位或个人称为受让人。）

3. 专利权的概念与特征

专利权指专利权人在一定时期内对发明创造享有的独占实施权，这里强调的是权利。专利权有 3 个主要特性。

- 时间性：指法律对专利权所有人的保护是有时间限制的。我国的发明专利权期限为 20 年，实用新型专利权和外观设计专利权期限为 10 年，均自申请日起开始计算。
- 地域性：指专利权只在专利授予国的法律有效管辖范围内有效，对其他国家没有任何法律约束力。
- 排他性：也称独占性，指专利权人对其拥有的专利权享有独占或排他的权利，未经专利权人许可或者不是法律规定的特殊情况，他人不得任意使用，否则将构成侵权。

4. 专利证书的概念和内容

专利证书，指专利申请经过实质审查合格，没有发现驳回理由，满足授予专利条件，由政府机关或代表若干国家的区域性组织做出授予专利的决定，发给专利申请人的法律证明文件。专利证书记载的内容主要包括专利名称、发明人名称、专利号、专利申请日期、专利权人名称、授权公告日、权利保护范围以及授予专利的时间等。

16.2.2 专利的优势和劣势

专利有许多优势和劣势。产品研发团队在考虑是否应该申请专利时，应对其专利价值进行谨慎的评估，并权衡不为产品申请专利的风险以及申请专利的成本。

1. 专利的优势

企业申请专利可能带来以下好处。

- 专利能够通过法律途径有效地保护企业的研发成果。如果是同类产品中比较关键的前沿技术专利，那么企业将能够通过专利保护形成技术壁垒，在行业中取得遥遥领先的地位。如果他人在未经许可的情况下使用企业的专利，那么企业可以直接起诉其侵权行为并获得经济赔偿。
- 在市场竞争中取得主动权，确保企业自身生产与销售产品的安全性。
- 专利可以作为商品出售（即专利转让），或通过授予其他单位或个人专利的使用权来获得经济收益。
- 专利能够提升企业外在形象和帮助企业建立良好的声誉。专利的价值体现在其应用范围广、技术领先，能够有效解决某些难题。具备高价值的专利数量，往往是企业研发实力的体现。未来，企业的竞争不会只是产品层面的竞争，还包括专利层面的竞争。
- 专利数量可以作为企业上市和其他评审的重要指标。

2. 专利的劣势

企业申请专利也存在一些坏处。

- 申请专利意味着要公开提供企业发明创造中某些技术的信息。有些情况下，不公开这些信息能够使企业更持久地保持竞争优势，因为竞争对手可能很长一段时间内都无法搞清楚企业的发明创造的实现手段。对此，很多企业在申请专利时，会将技术实现方案写得比较模糊，比如会写通过“传感器”实现某功能，但不会写通过什么传感器来实现。
- 从申请专利到专利审批通过并拿到专利证书，这个过程非常漫长。通常，发明专利大约要两年时间才能拿到专利证书。随着研发水平的不断提高，产品的研发周期越来越短，很多企业几个月时间就可以研发出具备一定竞争力的产品了。两年时间相对太久，市场可能发生变化，技术壁垒也可能被突破，等拿到专利证书的时候，可能企业的产品已经走到其生命周期的尽头，或者已经被市场或新技术所淘汰了。

- ❑ 申请专利要花费企业一定的经济成本。专利的申请、检索、实审、办理手续等全都需要付费，且申请到专利后，还要定期支付专利维持费，如果没有及时缴纳专利维持费，将导致专利权终止。此外，为了申请专利，企业需要聘请经验丰富的专利工程师或交给第三方专利代理机构，这又是一笔开销。

16.2.3 中国的专利概况

《中华人民共和国专利法》将专利分为3种类型，即发明专利、实用新型专利以及外观设计专利。专利申请者可根据对产品保护的需求选择申请合适的专利。

- ❑ 如果想要保护产品的新技术方案或者某种加工制造方法等，可以选择申请发明专利。
- ❑ 如果想要保护产品的形状、构造或者二者结合所得的技术方案，可以选择申请实用新型专利。
- ❑ 如果想要对产品的外观进行保护，即产品的形状、颜色、图案以及三者的结合，可以选择申请外观设计专利。

产品需要申请何种类型的专利，最好由专利工程师或第三方专利代理公司进行专业的判断。

发明专利的保护期为自申请日起算20年，实用新型专利和外观设计专利的保护期为从申请日起算10年。此外，专利的维持费需要逐年向国家专利局缴纳，且专利维持费会逐年递增。下面对发明专利、实用新型专利、外观专利进行详细的介绍。

1. 发明专利

发明，是指对产品、方法或者其改进所提出的新的技术方案。发明必须是一种技术方案，是发明人在特定的技术领域运用和结合自然规律的结果，而不是自然规律本身，所以科学发现不在发明的范畴之内。发明主要体现新颖性、创造性和实用性。《中华人民共和国专利法》将发明分为两类：产品发明（设备、仪器、工具等）和方法发明（制造方法、加工方法等）。

- 产品发明是研发出来的关于新产品、新材料、新物质等的技术方案。这种产品、材料或物质等是自然界未曾有过的，是在特定的技术领域运用和结合自然规律的结果。其主要内容包括机器、设备、仪器、工具以及各种材料的制造品。
- 方法发明是为解决某个特定的技术问题而研发出来的一些步骤和手段的发明。能够申请方法发明的方法通常包括制造方法和操作使用方法两类。制造方法主要包括工艺方法、加工方法、生产方法等，操作使用方法主要包括产品使用方法、测试方法等。

发明专利申请的审批流程分为受理、初审、公布、实质审查和授权共5个阶段。各阶段所进行的工作大致如下。

- 受理阶段：专利局收到专利申请后对其进行审查，审查通过后，确定专利申请日并给予专利号，然后向专利申请人发出受理通知书。
- 初步审查阶段：专利经受理并按照规定缴纳申请费后，自动进入初步审查阶段。初步审查主要是对专利内容和合理性进行初步的判断。初审通过后，专利局将向专利申请人发出初审合格通知书。
- 公布阶段：初步审查通过后，专利申请进入公布阶段，如果申请人要求提前公开专利，则申请立即进入公开准备程序，否则要等申请日起满18个月才进入公开准备程序。申请公布后，申请人就获得了专利临时保护的权利。
- 实质审查阶段：申请公布之后，如果专利申请人提出了实质审查请求并且已经生效，则进入实质审查阶段，主要审查专利的新颖性、实用性、创造性以及法律规定的其他条件。
- 授权阶段：实质审查通过的专利，由审查员做出专利授权通知，专利申请进入授权登记准备，在对专利进行复核审查并确认无误之后，专利局将向专利申请人发出授权通知书和办理登记手续通知书。专利申请人在缴纳相关费用并办理相关手续后，专利局将向其颁发专利证书。

一般来说，在产品研发过程中取得的具有较高技术水平的解决方案，或者适用范围比较广的解决方案，都可以考虑申请发明专利。发明专利的授权过程比较漫长，从提交专利申请开始，通常要一两年的时间。发明专利权的有效期自申请日起算20年。获取发明专利之后，专利权人就有权制止其他单位或个人在未经允许的情况下以生产经营为目的制造、使用或销售专利产品了。

2. 实用新型专利

实用新型专利，是指产品的形状、构造或者二者的结合所得的适于实用的新型技术方案，主要针对产品的构造。产品的构造既可以是机械构造，也可以是线路构造。机械构造主要指构成产品的零部件之间的位置关系与配合关系等，线路构造主要指构成产品元器件之间的连接关系。

与发明专利相比，实用新型专利只针对具有一定形状的实物产品，不能是一种方法，也不能是没有固定形状的产品。实用新型专利权审批比发明专利更精简、保护期限更短、收费也更低。

实用新型专利申请的审批流程分为申请阶段、审查阶段和授权阶段。

3. 外观设计专利

外观设计专利，是指对产品的形状、图案、色彩或者三者的结合所做出的富有美感并适于工业应用的新设计。其中，形状是指产品造型的设计，即产品外部表面轮廓的形状或样式；图案是指任何线条、符号和文字等通过排列和组合在产品表面形成的图像；颜色是指用于产品表面的色彩。

外观设计专利的保护对象是产品的装饰性或艺术性的外表设计。这种设计可以是平面的图案，也可以是立体的造型，更常见的是二者的结合。与发明专利和实用新型专利不同，外观设计专利不是技术解决方案。它的主要评判标准是设计的新颖性。所以，外观设计专利应当符合以下条件。

- 是关于形状、图案、色彩或者三者结合的设计；
- 必须是与产品的外观有关的设计；
- 必须富有一定的美感；
- 必须适于工业应用。

外观设计专利申请的审批流程分为申请阶段、审查阶段和授权阶段。

一般来说，消费级智能硬件产品都会申请外观设计专利。一方面，消费级智能硬件的外观对产品来说非常重要；另一方面，智能硬件产品的外观设计是最容易被竞争对手所模仿和复制的。所以，为了维护产品的利益，企业通常会为产品申请外观设计专利，以便对产品的外观设计进行保护。申请一项外观专利通常要4～6个月时间，外观设计专利权的有效期为自申请日起算10年。

16.2.4　专利的4个使用技巧

1. 善用专利检索

专利文献是记载专利申请、审查、批准过程中所产生的各种有关文件资料。专利文献是技术信息最有效的载体，涵盖了全球90%以上的最新技术情报。通过专利文献综述，我们可以对创造发明所用的技术有实质性的认知，并且可以了解到专利权的时间范围，还可以根据专利申请活动的情况，推断正在发展的新技术以及它对经济发展的影响。此外，专利文献相比一般技术刊物所提供的信息早1～3年，而且70%～80%的发明创造只通过专利文献公开。与其他文献形式相比，专利文献的内容更丰富、新颖、可靠、详细。

产品研发团队有必要在研发过程中经常对相关的专利文献进行检索，研究先前的发明创造，主要原因如下。

- 避免重复性工作和规避法律风险。
- 启发创造性思维。
- 了解相关领域动态。

2. 尽早申请专利

在对产品的设计方案进行了充分的验证后，产品研发团队就可以准备申请专利了。因为专利法遵循的是最先申请原则，即两个以上的申请人分别就同样的发明创造申请专利时，专利权授予最先申请的人。简单来说，就是谁先申请专利，专利就是谁的。所以，产品研发团队在验证过产品设计方案后就可以申请专利，甚至可以在有了产品概念后就申请专利。

3. 提前公布专利

因为发明专利申请想要获得授权，必须经过实质审查阶段，而实质审查又必须在专利申请文件被公开之后才能进行。因此，从理论上来说，提前公开专利申请文件可能会在一定程度上将实质审查的时间提前。

提前公开专利除了能够加快获得专利授权的进程外，还能够为企业带来一些其他好处。在发明专利申请文件公布后，专利就获得了“临时保护”就从一定程度上保护了该发明专利的独特性，从而使企业领先竞争对手。

此外，将专利提前公开可能会让竞争对手在后期申请专利时，出现其专利被评价为创造性不佳的情况，因为专利局在对发明专利的创造性进行评价时，会将当前申请与申请日前所公开的现有技术进行比较，所以企业越早公布其发明专利，就越有可能影响其他竞争对手申请专利的创造性评价。

4. 利用专利维权

专利侵权是指在专利权的有效期限内，未经专利权人许可，也没有其他法定事由，实施其专利的行为。这里所说的“实施”，是指使用、制造、许诺销售、销售、进口其专利产品或者使用其专利方法以及使用、销售、许诺销售、进口以该方法直接获得的产品。

在确认侵权行为确实存在后，产品研发团队可以进行采证，收集有关侵权者情况的证据、有关侵权事实的证据以及有关损害赔偿的证据。然后，专利权人可以通过协商、请求管理专利工作的部门处理、向人民法院起诉三种方式进行维权。

16.3 产品认证概述

16.3.1 产品认证和标准

1. 认证概述

如果产品研发团队想将研发的智能硬件产品推向市场，那么就必须在产品正式发布之前获取认证，因为在没有获得认证（强制性认证）的情况下出售产品，可能会构成违法行为。对于不同的国家和地区，产品需要获得的认证是不同的，因为各个国家和地区有着自己的认证标准。比如，要将智能硬件产品销往欧盟，通常需要获得CE认证；要将智能硬件产品销往美国，通常需要获得FCC认证；要将智能硬件产品在中国销售，通常需要获得3C认证。此外，即便是同样的认证，对于不同类型的产品，其标准也是不同的。以CE认证为例，它对玩具类产品的测试标准和对工具类产品的测试标准是截然不同的。

那么，认证到底是什么呢？按照国际标准化组织（ISO）和国际电工委员会（IEC）的定义，认证是指由国家认可的认证机构证明一个组织的产品、服务、管理体系符合相关标准、技术规范（TS）或其强制性要求的合格评定活动。简而言之，认证就是由国家认可的机构（认证机构）根据特定的标准来判断产品是否符合标准，若其符合标准就可以获得机构提供的认证证书。认证可以视为企业供应链或价值链上的一种沟通形式。企业通过认证证书向合作伙伴、供应商、分销商、终端用户等证明企业符合相关标准和规定，其产品或服务在质量或性能上有保障，这比企业单方面的保证具有更强的说服力。

2. 标准概述

ISO和IEC将标准定义为通过共识建立并由公认机构批准的文件。该文件规定了活动或结果的规则、指南或特性，以达到共同的最佳目的。标准是认证的组成部分，可能包括产品设计的要求、产品的测试方法、产品的规格以及产品的性能要求等信息。

比如，中国的国家标准分为强制性国标（GB）和推荐性国标（GB/T）。国家标准的编号由国家标准的代号、国家标准发布的顺序号和国家标准发布的年号构成。

对于不同类别的智能硬件产品，认证所依据的标准往往是不同的。因此，产品研发团队在申请产品的认证时，应仔细考虑和分析产品所属的类别。在很多情况下，一款产品可归为多个类别，将产品归为某个类别时可能无法达到相应标准，进而不能通过认证，而将产品归为另一个类别时可能就能够达到相应标准并通过认证。

16.3.2 认证的分类

1. 体系认证和产品认证

按照认证对象对认证进行分类，认证可以分为两类，一类叫作体系认证，另一类叫作产品认证。

体系认证是针对企业的管理体系进行的认证，即认证机构按特定认证标准对企业的管理体系进行审核。最常见的体系认证是ISO9001认证，它是ISO制定的企业质量管理体系国际标准。体系认证的价格通常根据企业的人数来定，企业人数越多，认证价格越高。对于企业外部的用户、分销商以及其他合作伙伴来说，如果企业按照国际标准实行质量管理并获得了ISO9000认证证书，并且有认证机构的监督和定期审核（每年一次），则一般可以确信该企业能够稳定地提供高质量的产品或服务，从而更放心地与企业进行合作或购买企业的产品。目前，执行ISO9001标准并获得ISO9001质量管理体系认证已经成为企业赢得信赖的基本条件。

此外，除了ISO9001认证之外，还有很多其他的体系认证，比如：ISO27001认证是指信息安全管理体系标准，ISO14000认证是指环境管理体系国际标准，OHSMS18001认证是供国家及组织采用的职业安全卫生管理体系系列标准。

产品认证是针对企业制造的产品进行的认证，即认证机构按特定认证标准对企业制造的产品进行审核。具备产品认证的产品能够使用户对产品更信任、更放心。产品认证的价格视产品类型和认证类型而定。不同类型的产品进行同样的认证，价格不同；同样的产品做不同的认证，价格也不一样，当然用途也不一样。

智能硬件产品比较常用的认证有：3C认证（中国强制性产品认证）、CE认证（欧盟市场的强制认证）、FCC认证（美国市场的强制性认证）。关于智能硬件的常见认证将在后面详细介绍。

2. 强制性认证和非强制性认证

按照认证的强制程度，产品认证分为两类：一类是强制性认证，一类是非强制性认证。

强制性认证是指产品必须获得这类认证之后才能在特定国家和地区销售。比如，如果产品没有获得 CE 认证，将不被允许在欧盟地区进行销售。

对于某些强制性认证，比如 CE 认证，如果企业在没有获得认证的情况下在相关国家和地区销售其产品，将面临产品被海关扣留、处以巨额罚款以及法律制裁的风险。此外，企业的竞争对手也可能会关注企业是否获得了相关的认证，存在被竞争对手指控的风险。上述风险都会给企业造成经济、名誉上的重大损失。

非强制性认证也叫作自愿性认证，即根据企业自身的需求进行自愿申请的认证，不存在任何法律法规的约束，比如 ISO9001 质量管理体系认证、售后服务体系认证（依据 GB/T27922—2011）、CQC 质量认证等。

16.3.3　认证证书和认证标志

企业的产品通过认证测试之后，即可获得认证证书和测试报告，并可以使用认证标志。认证证书通常包含产品名称、产品型号、公司信息（名称、地址、品牌等）、测试标准以及测试结果。测试报告中写明了产品所做的各项测试以及测试结果。通常，企业获得的认证证书会放到企业官网以及产品展示界面进行展示，以提升企业形象或产品价值。而认证标志会按认证相关要求贴在产品机身或者印在产品包装表面。

下面以 CE 标志为例，说明使用认证标志的意义。在产品表面或产品包装表面展示 CE 标志，说明产品已经通过相应的测试程序，符合欧盟相关规定，并允许进入欧盟市场进行销售。简而言之，CE 标志就是产品在欧盟市场销售的通行证。此外，有关规定要求加贴 CE 标志的特定产品，如果没有 CE 标志，不可以上市销售。已经加贴 CE 标志的产品，如果被检测出不符合安全规范要求（有些认证要求定期对企业或产品进行审查），则该产品将被禁售，情节严重者将被禁止进入欧盟市场。由此可见，申请进行某些商业活动所必需的认证并合理使用认证标志是不容忽视的工作。

16.3.4 认证的价值

获取认证能够为企业带来以下几个优势。

- 提升企业和产品的品牌形象。体系认证表明了企业符合特定的管理体系和操作规范，产品认证表明了产品符合性能要求或安全标准，这些可以帮助企业建立在用户认知中的形象和地位，强化企业的品牌形象。
- 提高产品在市场中的竞争力。对于特定国家和地区，产品只有具备了相应的认证才能进入市场。对于B端用户，如政府、企业、学校等组织机构进行采购时，通常要求产品须具备某些产品认证。（不具备认证的企业没机会进行招投标。）对于C端用户，相比于不具备认证的产品，用户会觉得具备认证的产品更加安全、可靠，进而产生信任感。
- 提升企业的产品质量和生产力。不具备完善的质量管理体系的企业往往无法保证产品的质量。此外，OSHA（安全与健康标准）表明，提供安全的工作环境能够有效减少企业的成本，一方面员工在安全的环境中工作效率更高，提升了生产力；另一方面员工因工作而受伤的情况变少了，企业也节省了一定的成本。

这些优势为企业带来的直接结果是，企业更高效地生产质量更高的产品，从而使用户更满意、更放心，进而使企业或产品的品牌形象进一步提升，逐渐扩大市场规模。

16.3.5 常见的产品认证

对于智能硬件产品，比较常见的认证有3C认证、CE认证、RoHS认证、WEEE认证指令、UL认证、FCC认证、FDA认证等。下面对各个认证进行简单的介绍。

1. 3C 认证

中国强制性产品认证（China Compulsory Certification），英文缩写为 CCC 认证，也称为 3C 认证。3C 认证是中国政府按照世贸组织相关协议以及国际通行规则，对涉及人类健康安全、动植物生命安全和健康，以及环境保护和公共安全的产品实行统一的产品合格评定制度。3C 认证是国家安全认证（CCEE）、进口安全质量许可制度（CCIB）、中国电磁兼容认证（EMC），三证合一的权威认证，是中国质检总局和国家认监委与国际接轨的先进标志。凡是被列入 3C 认证产品目录的产品都需要进行 3C 认证，私自在中国销售没有经过 3C 认证机构认证的产品，属于违法行为，要承担相应的行政处罚和法律风险。值得注意的是，3C 认证并不是产品质量认证，它是一种最基础的安全认证。

2. CE 认证

CE 是 Conformité Européenne 的缩写，代表欧洲统一。在欧洲经济区（EEA）内生产和销售的特定产品类别必须具有 CE 认证和 CE 标志。该区域包括欧盟的 27 个成员国，以及冰岛、挪威、列支敦士登、土耳其和瑞士。在欧盟市场，CE 认证属于强制性认证，不论是欧盟内部企业制造的产品，还是其他国家制造的产品，要想在欧盟市场销售，就必须具备 CE 认证，表示产品已经通过相应的合格评定程序，符合欧盟有关指令规定，并以此作为该产品被允许进入欧洲市场的通行证。通过 CE 认证后，企业可以在产品或包装上加贴 CE 标志。值得注意的是，CE 认证并不是产品质量认证，它是产品安全认证。

对于智能硬件产品，常见的指令规定有：EMC（电子兼容性指令）要求产品遵循适当的电磁辐射和辐射水平，即要求一个设备或装置与其他装置同时操作时，不会因为电磁干扰问题而影响正常工作；LVD（低电压指令）要求设备的设计和结构应保证其在正常工作或故障条件使用时不会出现危险，旨在确保低电压设备在使用时的安全性，适用于使用电压为交流在 50V 至 1000V 和直流在 75V 至 1500V 之间的电器产品；RED（无线设备指令）适用于无线通信和无线识别设备（如平板电脑、无线门铃、蓝牙设备，Wi-Fi 设备等）。

3. RoHS 认证

RoHS（Restriction of Hazardous Substances），全称是《电气、电子设备中限制使用某些有害物质指令》，属于 CE 认证中的一种指令。RoHS 的主要作用就是预防电子电气设备中的电子元器件、材料中混入有害物质，保护环境以及人类的健康。因为电气、电子产品在生产中使用的焊锡、包装箱印刷的油墨都含有铅等有害重金属，会对人的健康和环境造成负面影响。

RoHS 总共列出了 6 种有害物质，包括铅（Pb）、镉（Cd）、汞（Hg）、六价铬（Cr 6+）、多溴二苯醚（PBDE）、多溴联苯（PBB）。RoHS 针对所有生产过程中以及原材料中可能含有上述 6 种有害物质的电气、电子产品进行检测。RoHS 检测的特别之处在于，它要对产品进行拆解，将产品拆分为单一材质后进行测试，然后判断其中的 6 种有害物质是否超标。若有害物质未超标，产品就可获得 RoHS 合格报告和证书；若超标，则需要另找有害物质未超标的材料替代。上述有害物质通常会存在于 PCB、阻燃剂、塑料外壳、电池、灯泡中。

4. WEEE 认证指令

WEEE（Waste Electrical and Electronic Equipment，报废电子电气设备）认证指令属于 CE 认证。WEEE 认证指令的主要目的是防治报废电子电器设备，促进废弃电子电气设备的处理、回收、再利用和再循环，将残余废物减少到最低，从而提高电子电气设备从制造到废弃整个生命周期的环保功效。WEEE 认证指令鼓励电子电气产品制造商开发可回收利用的且电子废物较少的产品。它规定电子电气产品的目标回收率为 70%～80%，包含再生及再利用的元件及材料。在欧盟国家，WEEE 认证指令与 RoHS 认证指令结合使用。

5. UL 认证

UL 认证是美国保险商试验所（Underwriters Laboratories Inc.）发行的，美国保险商试验所专门负责美国电子产品的测试，是世界上从事安全试验和鉴定的较大的民间机构，也是美国最权威的安全检验机构。

所有从电源插座获取电能的产品都可以申请 UL 认证。要获得 UL 认证，企业的产品必须符合某些UL标准并通过OSHA（职业安全与健康管理局）测试实验室执行的安全测试。认证通过后，企业可以在产品上加贴UL标志。UL认证在美国属于非强制性认证，主要是对产品的安全性能方面的检测和认证。其认证范围不包含产品的EMC（电磁兼容）特性，但拥有一个UL认证将有助于消费者相信产品能够放心安全地使用。

6. FCC认证

FCC（Federal Communications Commission，美国联邦通信委员会）是美国政府的一个独立机构。FCC通过控制无线电广播、电视、电信、卫星以及电缆来协调美国与国际间的通信。FCC管理进口和使用无线电频率装置，包括电脑、传真机、电子装置、无线电接收和传输设备、无线电遥控玩具、手机、电脑以及其他对人身安全可能产生威胁的产品。这些品类的产品如果想进入美国市场，必须通过由政府授权的实验室根据FCC技术标准进行的检测和批准。

FCC认证属于强制性认证，主要针对产品的电磁兼容和射频方面，不包括安全方面的认证。根据美国联邦通信法规，所有辐射电磁信号的频率范围为9kHz或更高的产品都必须通过FCC认证。FCC将电子产品分为两类，包括故意辐射器和非故意辐射器。故意辐射器是通过蓝牙、Wi-Fi、ZigBee等发出无线电波的产品，而非故意辐射器是会发射无线电波但不将其作为产品功能的电子产品。与非故意辐射器相比，故意辐射器更难通过。产品的制造商或进口商将产品在FCC指定的合格检测机构对产品进行检测，获得检测报告。若产品符合FCC标准，则在产品上加贴相应标签，并在用户使用手册中声明其符合FCC标准规定。

7. FDA认证

FDA（Food and Drug Administration，美国食品和药物管理局）是美国政府在健康与人类服务部（DHHS）和公共卫生部（PHS）中设立的执行机构之一。FDA认证涉及的产品种类包括食品接触材料、激光产品、医疗器械化妆品和日用品等。FDA的职责是确保美国本国生产或进口的这些品类的产品是安全的。FDA的设备安全和放射线保护健康中心（CDRH）主要负责确保新上市的医疗器械的安全性和有效性。FDA 定义的医疗器械不只是医院内的各种设备和工具，其中眼镜框、牙刷、按摩仪、健身器材等都在 FDA 的管理范围之内。而且对于一些像微波炉、电视机、移动电话等能产生放射线的产品，FDA 也确定了一些相应的安全标准。FDA 将医疗器械分为Ⅰ、Ⅱ、Ⅲ类，类别越高监督措施越多。如果产品是市场上不曾存在的创新型产品，FDA 会要求企业进行严格的人体实验，并输出令人信服的医学与统计学证据来证明产品的有效性和安全性。

16.4 申请认证的时机和策略

以上介绍的认证只是众多认证的冰山一角，产品或企业需要具备哪些认证主要取决于产品将在哪些国家和地区销售。

据不完全统计，有 50% 的智能硬件产品在首次进行测试时未能通过 EMC 测试。EMC 测试是很多认证中包含的测试内容，因为它不仅关系到智能硬件产品自身工作的可靠性以及使用的安全性，还可能对其他设备的正常工作产生影响。认证测试失败可能会使产品研发进度停滞不前，从而导致成本的增加以及加大产品延迟发布的风险。

所以在产品研发阶段，产品研发团队就应该就市场需求（产品要在哪些国家和地区销售）明确产品要做哪些认证和符合哪些标准。这就要求在产品概念选择阶段以及后续设计解决方案评审过程中必须有产品认证工程师的参与。产品认证工程师完成评审工作并对产品概念和设计方案给出建议，以使产品的设计符合认证标准，因为机械工程师和电子硬件工程师不具备能够使产品通过认证的相关知识和经验。除了在研发早期阶段对产品设计进行与认证相关的评审，产品认证工程师在研发过程中还要指导产品研发团队按照认证标准进行研发。此外，产品研发团队在进行电子元器件的选型时，也应注意电子元器件是否具备相关的认证，尽量选择具备相关产品认证的供应商，以免在研发后期出现不必要的麻烦。

当产品研发团队做出 Alpha 产品原型的时候，认证工程师可以对其进行评估，判断是否可以将 Alpha 产品原型送至认证机构进行相关的认证测试。认证测试没必要太早，应等到产品基本定型，不会再有重大变更时进行。否则在认证测试完之后，产品又进行了设计变更，不但导致认证测试失效，浪费了资金和时间，还要投入资金和时间再次进行认证测试。此外，认证通常要求提交产品的说明手册，因此在研发后期阶段，产品认证工程师要向认证机构提供产品、操作说明以及其他相关资料，配合认证机构完成产品认证工作，并妥善保管和使用认证证书与相关测试报告。

实际上，在产品研发早期，产品研发团队不但要考虑产品要做哪些认证，还要考虑认证过程所需要耗费的资金和时间。基本上每个认证测试都要花费一定资金和时间，资金的耗费通常是几千到几万不等，时间的耗费通常是 5 天到几十天不等。所以，产品研发团队有必要将认证相关费用和时间规划到研发成本预算和周期中，确保项目预算和进度按预期进行。为了节省成本和时间，认证相关工作也可以考虑交由第三方认证公司来开展。第三方认证公司通常具备专业的知识和资源，能够明确地判断产品需要做哪些认证，以及存在哪些风险等，并帮助企业完成整个认证过程。

如果没有充足的资金，产品研发团队可以将最初的认证重点放在销售的重点国家和地区，然后再慢慢扩张。美国和加拿大有相似的认证要求，因此在大多数情况下，企业可以申请一份认证，获得在两个国家销售产品的权利。而欧盟的认证可以使企业在欧盟的各个成员国销售产品。值得注意的是，亚洲的国家和地区往往都有各自的强制性认证，且互相不能通用。

16.5　本章小结

在本章中，我们了解到产品专利和产品认证的知识，讨论了如何巧妙地利用产品专利，以及产品在哪些国家和地区需要申请哪些认证。通过本章的学习，你应该认识到研发智能硬件产品不同于研发纯软件产品——智能硬件产品会面临一系列的法律、安规以及税收等问题。这些都要在研发前期进行谨慎的考虑，否则可能因法律、安规、进 / 出口等问题或意外造成不必要的损失。智能硬件企业应组建一支经验丰富的律师团队或与企业外部专业的法务机构达成合作。

- 知识产权是人们对其智力劳动产出的成果在一定时间范围内所享有的法律上的专有权利或独占权利。它具有三种明显的法律特征：时间性、地域性、排他性。
- 专利是指受到法律法规保护的发明创造，专利权人是指享有专利权的主体。
- 专利权人分为 3 种类型：专利的发明人或设计人所在的企业、单位或社会团体，专利的发明人或设计人，共同发明人或共同设计人。
- 专利权人对专利享有 3 种权利：独占权、许可权、转让权。
- 专利权有 3 个主要特性：时间性、地域性、排他性。
- 各国的专利法普遍要求发明专利或实用新型专利具备 4 个特点：实用性、新颖性、创造性、非显而易见性。
- 产品需要申请何种类型的专利，最好由专利工程师或由第三方专利代理公司给出专业的判断。
- 发明是指对产品、方法或者其改进所提出的新的技术方案。专利法将发明分为两类，即产品发明和方法发明。发明专利申请的审批流程分为 5 个阶段，包括受理、初审、公布、实质审查和授权。
- 如果产品研发团队想将研发的智能硬件产品推向市场，就必须在产品正式发布之前获取认证。企业在没有获得认证（强制性认证）的情况下出售产品，可能会构成违法行为。
- 按照认证对象，认证可分为两类：体系认证和产品认证。按照认证的强制程度，产品认证可分为两类：强制性认证和非强制性认证。
- 对于智能硬件产品，比较常见的认证包括 3C 认证、CE 认证、RoHS 认证、WEEE 认证、UL 认证、FCC 认证、FDA 认证等。
- 在产品研发阶段，产品研发团队就应该就市场需求（产品要在哪些国家和地区销售）明确产品要做哪些认证和符合哪些标准。

第 17 章 CHAPTER

定价决策：制定产品价格与定价策略

本章将介绍几种常见的产品定价策略。产品的成本决定了产品价格的下限，产品在用户心目中的价值决定了产品价格的上限，产品的价格将直接影响用户的购买决策，但大多数企业仍然只是基于产品的成本进行机械化的定价。通过本章的学习，我们将了解产品的多种定价策略，以及各个定价策略的优劣和适用情况，从而为产品制定具有市场竞争力的价格，还会知道产品的价格和定价策略在整个产品生命周期不是一成不变的，而是随着市场形势的变化动态调整的。

17.1 产品定价策略概述

价格是用户在购买企业的产品或服务时所需要支付的费用，并且一直都是影响用户购买决策的关键因素之一。因此，价格在很大程度上决定了产品的市场份额以及产品能够为企业带来的收益。麦肯锡公司对全球1200家公司的一份研究报告展示了价格对企业利润的重要影响。数据表明，在需求保持不变的假设下，将产品价格提高1%，平均每家公司的运营利润将增加11%。由此可见，价格对企业的盈亏会造成直接影响。

因此，为产品制定合适的定价策略就显得极为重要。产品定价策略的理想结果是，制定出合理的价格，促进产品的销售，帮助企业获利。这就要求企业既要考虑产品的成本，避免收益过低，又要考虑用户对价格的接受能力，避免使用户丧失购买欲望。制定产品定价策略的目的就是使产品价格落入产品成本与用户价值感知的区间内，在帮助企业实现更多收益和吸引用户购买之间取得微妙的平衡。

17.1.1 制定定价策略的思路

很多企业在制定定价策略时比较草率，它们首先确定产品的成本，然后基于竞争对手的产品价格，在一定范围内进行调整。虽然产品的成本与竞争对手的产品价格都很重要，但它们不应该成为产品定价策略的唯一参考指标。在考虑产品定价策略时，企业应综合考虑企业内部和外部因素。内部因素包括企业的收入目标、营销目标、产品成本、产品组合、产品定位、产品属性等。外部因素包括目标用户对产品的价值感知、市场现状和发展趋势、需求价格弹性、竞争对手的产品价格、国家相关政策法规等。

17.1.2 制定定价策略的时机

值得注意的是，产品的定价策略不是在产品上市阶段才开始的，通常始于市场分析阶段，即在对市场有一定了解和认知的时候，企业就应该对产品的目标成本和目标价格有一定的规划了。在产品上市前，产品的成本基本已经确定，在此阶段企业应根据企业内外部环境的实际情况制定更合理的价格，以帮助企业获得最大利益。此外，制定产品定价策略也不是一次性的工作，不是说确定了价格之后就不必投入精力关注了。制定产品定价策略是一个长期、持续的过程。在产品发布后，企业应根据产品在市场中的表现和市场的变化，对价格进行反复修正，以使其顺应市场变化趋势。所以，产品的定价是根据市场情况而灵活变化的。有些企业可能每隔几个月就会对价格进行调整（比如智能硬件），有些企业可能每天都会对产品价格进行调整（比如加油站的汽油），甚至有的企业随时都在调整产品的价格（比如航空公司的机票）。

17.1.3　常见的产品定价策略

产品定价策略在整个产品生命周期中可能会发生多次变化。比较常见的产品定价策略有基于产品成本定价、基于目标用户定价、基于竞争对手定价、市场撇脂定价以及市场渗透定价等。在新产品上市阶段的定价通常最具挑战性，企业可以运用市场撇脂定价或市场渗透定价来应对。下面对这些产品定价策略进行简单的介绍。

17.2　基本产品成本定价

17.2.1　基于产品成本定价概述

基于产品成本定价，也可以称为成本导向定价法，是指以产品的生产、分销和营销成本等作为定价的基本依据，在此基础上加上预期的利润回报来制定产品价格的方法。产品的成本是该定价策略的重要因素，它通常决定了产品价格的下限。绝大多数企业都是基于产品成本制定产品定价策略的。基于产品成本定价的不足之处在于，这种方式仅考虑产品的生产制造，忽略了市场需求和市场竞争情况，制定出来的价格可能会偏离用户的价值感知，也可能无法帮助企业构建市场竞争力。

有些企业（比如沃尔玛）正努力变成低成本生产厂商，以低成本的产品配合较低的产品价格，力图实现薄利多销。而有些企业（比如宝马）通过增加成本来给用户提供更多价值，以更高成本的产品配合更高的产品价格，赚取高额的利润。不管采用哪种方式，企业重点是要管理好产品成本与产品价格之间的差价，即向用户传递多少价值以及如何让用户觉得产品物有所值。

17.2.2 固定成本与变动成本

固定成本，是指在一定时期和一定业务量范围内，成本不随产量和销量发生变化。比如，不管企业发展如何，每个月都要支付房租和员工工资等，这些都不会随着企业的产量和销量发生变化。与之相反的概念是变动成本，是指支付给各种变动生产要素的费用，包括直接材料、直接人工和制造费用等，这种成本随着产量和销量的变化而变化。

虽然产品的单位成本会趋于一致（单位成本是指生产一个产品所需消耗的平均成本，通常用总成本除以总产量即可得出），但它称为变动成本的原因是总成本随着产量的变化而变化。而总成本是固定成本及任意数量下可变成本的加总，若要给产品定价，至少要考虑所有的生产成本。

举例说明总成本、固定成本、变动成本以及单位成本之间的关系。比如，企业一次性生产 1000 台产品，人员工资和场地租金等固定成本为 10 万元，单台产品的物料成本和组装成本等变动成本为 100 元，那么生产这一批次产品的总成本为固定成本（10 万元）加上变动成本（100 元 ×1000 台）等于 20 万元。产品的单位成本为总成本（20 万元）除以总产量（1000 台）等于 200 元。值得注意的是，变动成本会随着产量的不同而发生变化，比如一次生产 1 万台产品，那么单台产品的变动成本可能会比 100 元更低。

17.2.3 基于产品成本定价的方法

基于产品成本的定价方法的目的是在不亏本的情况下获得尽可能高的利润，

常见的方法有成本加成定价法、目标收益定价法、编辑成本定价法、盈亏平衡定价法等。下面将对各个方法进行简单的介绍。

1. 成本加成定价法

成本加成定价法，是指在产品单位成本的基础上，增加一定比例的利润来确定产品价格。大多数企业采用成本加成定价法，但仅单独使用它可能是没有意义的，因为它忽视了用户需求和竞争对手的产品价格，导致制定不出最佳的产品价格。企业喜欢使用它的原因在于它简单易行，相比于用户需求或市场竞争情况，企业更了解产品的成本。

成本加成定价法的步骤如下：首先估算单位产品的变动成本（直接材料成本、直接人工成本等）；然后估算固定成本，并按照预期的产量将固定成本分摊到每个产品上，再加上单位产品的变动成本，得出单位产品成本；最后在单位产品成本的基础上加上预期的利润率，即可得出产品价格。成本加成定价法的计算公式如下：

单位产品价格 = 单位产品成本 + 单位产品成本 × 利润率

= 单位成本 ×（1+ 利润率）

值得注意的是，这个公式计算出来的产品价格是不含税价格，适用于免税或不征税的产品，比如出口商品的离岸价（FOB），即装运港船上交货。对于非免税产品，企业应计算其含税价格，包括产品的成本、利润以及税金。产品含税价的计算公式如下：

含税价 = 不含税价 ×（1+ 税率）

应用到成本加成定价的计算公式后，则变成：

单位产品价格 = 单位产品成本 ×（1+ 成本利润率）/（1− 适用税率）

2. 边际成本定价法

边际成本定价法，也可以称为边际贡献定价法，是指以变动成本为基础，只要定价高于变动成本，企业就可以获得边际收益，用以补偿固定成本，补偿完固定成本，剩余的都是盈利。边际成本是指每增加或减少单位产品所引起的总成本的变化量。由于边际成本与变动成本比较接近，而变动成本更容易计算，所以在实际定价中大多使用变动成本代替边际成本。通常来说，随着产量的增加，总成本随之递减，边际成本下降，这就是规模效应。比如，企业生产1000台产品的固定成本是10万元，单位产品的变动成本为200元（总变动成本就是20万元），如果产品价格设定为500元，那么卖出600台产品后，企业就回收了30万元的总成本（固定成本10万元加总变动成本20万元）。剩余的400台产品还会为企业带来20万元的销售额，这都是企业的纯利润。

3. 目标利润定价法

目标利润定价法，也可以称为目标收益定价法，或目标回报定价法，是指根据预期的总销量与总成本，制定一个目标利润率的定价方法。简单来说，就是先确定一个总的目标利润率，然后将总利润分摊到各个产品，再加上产品的成本，就可以得出产品价格。这种方法的不足在于，产品价格是根据预估的产品销量计算的，而实际情况是产品的价格会直接对产品的销量造成影响。产品销量预估的准确性对最终产品的定价和产品的市场表现有重大影响。企业必须在产品价格与产品销量之间找到平衡点，以此来保证产品的定价能够达到预期的销量。

4. 盈亏平衡定价法

盈亏平衡定价法，是指在产品销量既定的情况下，确定一个可以保证盈亏平衡或实现目标利润的产品价格，这个既定的销量就叫作盈亏平衡点，即企业收支相抵，利润为零时的状态。有效而准确地预测产品销量，并估算固定成本和变动成本是使用盈亏平衡定价法的前提条件。盈亏平衡的计算公式如下：

盈亏平衡销售量＝固定成本/（产品价格－可变成本）

产品价格越高，盈亏平衡点就越低。尽管盈亏平衡定价法可以帮助企业确定能够实现利润的产品价格，但这种方式没有考虑到产品价格与用户需求之间的关系（产品价格提升，用户需求是减少的）。

17.3　基于目标用户定价

17.3.1　基于目标用户定价概述

基于目标用户定价，也可以称为顾客导向定价法、需求导向定价法，或者市场导向定价法，是指根据市场需求情况以及用户对产品的感觉差异来制定产品价格的方法。简单来说，该方法就是根据用户对产品价值的认知（即用户觉得产品值多少钱）以及用户对产品的需求强烈程度（用户有多么需要产品），制定对应的产品价格。通常，用户对产品的价值越认同，产品的定价就越高；用户对产品的需求越强烈，产品的定价就越高。当然，在用户对产品的价值感知低于产品成本时，企业也不会以低于产品成本的价格销售产品。

基于目标用户定价一般是以产品的历史价格为基准，根据市场的变化，在一定范围内进行调整，以致同一款产品能够按多种价格进行销售。价格受用户购买能力、用户对产品的需求强烈程度、产品销售的渠道、产品销售的时间等诸多因素的影响。比如，同一款式、不同颜色的 Nike 鞋子价格有所差异，这种差异就是根据用户对不同颜色的鞋子需求的强烈程度不同而定的，用户可能更偏爱某种颜色，所以愿意花更多钱购买。

所以，要想基于目标用户定价，首先要先了解用户对产品的价值感知和需求强烈程度，然后在研发阶段给产品设定目标价格和目标成本，并选择对应的产品概念和产品设计方案，最后使产品价格与用户的价值感知相匹配。因此，基于目标用户定价的策略始于市场分析阶段，依据是对用户需求和价值感知的分析。如果产品价格高于用户的价值感知，那么产品将很难卖出去；如果产品价格低于用户的价值感知，那么产品将很容易卖出去。

基于目标用户定价比较理想，但了解用户对各种不同产品的价值感知和需求程度是比较困难的，即便是可以通过用户研究并开展价格敏感度测试等调研活动来获取信息，也要耗费极大的精力和时间，所以采用这种方式制定产品价格是比较有难度的。这种方法的特点是，可以灵活地运用价格差异。对于成本相同的产品，其价格随市场需求的变化而变化，即产品价格不与产品成本发生直接关系。

17.3.2 基于目标用户定价的方法

基于目标用户定价的方法主要有3种，分别是认知价值定价法、需求差异定价法和逆向定价法。

1. 认知价值定价法

认知价值定价法，也可以称为感受价值定价法，是指根据产品在用户心中的价值感知来为产品定价。用户对产品的性能、体验、价格、质量、品牌、售后服务等方面都会形成价值感知，这种价值感知通常来源于用户对产品的认识、感受或理解，并综合购物经验、对市场中其他产品的了解而对产品价格做出的判断。比如，一件普通的T恤，人们对它的价值感知可能在20元左右。但如果T恤上印有某个大品牌的标志，人们对它的价值感知能提升10倍甚至更多。运用这种方法的关键在于正确地评估用户的价值感知。

所以，每家企业都在试图通过多种营销手段（广告、促销、活动等）来提高品牌或产品在用户心目中的价值感知。大多数情况下，用户并不了解产品的成本结构，他们只关心产品的价格是多少以及与类似的产品有什么不同。为了应对这种状况，企业通常会结合认知价值定价法和产品差别定价法来为产品进行定价。此外，企业还可以通过附加价值来提升产品价格，即为产品增加一些特色功能或服务来提升产品与竞争对手产品的区分度，向用户提供附加价值的同时收取额外的费用。产品的延保服务就是一个例子，通过延长产品的保修期来向用户收取更多费用。

2. 需求差异定价法

需求差异定价法，也可以称为差别定价、弹性定价，是指使用两种或多种价格来销售同一个产品或服务，且价格并不是以成本为基础而制定的。这是一种以用户购买意愿为基础而制定不同产品价格的方法，旨在最大限度地使产品价格符合市场需求，促进产品的销售。这种方式还被称为价格歧视，即对用户提供相同的产品和服务时，向不同的用户收取不同的费用。

通常情况下，用户购买产品时付出的实际价格不会高于他愿意支付的价格。对于用一个产品，不同的用户愿意支付的价格是不同的，需求差异定价法赋予产品不同的价格，以满足不同用户的支付意愿，并使企业能够最大化盈利。根据需求特性的不同，需求差异定价法通常分为 6 种形式。

- 根据不同的用户定价：比如，景区的门票分为成人票、儿童票，企业可以针对老客户和新客户、男性用户和女性用户等，分别采取不同的价格。
- 根据不同的地点定价：比如，体育场门票的位置不同，价格也不同；同一个产品在国内与国外的价格也不相同。
- 根据不同的时间定价：比如，不同时间的机票价格不同，白天的机票价格通常高于夜间机票的价格，节假日机票的价格高于工作日机票的价格。
- 根据不同的产品定价：比如，同一款式、不同的颜色的鞋子具有不同的价格，而且价格上的差异并没有反映其成本上的差异。
- 根据不同的流转环节定价：比如，出售给批发商、零售商以及用户的产品的价格往往都不相同。
- 根据不同的交易条件定价：交易条件是指交易量大小、交易方式、交易频率、支付方式等。交易条件不同，则价格不同。比如，大批量交易时，产品价格就可以相对较低；小批量交易时，价格就可以相对较高；现金交易时，产品价格就可以相对较低；分期付款时，产品价格就可以相对较高。

3. 逆向定价法

逆向定价法，也可以称为反向定价法，是一种与基于产品成本定价相反的方法，指根据产品的市场需求情况以及用户能够接受的价格来制定产品价格（零售价和批发价）。这种方法的定价依据与成本无关，而是通过价格敏感度测试或试销以及其他评估手段，确定用户能够接受的价格范围，然后以此为依据来为产品定价。采用逆向定价法能够制定出针对性强、既能够使用户接受又具备一定市场竞争力的产品价格。

采用逆向定价法的关键在于正确评估以下市场信息：产品的市场供求情况及变化趋势、产品的需求函数和需求价格弹性、用户愿意接受的价格范围、与同类产品的比价关系。常用的评估方法有：

- 主观评估，由企业内部人员参考市场上的同类产品，对产品的价格进行评估和确认；
- 客观评估，由企业外部人员针对产品的性能、功能、体验等方面进行估价；
- 实销评估，以多种价格在不同地区针对不同用户进行实地销售，并通过多种市场调研方式了解用户意见，然后评估产品价格的可行性。

17.4 基于竞争对手定价

17.4.1 基于竞争对手定价概述

基于竞争对手定价，也可以称为竞争导向定价法，是指以竞争对手的策略、成本、价格、生产条件、服务情况等多方面因素为参考，并根据产品的市场竞争力、产品成本以及预估的销量来制定价格。简单来说，基于竞争对手定价就是以竞争对手的产品及其价格为参考，制定自己产品价格的方法。

基于竞争对手定价从一定程度上利用了一种心理学现象，即锚定效应。所谓锚定效应，是指当人们需要对某个事件做定量估测时，会将某些特定数值作为起始值，起始值像锚一样制约着估测值。在做决策的时候，人们会不自觉地给予最初获得的信息过多的重视。市场中的潜在用户会根据竞争对手提供的类似产品来评价企业提供的产品的价值和价格。这是锚定效应的一种体现。

企业利用价格锚点来影响用户对产品的评价，目的就是让用户觉得产品价格不贵，物有所值。

17.4.2　基于竞争对手定价的方法

基于竞争对手定价的方法主要有3种，分别是产品差别定价法、随行就市定价法和密封投标定价法。

1. 产品差别定价法

产品差别定价法，是一种具有攻击性质的定价方法，是指企业通过多种营销手段，使原本类似的产品在用户心目中建立起差异化的、与众不同的形象，并根据产品特点，制定出低于或高于竞争对手的价格。比如，对于矿泉水来说，产品同质化极其严重，然而农夫山泉将产品定位成“大自然的搬运工”，与其他产品形成了认知上的差异，获得了用户的青睐。

企业在制定产品价格时应仔细思考企业的产品相比于竞争对手的产品是否提供了更多的价值，提供了哪些价值，以及竞争对手当前的价格策略是怎样的。如果企业的产品提供了更多的价值，则制定比竞争对手产品更高的价格，并通过市场营销手段将这种价值传递给潜在用户。

如果竞争对手的产品价格较高，且企业规模较小，则可以考虑制定低于竞争对手产品的价格来获得市场份额。但如果竞争对手的产品价格较低，且企业规模较大，那么应考虑去扩张那些未被竞争对手占领的细分市场。

2. 随行就市定价法

随行就市定价法，又称为流行水准定价法，是一种具有防御性质的定价方法，是指以行业的平均价格为标准来为产品定价。其原则是使企业的产品与行业内的竞争对手的产品平均价格保持一致，以此获得平均收益。如果企业采用随行就市定价法，可以不必去调研市场中潜在用户对价格的敏感度，且其制定出的价格也不会引起市场价格波动或扰乱市场秩序。在市场竞争激烈且产品弹性较小或供需基本平衡的市场中，随行就市法是一种比较稳妥的产品定价方法。

3. 密封投标定价法

密封投标定价法，主要用于投标交易，是指在招标、竞标中企业在对其他竞争对手了解的基础上对产品进行定价。在投标交易中，一个招标方对多个投标方进行选择，各个投标方之间是相互竞争的关系，通常是报价最低的投标方中标。所以，为了能够中标并与招标方签订合同，企业会去了解其他竞争对手的报价，并制定低于竞争对手报价的价格。

17.5 市场撇脂定价

17.5.1 市场撇脂定价概述

市场撇脂定价，也可以称为高价法，即在产品投入市场的早期阶段，趁着市场中还没有类似的产品，通过制定较高的产品价格，快速回收产品研发成本，赚取可观的利润。随着时间的推移，市场上逐渐出现类似的产品，企业则对产品价格进行适当的下调，扩张市场和提升产品销量。这种方法比较适用于全新的智能硬件产品、受到专利保护的产品以及需求价格弹性小的产品等。

比如，TESLA公司在2019年5月推出Model 3标准续航升级版时，产品售价为35.58万元，在12个月后为了吸引更多用户购买（当然也有产品成本降低等因素），产品售价降至27.15万元。采用类似策略的企业还有很多，比如苹果公司在推出新手机时也是随着市场的发展情况逐步降低产品价格，从不同的细分市场中赚取利润。

17.5.2 市场撇脂定价的适用条件

企业需要综合考虑产品、市场以及竞争对手等多方面因素，确定是否采用市场撇脂定价策略。通常，企业在以下情况下可以采取市场撇脂定价。

- 产品相对于竞争对手具备明显的差异化优势。比如产品质量、产品体验、技术方案、产品专利、产品认证等，且这些优势在短时间内无法被竞争对手所超越。
- 产品是全新的品类。市场中没有类似的产品，企业暂时没有直接竞争对手（所以，企业在产品定位时应尽量将产品定位成一个新品类中的第一款产品），用户没有其他选择且愿意高价购买。

- 产品进入市场的早期阶段，需求价格弹性小。这往往取决于产品是否不可替代，产品的价值是否足够大，以及企业或产品的品牌在市场中是否具备足够的影响力等因素。通常来说，产品的价值越高、品牌影响力越大或具有不可替代性，需求价格弹性就越小。
- 市场中的潜在用户数量足够多，且潜在用户的购买力比较强，对产品价格不敏感。如果潜在用户数量不够多，或者潜在用户不具备一定购买力、对价格过于敏感，采用撇脂定价将使企业无利可图。
- 市场中出现竞争对手和类似的产品时，企业能够立即调整产品定价策略，对产品进行适当降价。通过提升产品的性价比来打击竞争对手，提升产品竞争力，这要求产品的成本不能太高，否则将很快失去撇脂定价带来的优势。

17.5.3　市场撇脂定价的优势

市场撇脂定价的优势如下。

- 帮助企业取得丰厚的利润。较高的产品价格可以为企业带来较高的利润，这能够帮助企业在产品上市的早期阶段，快速回收产品研发阶段投入的成本，降低投资风险。
- 帮助企业建立品牌形象。如果企业发布的是全新产品，那么在产品上市早期阶段，用户对产品尚无理性的认知，购买多属于求新、求异。企业利用这一心理，能够建立其高价、高端、优质的品牌形象，并使用户产生拥有市场中最新产品的优越感。
- 帮助企业保持市场竞争力。先制定较高的产品价格，待竞争对手进入市场或产品进入成熟期后，企业仍拥有较大的价格调整空间，这样不仅能够通过逐步调低产品价格打击竞争对手和提升产品竞争力，还可以帮助企业将产品扩张到消费能力较低和对价格比较敏感的细分市场中，为企业创造更多利润。

- 帮助企业缓解资源或产能不足的问题。产品上市初期受限于资金、人力、技术等因素，企业的生产规模和供货能力往往无法很好地满足市场需求。通过市场撇脂定价策略设置较高的产品价格，企业能够从一定程度上缓解供不应求的情况，避免出现有订单发不出货的现象。而且，企业可以利用高价格带来的利润，逐步扩大生产规模、提升供货能力，使其与市场需求匹配。这也是精益思维的一种体现。

17.5.4 市场撇脂定价的劣势

市场撇脂定价也存在一些不足之处，具体如下。

- 不利于市场扩张。高价格产品的市场需求是有限的，不具备一定消费能力和对价格敏感的用户可能被排除在外。也就是说，过高的产品价格不利于产品的市场扩张和市场的稳定，销量上升可能比较缓慢，库存周转率也相对较低，导致产品失败的风险增高。
- 容易吸引大量竞争对手。高价格带来的丰厚利润，可能会使竞争对手看到机会想要分一杯羹，进而导致大量企业涌入市场，类似的产品快速出现，从而迫使企业降低产品价格。此时，企业如果没有制定好应对之策，则刚建立的高价、优质的品牌形象可能会受到影响，并失去一些用户。
- 有招致用户抵触的风险。如果产品价格过高，远高于产品实际价值，在某种程度上损害了用户的利益，则有可能招致用户的反对和抵制。因为用户通常只愿意为产品本身的物料成本付费，而不愿意为产品的研发投入、广告投入等成本付费。如果产品价格太高，可能会被认为企业在牟取暴利，甚至引发公共关系危机。

综上所述，市场撇脂定价是一种能够帮助企业在短期内实现利润最大化的产品定价策略，但若处置不当，则可能影响企业的品牌形象和长期发展。所以在使用市场撇脂定价时，企业应做好万全的准备并保持谨慎。

17.6　市场渗透定价

17.6.1　市场渗透定价概述

市场渗透定价，是企业在新产品或服务上市初期提供较低的价格来吸引用户购买的一种产品定价策略。其目的是牺牲产品的利润来获取更多的销量和市场占有率，进而产生显著的成本经济效益（通过大量生产降低成本而提高经济效益）。企业通常会采用市场渗透定价策略在市场上展开竞争，通过较低价格的产品渗透市场并吸引竞争对手的用户，以推动产品的销售并快速占领市场。

比如，小米公司在 2011 年 8 月推出小米手机时，就采用了市场渗透定价。当时，苹果手机的价格接近 5000 元，其他品牌厂商像三星、摩托罗拉、HTC 等厂家的手机也都在 2000 元以上，智能手机平均价格大约在 2400 元左右，而小米手机发布时的价格为 1999 元。在 2012 年，小米手机的销量达到了 719 万；在 2013 年，小米又推出了千元机——红米系列，销量达到 1770 万台；到了 2014 年，小米手机销量达到了 6112 万台，这个销量在国内排名第一，全球排名第三。采用市场渗透定价的企业有很多，比如可口可乐和宜家家居，它们最初进入中国市场时都是采用的这种方法，并迅速占领了市场。

值得注意的是，产品的价格低并不意味着产品绝对便宜，而是相对于产品价值来说比较低。而且，有些企业并不打算一直维持较低的产品价格，而是想通过较低的产品价格吸引到足够多的用户，再逐步将价格调高，以获取更多利润。比如，美国流媒体巨头奈飞（Netflix）提供在线影视观看服务的第一个月免费，超过一个月要成为会员才能继续使用。在早期，奈飞的会员费远低于同行的，在积累了 1.5 亿的付费用户之后，对会员价格进行了上调，获取了更丰厚的利润。而此时，用户已经习惯使用奈飞，不会轻易更换产品。

市场渗透定价还可以用于剃须刀与刀片商业模型，这种模型起源于吉列剃须刀。起初，吉列剃须刀通过免费送刀架来扩大其市场份额，然后通过出售与刀架匹配的刀片实现盈利。采用此模型的产品有打印机和墨盒、游戏机和游戏卡、相机和胶卷等。

17.6.2 市场渗透定价的适用条件

企业需要综合考虑产品、市场以及竞争对手等多方面因素，确定是否采用市场渗透定价策略。通常，企业在以下条件下可以采取市场渗透定价策略。

- 市场中潜在用户的数量足够多，市场足够大。如果市场不够大，则不管如何扩大市场规模，企业也无法通过市场渗透定价产生显著的成本经济效益，所以要想采用市场渗透定价，企业必须先确认市场需求足够多、市场足够大。
- 产品的大量生产能够产生显著的成本经济效益，即产品的生产成本和分销成本等应能够随着产品销量的增加而显著减少。否则，企业将无法通过市场渗透定价策略来获利。
- 企业提供的产品与竞争对手的产品差异不大，且市场中的潜在用户对产品价格高度敏感，还未对此类产品形成强烈的品牌偏好。在这种情况下，低价格的产品才能够有效地引起潜在用户的兴趣。
- 企业对成本的控制优于市场中的竞争对手，能够通过制定较低的产品价格打击竞争对手以及潜在竞争者。若非如此，低价的优势将只是暂时的。如果企业对成本的控制水平与竞争对手不相上下，或竞争对手也将产品价格调低，企业将陷入比较被动的境地。

17.6.3 市场渗透定价的优势

市场渗透定价的优势如下。

- 帮助企业快速扩大市场份额，占领市场。较低的产品价格可以快速吸引对价格高度敏感的潜在用户，使产品能够快速被市场所接受，不断地扩大市场份额，并通过推动产品销量来不断降低成本，最终长期占领市场。
- 帮助企业打击竞争对手，增强市场竞争力。较低的产品价格能够吸引竞争对手的用户来购买产品。而且，企业在新产品发布时采用渗透定价，导致竞争对手无法立即对价格策略做出调整，在此期间抢夺大量竞争对手的用户。除了打击竞争对手，低价产品的微薄利润也会使一些潜在的竞争对手望而却步。

- 帮助企业实现规模经济。较低的产品价格能够有效地推动产品的销量。大规模的销量需要企业开展大规模的生产。大规模的生产能够帮助企业有效降低产品的生产成本（以及边际成本），成本一旦降低，价格就可以降得更低，这样市场中销量不大的竞争对手无法与之竞争。
- 帮助企业建立良好的口碑。对于企业的供应商和合作伙伴来说，产品的销量增加了，企业与供应商的交易量更大了（周转率更高），与合作伙伴的合作就会更多。对于用户来说，低价格的产品引起了他们的购买欲。供应商和合作伙伴通过企业获得了更多利润，用户通过企业的产品得到实惠，这些都可以帮助企业建立良好的口碑。

17.6.4　市场渗透定价的劣势

市场渗透定价也存在一些劣势。

- 获取的利润较低。采用市场渗透定价的最明显的劣势就是利润较低，企业只能通过大规模生产和销售获得营收，或在吸引了大量用户之后再提升产品价格以获取更高的利润。如果产品无法通过大量生产显著降低成本，那么即便销量有了大幅提高，利润也不会显著增加。
- 用户忠诚度较低。采用市场渗透定价时，市场中的潜在用户选择企业的产品通常是因为产品的价格较低。被吸引的这类潜在用户通常对品牌忠诚度较低且对价格高度敏感，他们希望产品能够一直维持较低的价格。在这种情况下，如果竞争对手也降低产品价格，或者企业积累到一定用户后提升了产品价格，他们将可能会转向竞争对手购买或不再购买产品。
- 容易引发与竞争对手的价格战。企业在发布新产品的时候采用市场渗透定价，竞争对手可能在短期内措手不及，但最后的应对策略通常是降低其产品价格，与企业打价格战，导致原本就微薄的利润变得更低。

- 可能对品牌产生负面影响。由于产品的价格较低，用户可能觉得该品牌专门生产廉价产品，这给企业后期提升产品价格造成了一定阻碍。

综上所述，市场渗透定价是一种能够帮助企业在短时间快速占领市场的产品定价策略。在采用市场渗透定价策略之前，企业应做好与竞争对手打价格战的准备，要确保产品能够通过大规模生产实现成本经济效益，否则将有可能使企业无法收回成本。此外，通过市场渗透定价策略获取到一定量的用户或者对竞争对手进行有效的打击之后，企业需要考虑如何保留用户并提升产品的价格以获取更多的利润。

17.7 本章小结

通过本章的学习，我们了解了产品定价的重要性，以及常见的产品定价策略：基于产品成本定价、基于目标用户定价、基于竞争对手定价、市场撇脂定价以及市场渗透定价等，并掌握了这些定价策略的优势、劣势以及适用情况。

- 产品的成本决定了产品价格的下限。
- 制定产品定价策略是一个持续的过程。企业发布产品后应根据产品在市场中的表现和市场的变化对价格进行反复修正，以使其顺应市场变化趋势。
- 基于产品成本定价仅考虑产品的生产制造，忽略了市场需求和市场竞争情况，这样制定出来的价格可能会偏离用户的价值感知。
- 基于目标用户定价是指根据市场需求情况以及用户对产品的感知差异来制定产品价格的方法。
- 基于竞争对手定价是指以竞争对手的策略、成本、价格、生产条件、服务情况等多方面因素为参考，并根据产品的市场竞争力、产品成本以及预估的销量来制定价格的方法。
- 市场撇脂定价是一种能够帮助企业在短期内实现利润最大化的产品定价策略，但若处置不当，则可能影响企业的品牌形象和长期发展，所以在使用市场撇脂定价时，企业应做好万全的准备并保持谨慎。

- 市场渗透定价是一种能够帮助企业在短时间内快速占领市场的产品定价策略。在采用市场渗透定价策略之前，企业应做好与竞争对手打价格战的准备，要确保产品能够通过大规模生产实现成本经济效益，否则将有可能使企业无法收回成本。

第 18 章 CHAPTER 18

上市策划：产品发布前的准备工作

本章将重点介绍将产品推向市场前的准备工作，包括制定产品发布检查清单、撰写产品白皮书、撰写产品 FAQ、撰写新闻稿、制作产品视频、设计产品着陆页、制定产品发布策略（策划产品发布会和策划产品众筹活动）以及制定售后服务策略。通过本章的学习，我们将了解到为了保证产品的顺利发布，需要做哪些工作，以及这些工作的实施步骤和需要注意的细节。

18.1　产品发布概述

产品发布也可以称为产品上市，是指让产品进入市场所进行的活动。产品发布是在一段时间内开展的一系列活动，而不是一次性的活动。它更像是一段旅程，而不是一个终点。产品发布涉及多个环节，这些环节组合在一起就称为产品发布流程，比如确定目标用户和产品定位、了解如何更好地推广产品、制定产品发布计划、制作产品营销资料、撰写产品相关文档、对销售团队和售后支持团队进行产品培训、制定产品定价策略、制定产品发布策略等。所有这些环节都应被记录在产品发布检查清单中，并保证在产品发布前都能被顺利地完成。

产品发布的主要目的是使业务增长。企业只有将产品发布到市场，才能够快速获得现金流。成功的产品发布对产品的市场表现至关重要。产品发布除了向市场展示产品价值之外，还可以建立产品的营销势头。以苹果公司为例，每个苹果公司的新品发布日，总会有人在苹果专卖店外连夜排队抢购最新产品。

成功的产品发布活动通常在产品研发的早期阶段就应该开始准备了。当产品定位和产品概念已经明确的时候，与产品发布相关的跨职能团队就应该行动起来，开展产品发布的前期准备工作。下面重点介绍几项在产品发布前的活动以及在产品发布前应做好的准备工作。

18.2　制定产品发布检查清单

18.2.1　产品发布检查清单概述

想要顺利完成产品发布，一份产品发布检查清单是必不可少的。产品发布检查清单，是指记录了在产品发布前需要完成的所有与产品相关的工作和任务，并注明了任务之间的关系和顺序。这些工作和任务通常需要多个职能部门成员的共同努力才能完成，包括市场营销人员、销售人员、售后支持人员、产品研发人员等。

18.2.2 产品发布检查清单的价值

飞机在起飞前，即便是最优秀的飞行员也会对着检查清单逐一进行核对，以确保飞行安全。《清单革命：如何把事做好》一书的作者阿图·葛文德提出，如果专业人员不检查或核对清单，就有出错的风险。无论市场营销人员或产品经理参加多少次产品发布活动，或者有多么丰富的产品发布经验，清单仍是有用的。它可以确保不会有任何关键任务被遗漏，并减少产品发布准备过程中某些环节出现错误的风险。因此，为了保证产品能够顺利发布，企业应建立一份产品发布检查清单，以便在产品发布前对产品发布相关的各项关键要素逐一检查与核对。

产品发布检查清单还能够用于跨部门之间的沟通。一方面，产品发布检查清单可用于将任务分配到不同部门的不同角色；另一方面，产品发布检查清单可用于创建甘特图、看板等视觉图，使所有与产品发布相关的成员用同样的清单进行协同工作并了解产品发布准备工作的进展，保证一切都按计划执行。各个部门比如市场、销售、售后等，都应有各自的检查清单。

18.2.3 产品发布检查清单的内容

为了使产品发布活动能够按计划完成，产品发布检查清单可能会包含以下内容。值得注意的是，每个企业的情况都是独特的，因此各企业应根据自身的业务情况以及产品类型自定义清单的内容。

1. 产品生产相关内容

确保产品通过测试，证明性能和功能符合产品要求和用户需求。确保产品通过了质量检查，符合质量标准；也通过了市场测试，证明用户对产品比较感兴趣；获得目标销售地区的产品认证，且满足当地的法律安规，并已申请相关的专利。

制定生产、运输、供应链等生产运输相关计划。为了保证能够满足产品发布后的订单需求，企业应保证产品生产过程已经过充分验证且没有严重问题、有足够的人力来确保产品的产能、所有产品零件或电子元器件备料充分等。

2. 产品培训相关内容

对销售团队进行新产品培训。企业应给销售团队讲解产品的使用方法、特点、与竞品的差异、常见问题，以及针对不同类型用户传递产品价值的销售话术等，并制定用于收集用户反馈和问题的表单，以便产品研发团队了解用户在购买产品前关注的重点和顾虑。

对售后支持团队进行新产品培训。企业应给售后团队讲解产品的使用方法、特点、常见问题、故障排除指南，以及用户在使用产品过程中可能会遇到的困难的解决方案等，并制定用于收集用户反馈和问题的表单，以便产品研发团队了解产品的使用情况。

对市场营销团队进行新产品培训。企业应给市场营销团队讲解产品的卖点、价值、市场定位、目标用户画像以及目标用户关注同类型产品的哪些特点等，以便市场营销团队准备产品营销资料、拍摄广告、撰写稿件等。

3. 产品资料相关内容

完成产品相关的文档。包括产品的说明文档、产品白皮书、产品 FAQ、产品技术文档、产品帮助文档、功能演示视频等，且将文档上传到官网，以便用户进行查阅。

撰写新闻稿，并制定媒体发布计划。提前撰写好新产品发布的新闻稿并与行业或大众媒体进行沟通，确保引起它们对新产品发布的兴趣和注意。如果没有撰写新闻稿并提前联系媒体，产品发布的传播效果会大打折扣。

制作产品营销材料，确定产品卖点和独特销售主张（USP）。营销资料的内容包括产品介绍、产品卖点、产品优势、产品购买方式等信息。营销资料的形式包括宣传册、宣传单、宣传海报、产品视频、H5 营销页面等。营销资料的形式多种多样，企业根据营销策略制作合适的营销资料即可。

完成介绍产品的 30 秒演讲稿。产品讲解随时都可能会用到，因此相关人员应提前规划好产品的 30 秒介绍，这样待他人问到时，你能够马上展示产品的关键所在。

确保产品页面已经就绪。产品页面通常会包含很多产品渲染图以及对应的卖点文案、产品视频、产品相关文档、产品FAQ、固件和软件的下载地址等。对于直接在产品页面进行预售或众筹的产品，还要有产品的预售或购买链接、相关表单等内容。在产品发布前，产品页面要确保设计好且通过测试，以免对产品宣传造成不好的影响。

4. 发布计划相关内容

明确产品的发布目标，然后与每个产品的利益干系人分享这个目标，使每个人都知道产品成功发布的效果。目标需要具体量化，比如在一定时间范围内产品的销量或销售额达到某个特定的数值等。

确定产品的发布日期，并将此信息传达给企业中需要知晓情况的部门。比如，市场营销、销售、售后支持、开发、制造、会计、法务等都有必要知道产品发布计划，并做好开展相应工作的准备。

制定计划或流程，以跟踪用户使用产品的情况、收集早期用户的反馈、了解用户在购买产品前关注的问题以及产生的疑虑等，帮助产品研发团队跟踪产品的关键指标，对用户行为快速做出反应。

审查并体验整个产品购买流程、使用流程、售后流程，确保这些流程可以顺利跑通，梳理并优化潜在用户与企业或产品的每一个接触点，以便为用户提供愉悦的体验，建立良好的企业或品牌形象。

绘制产品路线图，并分享给企业内部和外部的产品利益干系人。产品路线图描述了产品特性的发布计划，可以作为产品的战略文件，帮助产品利益干系人了解产品的发展计划和长期愿景，并在产品路线或战略发生变更时通知他们。

评估产品发布的风险，分析产品发布计划中有哪些不确定事项会对产品发布的结果造成重大影响，并针对每个潜在风险进行评估，制定应对措施。

下面对一些比较关键的产品发布准备活动进行介绍，比如撰写产品白皮书、撰写产品FAQ、制定产品定价策略、制定售后服务策略、制定产品发布策略等。

18.3 撰写产品白皮书

18.3.1 产品白皮书概述

产品白皮书是指企业发布的对产品信息进行公开说明的官方文档，要规范、正式。产品白皮书是对产品相关信息进行整体的介绍，通常包含产品简介、产品品类、目标用户、产品价值、产品功能、技术参数等信息。产品研发团队设计产品时都会以产品白皮书为基准，不得超越和背离。

18.3.2 产品白皮书的价值

产品白皮书在企业内部一般被视为市场营销文档或销售文档。因为它可以用于吸引潜在用户并帮助他们了解产品、服务以及技术等方面的信息，这能够在一定程度上帮助企业向潜在用户推广产品或服务并影响潜在用户的决策。在大多数情况下，产品白皮书被用于售前阶段（在 B2B 行业中比较常见），比如产生销售线索、制定业务方案、与业务伙伴或渠道沟通等，而不是被当作用户手册或其他提供技术支持的文档。

所以，产品研发团队撰写完产品白皮书后，通常要将其交付给企业的市场营销人员和销售人员，保证对外发布的产品信息的一致性。他们一方面会将产品白皮书放置到官网，以供有需要的用户查阅，另一方面会基于产品白皮书，制作或撰写更多其他类型的市场营销资料和销售资料，比如，官网中的产品信息和卖点介绍、产品视频、产品测评指南、产品新闻稿、产品宣传折页、海报、广告单等。

由此可见，产品白皮书基本上是市场营销和销售资料的大纲。所有与产品相关的资料都是由产品白皮书衍生出来的，其重要性不容小觑。

18.4 撰写产品 FAQ

18.4.1 产品 FAQ 概述

FAQ（Frequently Asked Questions，产品的常见问题与解答）以一种简单快捷的方式提供了用户经常提出的问题的答案。产品的 FAQ 页面是官网中不可或缺的，因为精心设计过的 FAQ 至少能够回答用户 80% 以上的常见问题，既能提升用户的满意度，又能节省企业的资源。一方面，由于客服人员的回复不够及时，或者咨询过程比较麻烦，很多用户习惯直接在 FAQ 页面中寻找问题的答案。另一方面，有了 FAQ 之后，企业的销售或者客服人员不必重复回答不同用户提出的相同问题，从一定程度上减轻了企业投入的时间和金钱，这就是 FAQ 的主要用途所在。

18.4.2 产品 FAQ 的价值

除了能够让用户快速找到常见问题的答案并节省企业投入的时间和金钱，一个优秀的产品 FAQ 页面，还能够为企业带来以下好处。

- 获得用户的信任；
- 向用户展示企业所具备的专业知识和权威性，在用户心目中建立可靠的形象；
- 突出关键信息，减少用户在购买产品前的疑虑；
- 有助于产品官网的 SEO，能够为网站带来更多的访问用户和流量。

18.4.3 撰写 FAQ 的步骤

撰写产品 FAQ 的过程通常可以分为以下 4 个步骤。

1. 明确 FAQ 的内容

在撰写 FAQ 时，首先要明确的就是 FAQ 应覆盖产品哪些方面的内容，比如产品规格参数、产品功能和性能、产品操作方法、产品售后方式等问题。确定 FAQ 的内容应从用户角度出发。FAQ 的目标受众通常有两类，一类是未购买产品的用户，另一类是已购买产品的用户。针对未购买产品的用户，产品研发团队应搞清楚影响其购买决策的因素有哪些、在购买前他们有哪些疑虑等，并通过 FAQ 消除用户的购买疑虑。针对已购买产品的用户，产品研发团队应搞清楚用户在使用产品过程中会遇到哪些问题、会产生哪些疑问，并通过FAQ解决用户遇到的问题，帮助他们更顺利地使用产品。

FAQ的内容主要根据产品研发团队对自身产品的了解以及对市场用户的了解来拟定。除了基于经验来拟定FAQ，产品研发团队还可以通过搜索引擎、社交媒体以及竞争对手拟定FAQ的内容。FAQ中应包含一些同类产品的一般性问题，而不仅仅是关于自家产品的问题。正是通过回答同类产品的一般性问题，FAQ页面才更容易被搜索引擎展现出来，为企业官网带来更多流量，并且帮助企业在用户心目中建立权威和专业的形象。

值得注意的是，FAQ内容不宜过多。如果FAQ页面中出现大量问题，将增加用户寻找问题的负担。FAQ的内容应经过精心思考和挑选，只提供用户需要的内容即可。如果FAQ内容过多，产品研发团队应该反思为什么用户会有如此多的疑虑和问题。基于问题的答案，产品研发团队应对产品以及相关流程进行优化和修正，以减少FAQ内容。

2. 编写问题和答案

明确了FAQ的内容范围后，接下来产品研发团队应该做的是编写FAQ中具体的问题和答案。对于FAQ中各种问题的答案，只要保证其简洁、清晰、易懂就可以了。对于FAQ中的问题的编写，产品研发团队有以下几点值得注意。

- 从用户的角度出发，避免使用专业术语或行话，确保用户能够看懂问题。
- 问题要简短、精炼，以便于用户快速浏览和阅读。
- 使用统一的疑问词作为问题的开头，便于用户浏览。
- 关于是非类的问题，尽量用“是否”进行提问，这样能使问题更清晰直观。

3. 对FAQ进行排版

排版的主要目的是使FAQ便于用户浏览，让用户能够快速找到想要查询的问题。在执行排版工作时应注意以下几点。

- ❑ 使用“常见问题”作为页面的标题，如果写“FAQ”可能会有很多人不知道是什么意思。
- ❑ 对问题进行分类。
- ❑ 各个分类下的问题应按照用户提问频次由高到低或其他规则进行排序。
- ❑ 在 FAQ 界面添加一些功能、交互或视觉元素帮助用户快速找到信息。

4. 传播与分享 FAQ

FAQ 编写好之后，应发布到产品官网上，并分享给销售人员和售后服务人员，让 FAQ 最大限度地发挥价值。

18.4.4 撰写 FAQ 的注意事项

- ❑ 产品研发团队应该尽全力把产品各方面工作做好，尽量减少 FAQ 中的内容，甚至彻底消除 FAQ。
- ❑ 撰写 FAQ 不是一次性的工作，而是一个持续性工作。产品研发团队应根据用户反馈，对 FAQ 不断地进行更新和迭代。

18.5 撰写新闻稿

18.5.1 新闻稿概述

新闻稿是指由企业中的市场营销人员（通常是负责公共关系的人员）负责撰写并交付给相关新闻媒体的一个简短而又引人注目的新闻故事，或者一份官方声明。新闻稿不是新闻，而是基于特定新闻主题而撰写的稿件，既包含对事件的整体描述，又包含观点。

在产品上市前期，市场营销人员准备新闻稿的目的是向市场宣布企业将推出一款新产品，并向市场传递新产品的价值。新闻稿通常要包含时间、地点、人物、事件的起因、经过、结果等信息。新闻稿通常会被发送给商业新闻媒体、科技新闻媒体、KOL 自媒体等。新闻稿发布有三个途径。

- 第一个途径是企业直接召开新产品发布会，并邀请行业媒体及大众媒体参加，在发布会上由产品负责人对外公开新品相关信息。这种方式成本较高，适用于具备一定媒体号召力的知名企业。
- 第二个途径是由企业的市场营销人员与各个媒体建立关系，在企业有新闻要对外公布时，联系这些与企业有一定关系的媒体公布。这种方式适用于具备市场部和负责公共关系处理相关人员的企业。其优点是信息发布较快，不足之处在于工作难度大，媒体数量较少，稿件数量有限。
- 第三个途径是将撰写新闻稿和联系媒体的工作外包给公关公司处理。公关公司在公关传播方面比较专业，而且具备大量的媒体资源。如果企业既不具备强大的媒体号召力，也没有专门负责公共关系的工作人员，则可以考虑采用此方式。

18.5.2　撰写新闻稿的思路

以新产品发布作为主题的新闻稿可以从媒体以及用户视角对以下信息进行描述：产品名称、发布时间、产品的目标客户、产品解决了什么问题、产品如何解决问题、产品相对于现在的解决方案的优势、CEO 的关键讲话、产品售价以及相关营销活动等。这样，一个简练的新闻稿就完成了。

新闻稿通常会表达某种观点，并将这种观点传递给用户。好的新闻稿应既能满足企业推广产品的需求，又能满足媒体报道新闻的需求，还能满足用户了解信息的需求。企业应该站在媒体和用户角度考虑问题，阐述对用户、对社会有价值的信息和观点，减少广告痕迹，使用户在不知不觉中被新闻稿中的观点所影响。

为了避免新闻稿被写成自吹自擂的广告或者软文，产品研发团队在撰写新闻稿的过程中应注意以下几点：减少形容词的使用频率和比例；减少明显具有个人倾向的表达，尽量多列举第三方数据或言论，用事实赢得用户的信任；减少推销观点，使内容具备一定导向性，引导用户自己得出结论。

18.5.3 新闻稿的其他用途

值得注意的是，除了在新产品发布时利用新闻稿对外界公布信息，企业还可以在以下情况使用新闻稿：突发事件、举办某些重大活动、与其他企业建立合作关系、在某些领域取得了突破性研发进展、获得了某些奖项、战略转型、招聘到关键高管、危机管理等。企业不管在什么情况下通过新闻稿对外公布信息，都应确保新闻稿中有目标受众关注的信息，这样能够增加新闻稿被报道和传播的概率。

除了新闻稿之外，企业还可以通过其他类型的公关稿件（有特定立场、能传达特定信息的稿件）来传播企业相关信息，比如对企业新闻事件的评论、深度解读、盘点，以及对企业产品的测评、开箱体验等。无论何种类型的稿件都应尽量使标题吸引眼球、内容具备一定深度，信息量大，以便用户看完后产生获取到新知识的优越感，这样能够使稿件获得更多的曝光和更有效的传播。

此外，新闻稿以及其他类型的稿件发布后，产品研发团队有必要对其传播效果进行监控。稿件是否得到有效传播直接决定了相关营销活动是否会成功。产品研发团队可以通过一些数据来监控新闻稿的传播效果，比如各类搜索引擎的搜索指数、网站或营销活动页面的访问量、稿件的传播平台数、各类媒体的转载数量等。

18.6 制作产品视频

18.6.1 产品视频概述

相比于文字和图片，人们更乐于观看视频，而且视频在人们脑海中会形成更持久的印象。一般来说，按照视频的内容划分，产品视频可以分为产品宣传视频（产品广告片）、功能演示视频、售后维护视频等。

18.6.2 产品宣传视频

产品宣传视频采用电影、电视的制作手段，所以被称为产品宣传片，主要用于展示产品功能、设计理念、使用场景等，目的在于传递产品价值，引起潜在用户的兴趣。企业在新产品发布时，一般都会制作产品宣传视频。产品宣传视频通常可以作为产品广告发布在各种社交平台，通过富有创造力和吸引力的故事向潜在用户展现产品是如何在现实世界发挥作用的以及产品是如何改变人们的生活的。按照产品宣传视频内容的侧重点的不同，产品宣传视频可分为产品介绍视频、产品对比视频、产品创意视频等。对于绝大多数产品来说，企业通常会优先拍摄产品介绍视频，然后再考虑拍摄产品对比视频或产品创意视频。

18.6.3　功能演示视频

功能演示视频用于教授用户如何使用产品，也就是产品使用教学视频。这类视频通常会被发布到产品官网上，以供用户查看和学习。产品的功能演示视频可以分为产品开箱视频、产品快速操作指南、产品功能演示。这些视频通常能够很好地满足潜在用户对产品的好奇心。不过，出于成本的考虑，产品研发团队可以只针对操作比较复杂的功能制作演示视频。当然，在理想的情况下，产品研发团队设计的产品应该简单易用，使用户在不用过多思考的情况下就能顺利使用产品。

18.6.4　售后维护视频

售后维护视频的主要用途是指导用户解决问题。通常，出于成本的考虑，企业仅针对出现频次较高且难以通过对话讲清楚的问题制作售后维护视频。售后维护视频能够极大地减轻售后支持人员的工作量，提高用户满意度。

通常只有两类产品需要拍摄售后维护视频。一类是存在缺陷的产品，另一类是需要定期维护和保养的产品。

18.6.5　制作产品视频

除了以上视频外，与产品相关的视频还有很多，比如产品测评视频、产品

UGC视频、发布会主题视频、产品直播视频。

企业应在产品发布前，根据资源以及产品类型等因素，提前制作好相应的产品视频以及视频传播计划。制作产品视频的大致流程可以分为以下3个步骤。

1. 明确制作视频的目的

制作产品视频之前，首先应明确制作产品视频的目的是什么，要传递什么信息给用户。比如，为了传递品牌理念，在用户心目中建立品牌形象；展示产品优势，给用户一个购买产品的理由；讲解产品特定的功能。只有明确了产品视频要传达的信息，才能确定要制作的产品视频的类型。

2. 策划视频的具体内容

明确了制作产品视频的目的和产品视频的类型后，就可以根据目标用户和产品的价值主张来策划视频内容了。产品研发团队在策划视频内容时要考虑的问题包括目标用户是怎样的；他们喜欢什么，不喜欢什么；产品的独特价值主张是什么；视频中应重点展现什么；目标用户是否会关注产品以及为什么会关注等。这些思考有助于将注意力集中在产品的本质和用户的关注点上。思考清楚后，产品研发团队就可以开始编写产品视频的脚本（可以理解为电影中的剧本）或情节提要，并考虑拍摄视频的预算，合理规划脚本内容。产品视频脚本通常记录了产品视频内容分为几个部分，并描述了每个部分要展示的具体内容、拍摄方式、背景音乐、预计时长等信息。

3. 按照脚本来拍摄视频

准备好产品视频脚本，确定好拍摄地点，布置好拍摄场景，准备好产品、道具、灯光等，即可进行拍摄。产品视频拍摄完成后，产品研发团队还要对其进行后期制作，比如剪辑视频、配音、加字幕或Logo、画面调色等。值得注意的是，要控制产品视频的时长，最好在3分钟内。产品视频制作完成后，最重要的事才刚刚开始，即传播产品视频，使其获得大量曝光。

18.7 设计产品着陆页

18.7.1 产品着陆页概述

着陆页既可以是一个网站的首页，也可以是与特定营销活动相关联的专题页面，其主要目的是营销或推广产品。

通常，潜在用户能够通过三种渠道进入着陆页。第一个渠道是企业向潜在用户发送的产品营销邮件中的着陆页的链接，第二个渠道是搜索引擎，第三个渠道是企业发布在其他平台的广告。着陆页是作为产品营销邮件、搜索结果或广告内容的扩展而存在的。

18.7.2 产品着陆页的价值

着陆页能够帮助企业有效地推广产品。好的产品着陆页通常能够给用户留下良好的第一印象，并有效地促成潜在用户的转化行为。这里的转化行为是指企业希望用户浏览过产品着陆页之后，去执行特定的动作，可能是直接购买产品，也可能是填写个人信息表单，也可能是将页面分享给他人等行为。着陆页的转化效果将直接影响企业的经济效益。因此，企业必须用心设计产品着陆页，这对营销活动的最终效果至关重要。

18.7.3 着陆页的CTA设计

产品着陆页提供了产品或营销活动相关的信息，一般以图文、视频等形式介绍产品特色、为用户创造的价值、产品的性能和规格、相关证书、常见问题、发货时间以及售后服务条款等，可能还有优惠信息、营销活动的规则和持续时间等内容。产品研发团队在设计着陆页时，要避免让着陆页承载过多产品细节信息，而应让用户在登录着陆页后，能够立即注意到产品的价值或营销活动的优惠折扣等关键信息，突显对用户最有吸引力的信息。

想要有效促成用户的转化行为，产品研发团队有必要先了解一个营销学的概念，即行动召唤（Call-to-action，CTA）。行动召唤是指通过呼吁、鼓励等方式使访问着陆页的潜在用户依照网页设计来完成企业期望执行的动作。虽然行动召唤的字面意思是说通过呼吁和鼓励等方式来让用户执行特定的动作，但实际上产品研发团队应考虑如何诱发用户的需求进而使其自己想去执行特定的动作，让用户在不知不觉中完成转化行为。

在不同用途的着陆页，转化行为是不一样的。在着陆页中，转化行为可能包括注册、购买、订阅、试用、下载、加入等。这些行为通常被一个按钮触发。在设计这个按钮时，产品研发团队应采用能够引起用户关注的尺寸和色彩，并且使用能够引起用户紧迫感和兴奋情绪的文案，比如“五折抢购”“抢先获取限量试用名额”等。

设计良好的行动召唤，一方面要清楚地告诉潜在用户应该做什么，另一方面要给予他们一个这样做的理由和动力，以便更有效地影响用户的行为。

18.7.4 产品着陆页的测试

设计好着陆页后，产品研发团队应对着陆页的效率和质量进行跟踪。可以通过转化率来评估着陆页的效率和质量。转化率是指完成转化行为的潜在用户数量占进入着陆页的潜在用户总数的百分比。简单来说，转化率是指有多大比例的潜在用户在浏览着陆页后做出了企业希望其完成的行为。

奈飞的创意制作与推广工程总监戈帕·克里希南表示：一个产品功能或视频内容如果无法在 90 秒之内获取用户的注意，用户很可能就会失去兴趣，并且转向其他行为。这个问题如果反复发生，可能是因为我们没有为用户呈现正确的内容。

所以，企业应通过分析转化率、页面停留时长、跳出率等相关数据，了解什么样的内容对用户才是有吸引力的，并对着陆页的设计不断进行测试（比如 A/B 测试和多变量测试等）和优化，以保证着陆页的质量。

18.8 制定产品发布策略

制定产品发布策略主要是明确产品发布时间（比如，产品在各个地区的发布时间可能有所不同)、发布区域（比如在全球发布或仅在某些特定区域发布）以及发布活动的形式（在线上发布或在线下发布）等。

大型企业通常有特定的产品发布时间。选择合适的时间发布产品非常重要。没什么比在有重大新闻的时候发布新产品更糟糕的了。因此，产品研发团队在规划新产品的发布时间时，有必要了解一下产品发布地区近期的新闻事件，以把握近期的新闻趋势，避免在发生重大新闻事件的时候发布新产品。为了扩大产品发布活动的影响，产品研发团队有必要在产品发布前一个月甚至前几个月就开始预热活动，并在社交媒体上开展一些类似新品发布倒计时的宣传推广活动。此外，根据产品的受众类型，产品研发团队也可以选择在某些节日或纪念日发布新产品，把产品与节日绑定在一起，给潜在用户留下美好的印象。

产品发布区域的决策也很重要。企业应决定产品将进入哪些地区销售。需要注意的是，这个决定不是在产品发布前才做出的，而是在进入产品研发阶段之前就应该考虑清楚。绝大多数中国企业会在国内发布新产品，然后逐步向海外市场拓展。一个国家的市场是否具备吸引力，主要取决于产品本身的价值，以及产品是否通过了特定国家需要的相关产品认证，同时受到该国的政治环境、地理位置、人口数量、人均可支配收入等因素的影响。企业必须对产品发布区域进行认真的评估和考量。

企业在明确了产品发布时间和发布区域后，应开始思考策划什么样的产品发布活动来发布产品。常见的产品发布活动有新品发布会、产品众筹、产品预售等。新品发布会是在线下的特定地点举办的产品发布活动，通常会邀请媒体、潜在用户、合作伙伴等参加。产品众筹和产品预售是在线上发布产品的活动。产品众筹活动通常在产品概念明确后进行，主要目的是筹集资金。而产品预售一般在产品即将大批量生产时进行，是企业为了预估生产量而提前开放购买的一种活动模式。但实际上，很多企业是通过众筹的形式进行预售，所以接下来主要介绍产品发布会和产品众筹。

18.8.1　策划新品发布会

1. 新品发布会概述

对于企业而言，举办新品发布会属于一种市场营销活动，是企业向市场推广新产品的一种手段。新品发布会的一般形式是线下发布会，即企业将媒体、合作伙伴、用户等聚集到一起，举办一场会议，告知他们企业已经研发成功一款新产品。为了吸引更多用户，企业还会对整个发布会过程进行直播。有时，出于成本或其他因素（比如自然灾害等不可抗因素）考虑，企业也会选择举办线上发布会，即通过直播的形式举办发布会，参会者只需远程观看直播即可。每次新品发布会都是对公司综合实力的极大考验。由于新品发布会直接关系到新产品未来的销售情况和企业形象，因此策划好一场令人印象深刻的新品发布会就显得尤为重要。

2. 策划新品发布会的步骤

策划新品发布会的流程大致可以分为以下 6 个步骤。

（1）明确发布会的主题

理想的新品发布会应该有一个和企业的品牌以及新产品相符合的主题。这个主题能够在媒体和潜在用户之中建立一种期望，并引起他们的兴趣。新品发布会的主题是所有发布会相关活动的基础。不管是新品发布会前期的预热活动、预热海报或者社交媒体的话题等市场营销活动，还是新品发布会场地的布置、营销物料、礼品的准备或者产品介绍视频的风格等，都应与发布会的主题相呼应、相匹配。好的发布会主题还能够引起用户兴趣并从一定程度上传达品牌的理念。

（2）寻找合适的场地

完美的新品发布会从选择合适的场地开始。在确定了新产品发布会主题后，产品研发团队就应去寻找合适的场地。一个合适的场地可能会给新品发布会带来意想不到的效果。适合举办发布会的场地有很多，比如苹果在乔布斯剧院举办过发布会，三星在艺术中心举办过发布会。酒店、会展中心、艺术馆、体育场、创意园等场地都可以举办发布会。选择场地时，产品研发团队应考虑参会人数、预算、场地环境、交通、设施等因素。

（3）准备好相关资料

新品发布会需要用到各种形式的资料，在举办发布会前这些资料应准备齐全。通常会用到的资料包括发布会议程、发布会新闻稿、企业宣传手册、产品宣传单页、产品宣传海报、产品介绍 PPT、产品宣传视频、发布会演讲稿等。

（4）确定参会者的名单

一般来说，企业会邀请以下几类人参会：主流媒体和行业媒体；行业的名人；有影响力的人，比如投资人和明星等；合作伙伴，比如供应商和分销商等；当前产品的用户和 KOL 等。媒体的参与可能为新品发布会提供更多曝光，有影响力的人参与可能会使发布会成为网络的热点话题，合作伙伴与用户的参与体现了企业对他们的重视，有助于建立良好的关系。

在确定新品发布会的参会人名单后，企业可以着手制作邀请函。设计精美的邀请函一方面能够令参会人感到惊喜并从邀请函中了解到发布会的主题和新产品的线索，另一方面参会人可能会在社交媒体上晒出邀请函，使新品发布会获得更多曝光。

（5）规划发布预热活动

在规划发布会的具体流程前，应先对发布会的预热活动进行规划，并选择合适的预热手段，比如设计富有创意的 H5 页面、在社交媒体中传播发布会倒计时海报、制作新产品发布会的主题视频或宣传视频、制作精美的发布会邀请函、在线下投放营销物料等。

（6）规划发布流程细节

规划好预热活动后，就可以思考发布会的具体流程，以及流程中的各个环节应该如何去做。新品发布会活动的大致流程为：参会者签到、迎宾引领入座、发布会倒计时、发布会开场表演、发布会正式开始、播放企业宣传片、主讲人上台演讲（通常讲述行业现状和发展，然后开始介绍新产品）、演示产品功能或播放产品视频、现场互动、回答提问、体验产品、发布会结束、参会者合影并共同用餐等。

以上流程仅供参考，企业应根据实际情况对发布会各个环节的具体内容以及时间安排做详尽的规划。策划新品发布会不是一件容易的事，整个过程耗时、耗力，所以有些企业出于成本和企业能力的考虑会选择将新品发布会的策划和实施交给专业的活动策划公司来做。

18.8.2 策划产品众筹

1. 产品众筹概述

众筹，即大众筹资，是指项目发起人通过众筹平台向大众筹集用于开展项目资金的活动，是一种团购与预售相结合的形式。众筹通常是向市场展现产品和创意，进而获得资金援助，帮助中小型初创企业减轻资金压力。众筹的特点是参与门槛低，任何人都可以参与，参与人可在众筹平台上援助自己感兴趣的项目，而不需要依赖某一个投资机构或投资人。

2. 产品众筹的分类

产品众筹主要分为 4 种类型。

- 回报众筹，在产品投入实际生产前，通过众筹活动让对产品感兴趣的投资者下单，并向投资者（用户）收取预付款，然后企业根据订单量进行生产。这样既能避免生产过多而导致产品滞销，又能避免生产过少而导致产品供不应求。
- 捐赠众筹，在产品进入实际研发阶段或实际生产前，通过众筹活动向投资者筹集资金，但不承诺给投资者任何回报，即投资人对产品的投资被视为捐赠行为。
- 股权众筹，投资者对企业或者企业的产品进行投资，并获得一定比例的股权。
- 债券众筹，投资者对企业或企业的产品进行投资，并获得其一定比例的债券，未来获取利息并收回本金。

本章提到的“众筹”指的是回报众筹。

3. 产品众筹的优势

对于中小型初创企业来说，相比于去银行申请贷款或寻找能为产品投入大量资金的企业或个人，众筹可能是一个更合适的选择，主要原因如下。

- 众筹有助于节省时间。企业不必花费数月甚至数年来寻找合适的投资者，即便找到了投资者，投资者还要花一定的时间对企业进行考察。通过众筹，项目发起者往往能够在更短的时间内筹集到开展项目所需要的资金。

- 众筹有助于验证产品概念并预估市场潜力。许多企业会通过众筹的形式来验证其产品概念，根据众筹的效果，即是否筹集到了目标资金以及筹集到目标资金的速度，评估潜在用户是否喜欢其产品概念以及产品概念的市场潜力。
- 众筹有助于出售产品。企业在进行众筹时，通常会提前与产品潜在用户沟通，引导其参与众筹活动。除了产品潜在用户外，众筹平台本身的用户也会成为企业的潜在用户。这为企业的产品提供了更多的曝光，增加了产品的潜在用户数量。
- 众筹有助于提升企业或产品的知名度。企业可以在众筹活动中通过拍摄视频讲述其品牌故事。众筹视频往往能够迅速地在互联网上传播，打动市场中的潜在用户并获得他们的认同。此外，如果企业产品的众筹打破其他产品的众筹纪录，将提升企业或产品的知名度，而且会使产品得到市场和投资者的广泛关注。
- 众筹有助于企业接触早期用户。众筹通常是收集市场反馈并找到有价值的营销见解的有效方法。在众筹平台上，企业能够找到一些来自世界各地的喜欢其产品概念的潜在用户。这些用户的见解和建议能够帮助企业更好地完善产品，还能帮助企业发现产品的营销方向，比如找到产品的新卖点、产品的新用户画像等。这对于产品的成功是至关重要的。

4. 产品众筹平台简介

最热门的众筹平台有两个，即 Kickstarter 和 Indiegogo。

Kickstarter 是世界上最大的众筹平台之一，成立之初主要用于艺术、电影和音乐等项目的众筹，后来用于科技产品和智能硬件的众筹逐渐多了起来。Kickstarter 的众筹规则为：一个项目只有在众筹周期内达成其众筹资金目标后，才能将筹集到的资金转到项目发起人手中。此外，Kickstarter 要收取所筹集资金的 5% 作为代理费。

Indiegogo 相对其他平台来说限制更少，是一个更灵活的众筹平台。Indiegogo 提供了两种众筹方式：固定型众筹方式和灵活型众筹方式。固定型众筹方式类似于 Kickstarter 的方式，如果众筹失败，项目发起人则无法获得援助；如果众筹成功，Indiegogo 会将资金转给项目发起人并收取 4% 的手续费。灵活型众筹方式则是由项目发起人设定一个众筹目标，不管众筹到多少资金，Indiegogo 都会将其转给项目发起人，但要收取 9% 的手续费。这是 Indiegogo 与 Kickstarter 最大的不同。此外，Indiegogo 允许项目发起人在众筹的过程中修改众筹周期。

5. 产品众筹的步骤

产品众筹的流程大致可以分为以下 6 个步骤。

1）明确产品众筹的目标。

2）选择合适的众筹平台。

3）制作相关的营销资料。

4）开展众筹的预热活动。

5）发起产品众筹活动。

6）结束产品众筹活动。

18.9 制定售后服务策略

18.9.1 售后服务概述

售后服务，是指在将产品出售给用户以后，企业或分销商向用户所提供的各种服务活动。很多人错误地认为产品的售后服务就是三包服务（包修、包换、包退），这是一种狭义的理解。产品的售后服务通常包括以下内容。

- 帮助用户安装和调试产品；
- 根据用户需求，对用户进行产品使用、维护等方面的培训；
- 保证产品维修相关零部件的供应；
- 对产品进行维修，并定期进行维护和保养；

- ❑ 对用户进行定期回访，了解产品使用情况；
- ❑ 对产品实行“三包”，即包修、包换、包退；
- ❑ 处理用户咨询和投诉，解答用户疑问，收集用户反馈。

18.9.2 售后服务的价值

售后服务是完整的产品用户体验的一个重要环节。如果售后服务做得不好，用户可能将不会再购买企业的产品；如果售后服务做得好，与用户建立良好的关系，用户未来有需求时可能会优先选择企业的产品。因此有这样一种说法，即真正的销售始于售后。良好的售后服务能够提升用户的满意度、忠诚度，建立企业或品牌在用户心中的良好形象。企业可以通过高水准、比竞争对手更好的售后服务提升企业的竞争力。良好的售后服务能够提升企业或品牌的口碑，在维持老用户的同时影响新用户，进而提升企业的销售业绩并增加利润。此外，通过售后服务与用户建立良好的关系，还能够提升企业对市场的敏感度：通过长期与用户沟通，可以更好地掌握用户需求的变化并发掘用户深层次的需求，从中发掘出新的市场机会或对优化现有产品提供决策依据。

18.9.3 售后服务策略的分类

常见的售后服务策略有三种，即全面售后服务策略、特殊售后服务策略以及适当售后服务策略。不同的售后服务策略适用于不同类型的产品和不同情况的公司，并消耗不同程度的售后服务成本。售后服务成本通常包括产品的安装、调试、培训、维修、更换等过程中所投入的人力、物力、财力等。下面对这三种售后服务策略进行简单的介绍。

1. 全面售后服务策略

全面售后服务策略，是指用户在产品售后产生的所有需求都由企业来满足。这种策略能够最大范围地提升用户的满意度，提高企业的市场竞争力，扩大企业的市场占有率。全面售后服务策略适用于经济价值高、产品生命周期长、技术比较复杂的产品。此外，全面售后服务策略的成本比较高，适合经济实力比较强的企业。通常，像电脑、手机以及家用电器等厂商都会在各地建立营销网点，通过线上与线下营业点结合的方式为用户提供全面的售后服务。

2. 特殊售后服务策略

特殊售后服务策略，指企业向用户提供大多数竞争对手没有提供的售后服务，以最大限度地满足用户的需求。这种策略能够反映企业服务的特色和差异，在满足用户物质需要的同时，使用户感觉受到特殊待遇，从而带来心理上的满足。特殊售后服务策略适用于经济价值比较高、产品生命周期不太长的产品。该策略在面向企业的产品中较为常见，因为不同企业或组织对产品的售后服务有着不同的需求，针对不同需求制定不同的售后服务可以帮助企业更好地满足用户需求。

3. 适当售后服务策略

适当售后服务策略，指企业根据战略目标、市场情况、产品特点以及用户需求，对购买了产品的用户提供适当或有限的售后服务。相比于全面售后服务策略，适当售后服务策略的服务范围较小，服务成本相对较低，更适用于经济实力不强的中小型企业。适当售后服务策略适用于用户比较看重产品性价比，且不太看重售后服务的情况。它的优点是能够帮助企业节省服务成本，缺点是降低了企业的竞争力，且存在降低用户满意度的风险。

18.9.4 制定售后服务策略

如果先前的其他产品都采用了全面售后服务策略，那么企业的新产品可以沿用先前建立的资源，为用户提供全面的售后服务。如果新产品是企业首发的产品，那么基于精益思维以及成本考虑，企业应该先采用适当售后服务策略，然后根据市场情况和用户反馈动态调整售后服务策略。

制定售后服务策略的流程大致可以分为以下 3 个步骤。

1. 明确售后服务的目标和范围

企业根据自身的战略目标，结合市场的实际情况、产品特点以及用户需求，来确定售后服务的目标。确定售后服务目标的时候，企业要了解产品销往的国家或地区的法规对产品的售后服务的相应要求。

2. 分析竞品的售后服务策略

除了了解产品售后服务的相关法律条款，企业还需要对竞争对手的售后服务进行分析，了解竞争对手售后服务内容、质量以及效率，这样在制定自身的售后服务时才能够有所依据，并制定有竞争优势和有针对性的售后服务条款。

3. 细化售后服务的流程和条款

制定好售后服务内容与售后服务条款后，企业应根据实际情况，制定售后服务流程，并选择合适的售后服务工具，比如在线聊天、邮件、社群等，最后将所有内容汇总到一起，输出一份《售后服务政策》，发给企业内部相关的同事进行培训，并发布到官网，以便用户能够了解到企业的售后服务内容。值得注意的是，在产品上市后，企业应根据市场反应、用户反馈等信息，对售后服务策略进行适当调整，以便更好地满足用户需求以及企业运营需求。

18.10　本章小结

通过本章的学习，我们了解了产品发布前需要进行的一些比较关键的准备工作，比如制定产品发布清单，撰写产品白皮书、产品 FAQ、新闻稿，制作产品视频，设计产品着陆页，制定产品发布流程和售后服务策略等。

- 产品发布检查清单中记录了在产品发布前需要完成的所有与产品相关的工作和任务，并注明了任务之间的关系和顺序。
- 产品白皮书是对产品相关信息所做的整体的介绍，通常包含产品简介、产品品类、目标用户、产品价值、产品功能、技术参数等。
- FAQ 的目标受众通常有两类，一类是未购买产品的用户，另一类是已经购买产品的用户。撰写FAQ不是一次性的工作，而是一个持续性工作。产品研发团队应根据用户的真实提问情况，对FAQ不断进行更新和迭代。

- 新闻稿通常包含时间、地点、人物、事件的起因、经过、结果等。好的新闻稿应既能满足企业推广产品的需求，也能满足媒体报道新闻的需求，还能满足用户了解信息的需求。
- 按照视频的内容划分，产品视频可以分为产品宣传视频、功能演示视频、售后维护视频等。
- 着陆页一般以图文、视频等形式介绍产品特色、为用户创造的价值、产品的性能和规格、相关证书、常见问题、发货时间以及售后服务条款等，可能还有优惠信息、营销活动的规则和持续时间等内容。
- 理想的新品发布会应该有一个和企业的品牌以及新产品相符合的主题。这个主题能够在媒体和潜在用户之中建立一种期望，并引起他们的兴趣。
- 产品众筹能够帮助中小型初创企业减轻资金压力。
- 售后服务是完整的用户体验的一个重要环节，真正的销售始于售后。

推荐阅读

Product Closed Loop
Redefining Product Manager
产品闭环
重新定义产品经理

好设计，有方法
我们在搜狐做产品体验设计
Good Method, Good Design

策略产品经理
模型与方法论
Strategic Product Manager

GUIDE TO STRATEGY PRODUCT MANAGEMENT
策略产品经理实践

数据产品经理
实战进阶
DATA
DATA PRODUCT MANAGER

O'REILLY
全脑设计
基于脑科学原理的产品设计
Designing for How People Think
Using Brain Science to Build Better Products
[美] John Whalen, PhD 著

有效竞品分析
好产品必备的竞品分析方法论

①
首席产品官
从新手到行家
CPO 1
FROM A NOVICE TO AN EXPERT

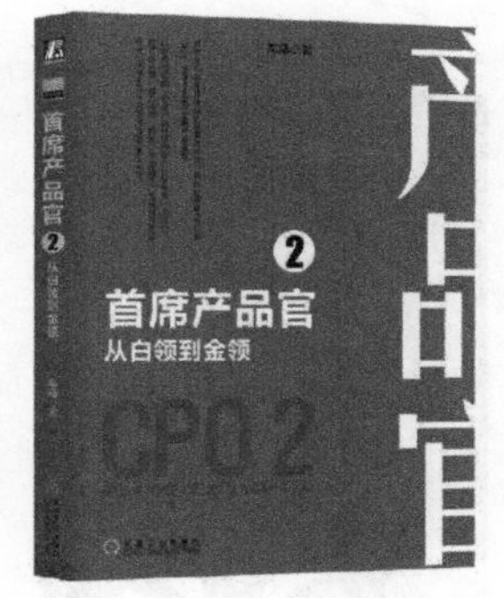
②
首席产品官
从白领到金领
CPO 2

推荐阅读

RAISING
DIMENSION
升维
争夺产品认知高地的战争

产品心经
产品经理
应该知道的60件事
（第2版）

产品设计与开发
（原书第6版）
PRODUCT DESIGN
AND DEVELOPMENT

BAT
产品经理
面试攻略

场景方法论
如何让你的产品畅销，
又给用户超爽体验

用户
增长
方法论
USER
GROWTH

X.BUSINESS
感性商业
用户体验驱动业务增长的方法论

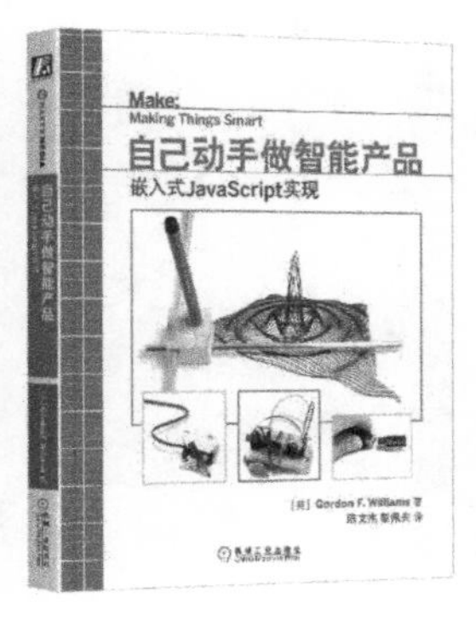
Make:
Making Things Smart
自己动手做智能产品
嵌入式JavaScript实现

IOT VISION BASED ON RASPBERRY PI,
PYTHON AND OPENCV
智能硬件与机器视觉
基于树莓派、Python和OpenCV